TYPE TALK AT WORK (REVISED AND UPDATED)

HOW THE 16 PERSONALITY TYPES
DETERMINE YOUR SUCCESS ON THE JOB

赢在性格

奥托·克劳格（Otto Kroeger）
[美] 珍妮特·M. 苏森（Janet M. Thuesen） 著
希尔·路特莱奇（Hile Rutledge）
王善平 等译

電子工業出版社
Publishing House of Electronics Industry
北京·BEIJING

TYPE TALK AT WORK (REVISED AND UPDATED): HOW THE 16 PERSONALITY TYPES DETERMINE YOUR SUCCESS ON THE JOB by OTTO KROEGER WITH JANET M. THUESEN AND HILE RUTLEDGE

版权贸易合同登记号 图字：01-2016-1550

图书在版编目（CIP）数据

赢在性格 /(美)克劳格(Kroeger,O.),(美)苏森(Thuesen,J.M.),(美)路特莱奇(Rutledge,H.)著；王善平等译. —北京：电子工业出版社，2016.6

书名原文：Type Talk at Work (Revised and Updated): How the 16 Personality Types Determine Your Success on the Job

ISBN 978-7-121-28621-6

Ⅰ. ①赢… Ⅱ. ①克… ②苏… ③路… ④王… Ⅲ.①性格－通俗读物 Ⅳ. ①B848.6-49

中国版本图书馆 CIP 数据核字（2016）第 082133 号

策划编辑：晋　晶
责任编辑：袁桂春
印　　刷：北京虎彩文化传播有限公司
装　　订：北京虎彩文化传播有限公司
出版发行：电子工业出版社
　　　　　北京市海淀区万寿路 173 信箱　　邮编 100036
开　　本：720×1000　1/16　印张：17.75　字数：309 千字
版　　次：2016 年 6 月第 1 版
印　　次：2023 年 4 月第 24 次印刷
定　　价：72.00 元

凡所购买电子工业出版社图书有缺损问题，请向购买书店调换。若书店售缺，请与本社发行部联系，联系及邮购电话：（010）88254888，88258888。

质量投诉请发邮件至 zlts@phei.com.cn，盗版侵权举报请发邮件至 dbqq@phei.com.cn。

本书咨询联系方式：（010）88254199，sjb@phei.com.cn。

译者序

在日益复杂、千变万化的职场上，你应该怎样定位？怎样发展？怎样与人建立和维护良好的工作关系？在本书的作者看来，要回答好这些问题，认识自我是第一步，是每个人在职场上成功的起点。在这里，认识自我指的是，准确认识和把握自己的性格和能力，使自己发掘潜能，扬长避短，选择适合自己的发展之路，而 MBTI®便是帮助你认识自我的一个有效工具。

MBTI®是一种必选型、自我报告式的性格测试问卷，用以衡量和描述人们在获取信息、做出决策和生活取向等方面的心理活动规律和性格特征。它形成于 20 世纪中前叶，以卡尔·荣格（Carl Jung）的感觉与判断理论为基础，最初由伊莎贝尔·布里格斯·迈尔斯（Isabel Briggs Myers）和她的母亲凯瑟琳·布里格斯（Katharine Briggs）积累 20 余年经验摸索而成。自 1942 年第一张量表问世以来，MBTI®不断发展完善，至今已升级了 10 多个版本，使其可靠性和有效性持续增强，应用范围也扩大到职业定位、领导力发展、团队建设、婚姻家庭关系、学习方法等领域。今天，它已是世界上最为流行的性格测试工具，被译为二三十种语言，每年的使用者逾 200 多万人。另据统计，目前世界前 100 强公司中有 89%引入了 MBTI®。在国内，作为第一家获得正式授权的认证培训中心，我们自 2000 年以来就致力于 MBTI®的技术引进、认证培训和应用推广工作，至今接受培训并获得认证的施测师已有 2 000 多位。他们都活跃在各行各业，帮助员工和管理层自我定位、长效发展、改善沟通、优化人际关系、提升组织绩效。

如同所有科学的心理测试工具一样，MBTI®的使用有严格的程序和规范。它包括问卷测试和施测师在整个测试过程中对受测者所做的基本理论介绍、心态调整、问卷评析，并引导受测者进行自评，最终确认自己的性格类型等一系列步骤。任何疏忽都可能导致测试结果的偏差，使其对受测者的定位和发展产生误导。因此，合理、有效地使用 MBTI®要求施测师必须接受专业培训并通过资格认证。另外，MBTI®认为，对性格的确认在很大程度上来自自我认同——问卷测试仅仅为这种认同提供了可见的材料和大致参考框架——结论实际上取决于受测者在施测师的引导下系统、深入地思考和反省自身天生的心理活动倾向和周围环境作用的力度和效果，并在此基础上全面、深入地提升对自我的认识。换言之，MBTI®旨在引导受测者主动发现自身的性格类型，而非被动地接受一纸裁定。

在 MBTI®施测和确认你的性格类型的过程中，本书的第 1、3 部分是极具参考价值的。但是，我们更想推荐本书的第 2 部分，它为你在了解自己的性格类型之后，进一步解读这种性格类型在工作中的各种场景中，如团队建设、领导力发展、解决人际矛盾、设定目标和时间管理、性格职业匹配度分析、职业道德、压力管理等方面，可能出现的风格、特征、优势、薄弱环节、困惑和问题。作者根据自己十几年来在世界各地使用 MBTI®的经验，为你做了全面、详细的论述。

本书的整个翻译工作得到了许多 MBTI®施测师的支持，它是我们大家在百忙之中通力合作的结果。其中，周江翻译了第 7 章和 INFP 的描述；王恒翻译了第 8 章和 ISFJ 的描述；苏青翻译了第 9 章和 ESTP/ISTP 的描述；李昕翻译了第 10 章和 INTP 的描述；贾璐翻译了第 11 章和 ESTJ 的描述；黄健翻译了第 12 章和 ESFP 的描述；李贯军翻译了第 13 章和 ISFP 的描述；柯敏坚翻译了第 14 章和 ENFP 的描述；高军翻译了第 15 章和 ENTJ 的描述；沈莉翻译了第 16 章；余志刚翻译了 ISTJ 的描述；王小玲翻译了 INFJ/INTJ 的描述；张涛翻译了 ENTP 的描述；王善平翻译了其余章节并审校了全书。

MBTI®恰似一盏灯，照亮自己，明察自我发展的道路；照亮他人，看清与人合作的途径。我们期待这本书和一位 MBTI®施测师能伴你走好发展与合作的第一步。

王善平

shanping@skillandwill.com

如何阅读本书

通过阅读本书，你可以清晰地认识到，不同性格类型的人会采取不同的方式完成每天的工作。读书的过程也是如此。

本书由三大部分组成：第 1 部分是性格观察理论的介绍，它主要帮助你了解自己的性格类型，同时也详细地解释了自我意识的提高对你每天的工作会有怎样的帮助。第 2 部分着重叙述这些知识、意识在 10 个工作场景中的重要性。第 3 部分，我们对 16 种性格类型都进行了非常详细的介绍，并且描述了每种类型的优势和薄弱环节。

在这里，我们为不同的人以不同的方式完成本书的阅读提供一些建议。

- 如果你是那种一边读书一边要和别人分享的人，那我们积极鼓励你去这样做。实际上你可以和你的同事分享书中的许多东西，你们彼此可以经常进行极有意义的沟通和交流。
- 如果你喜欢独自一边读书一边反省、深思（这当然也是非常重要的），那我们鼓励你去找一个非常安静的地方，花时间认真地阅读和思考本书中每一部分的内容。
- 如果你是那种希望从头读到尾的人，那就请继续你的阅读，我们也是以这种方式设计本书的结构和框架的。
- 如果你读书的时候喜欢快速扫描，只是偶尔对感兴趣的东西进行深入的研究，我们也会积极鼓励你这样做。因为你可以在任何一页上发现许多有趣的事。当然，如果你要使自己的扫描变得非常有效，请注意第 1 部分中的前三章，因为那是重要的基础部分。
- 如果你通常对心理学、管理学方面的论说持一种相对怀疑的态度，那我们想告诉你的是，本书并不想把你分析个通透，但本书所展现的理论已经有近百年的研究历史，而且这些理论都极其欢迎任何持有不同意见的人。

- 如果你喜欢心理学或励志类的书籍，希望用它来帮助自己不断进取，那你一定会喜欢本书的。但千万别以为幸福会自己跑来，你还要努力加油才行。本书的主要目的是通过运用人际差异帮助你走向幸福和成功。
- 如果你是那种喜欢把事情安排得有条理并按计划严格执行的人，我们建议你做个计划，每天都安排固定的时间来阅读某一章节。你会发现本书条理清晰，哪怕只用 10 分钟就能读完一个完整的概念。
- 如果你是那种不喜欢计划，事事随意的人，也请你别担心，因为你用不着一下子就把整本书都读完。哪怕你把本书搁在旁边一段时间，也仍能在每天的工作中用上读过的内容。但我们还是希望你能抽出时间来读完整本书。

显然，像读书这样一件简单的事也会有不同的完成方法，而且每种方法都是行之有效的。也许过程各不相同，但结果是一样的。

本书的中心思想：只有理解和欣赏每个人的差异和不同，我们才能在工作中发挥每个人的作用，使工作更为有效。

开始阅读吧！用你自己喜欢的方式。

目 录

第 1 部分

性格观察的理论介绍

第 1 章

以人为本

"用我们的方式来做这件事，你介意吗？"

说起"要宽容"、"对不同的意见持开放的态度"、"允许百家争鸣、百花齐放"这些观点，我们几乎个个都会点头称是。但说起来容易，做起来难。

生活并不是这样简单！

要接受不同的意见和观点、不同的做人风格、不同的处事方式不是件容易的事，即便对那些平时就心胸开阔的人来说也是如此。

这一点，有一个明显的例证。平时我们总是用相对较为负面的词汇描绘与自己不同的人：有点怪、太浮躁、乌鸦嘴、木头一根等。这种习惯在工作中表现得尤为明显，我们常把办公室里话多的人说成"碎嘴皮子"、"会搬弄是非"，把认真检查工作说成"鸡蛋里挑骨头"，把那些较为严肃和严厉的上司说成"冷血动物"。

其实我们每个人都有自己的风格、自己的喜好、自己的各种习惯。一个人的闲散风格可能被另一个人看作没有激情；一个人边想边说可能被另一个人视为胡言乱语；一个人紧跟时代脉搏在另一个人的眼里则有可能是过分炫耀。这些风格上的差异会导致重大的沟通障碍、误解甚至关系摩擦。在组织中，这将导致人际交流阻塞、信任度降低，员工情绪也会受到严重干扰，以致最后影响生产率、产品质量和顾客服务态度。

更值得一提的是，我们的工作和环境是处在不断变化的状态之中的，这就使得一个组织可能的风格更为丰富多彩且在不停地发展。不同的工作、不同的技术、不同的文化、不同的行业甚至不同的价值观念都会使上述沟通发生障碍，而误解和关系摩擦会大量、快速地成为我们必须面对的一个严峻挑战。

组织能够在丰富多彩的风格和变化中生存下来并发展壮大，与员工之间彼此有效的沟通是分不开的。这并不是说有必要完全敞开心扉地沟通观点，或者提倡你和老板、同事、下属成为最好的朋友。我们只是在讨论如何将众多差异转化为团结员工的强大力量而不是离间他们的严重动因。

性格类型观察法（MBTI®，也称迈尔斯-布里格斯类型指标）是一个有效的工具。

用不同的形容词形容他人，对不同的人进行归类都是极为正常的，问题是，既然我们要这样做，就应该做得专业，做得科学、客观，使这种形容和分类更具有建设性。性格类型观察法便是构筑在科学的理论基础上的，经过五六十年在组织中的应用，它已经形成了一种有效的方法来帮助企业组织中的各种人员更为和谐地相互合作，并出色地完成各自的任务。最要紧的是，性格类型观察法是极其有趣的。

性格类型观察法不仅可以应用于工作场合，也可以应用于你的朋友、恋人、配偶、父母、孩子、邻居及各种陌生人。（我们的前一本书《性格类型》讲述了性格类型观察法在日常生活中的应用，帮助人们增进相互理解和沟通。）在进行咨询和培训时，我们曾经成功地帮助人们进行了职业生涯转换，消除了与父母（或孩子）间的隔阂，甚至帮助人们有效理财和控制饮食习惯。我们将性格类型观察法用于自己生活的方方面面，包括朋友、同事、孩子及婚礼的计划。

当然，你不一定非这样做不可，但的确存在这样的可能性，即你使用性格类型观察法的次数越多，你便越能发现更多的使用方法和领域。事实上，有许多人都已经上瘾了。在多年的学习和实践中，我们也已经体会到了性格类型观察法的一个重要特点，即它是一种心理测量系统。其结果没有好坏、高低之分，但可以用来解释许多正常的行为。性格类型观察法赞美和颂扬这些人际差异，并且建设性地把这些差异应用在工作和生活的各个领域，使我们更加客观地看待别人的行为而不是一味的主观和臆断。

类型观察理论简史

类型观察理论可追溯到近百年以前。瑞士心理学家荣格第一次指出人的行为并不是随机无序的，实际上是可以预测的，同时又是可以分类的。当时，荣格的这些研究、思考和论述与其他心理学家并不完全一致。因为当时其他心理学家更多的是研究人的非正常的、病态的心理活动和行为。荣格说，不同的行为是由于我们在执行大脑功能时有不同的偏好，而这些不同的偏好构成了我们的人格，伴随着我们一生。这些偏好在我们生活的早期便已形成，成为构筑我们人格的最基本的要素。按照荣格的论述，这些偏好就成为我们一生中对人、对事的重要取向。

有两位女士，虽然都不是专业的心理学教育背景出身，但都对类型分类有浓厚的兴趣。其中一位凯瑟琳·布里格斯（Katharine Briggs）早在20世纪初叶就已经开始独立研究，试着根据人们的生活风格来把他们进行分类。当时，她把人们对待生活的不同态度进行了不同的类型判别。1923年，荣格的著作英文版出版，布里格斯就把她的工作放在了一边，开始专心致志研究荣格的著作。和她的女儿伊莎贝尔·布里格斯·迈尔斯（Isabel Briggs Myers）一起，两人整整用了20年时间，通过不断地观察并开发更好的方式来测量人们之间的这些不同。第二次世界大战爆发以后，她们看到很多人走出家门，走上工作岗位。但是她们注意到，许多人所做的工作和他们的性格并不一定匹配。于是，这两位女士便在一起设计了一份心理学的量表来测量人与人之间的这些不同。这便是现在我们知道的MBTI®。MBTI®在20世纪80年代以后渐渐获得人们的认同。

今天，MBTI®是世界上应用最广泛的心理测试工具。按照它的出版商CPP的统计，1990年就有200多万人在使用MBTI®，而且这份量表已经被翻译成日文、中文、西班牙文、法文、德文及许许多多其他语言。

比如，我们看到有人总是在约会和开会时迟到，使用性格类型观察法就能知道这也是一种性格类型的特征，而不一定是对会议或约会的轻视或冒犯。同样，如果一个人不能过多地关注细节，也会被看作一种正常的性格特征，而不会被盲目地看作对某件事情的不重视和不关心。总而言之，性格类型观察法把我们平时对人际差异的那种负面的臆断提升成为正面的具有建设性的观察，从而让工作和家庭都获得更多的和谐和理解。

人的重要性

自20世纪90年代起，性格类型观察法中以人为中心的特征已成为当今工作中的重要财富。现在，人们已经普遍意识到：人力资本是企业组织成功的关键因素，与顾客、供应商、员工甚至自己的关系已经成为成功的一块重要基石。

环顾四周，你可以看到成功地运用信息以及提供个性化的服务会带给你许多成功的机会，但要做好这些事需要优质的工作关系，包括团队的合作以及积极向上的员工。这样一个以关系为中心的工作场所需要你更多地了解你周围的人——老板、员工及同事、顾客和供应商，以便使你能够很成功地和他们合作来解决各种各样的问题。换句话说，任何成功都需要你依靠他人的帮助，并且满足他人的需求。你必须成为一个“人”方面的专家。

美国现代企业或组织中的许多调查和统计研究结果表明：我们并没有完全做好这一点。根据美国国家提高生产率委员会所做的调查，在美国只有 50%的工作组织会在人际关系等方面花费力气。而根据 Wyatt 公司 1987 年的调查，只有将近一半的美国员工认为他们的老板能够更有效地激励他们。1989 年的调查带来了更不好的消息——有 43%的美国员工认为人的本性就是说谎、虚伪和只想赚钱。另一个有关信任和忠诚的调查是由 Carnegie 和 Mellon 公司进行的，他们的研究有将近 400 多位经理人参与，其结果是有将近 1/3 的人对他们的老板不信任，有将近一半的人对公司的管理层不信任。

这也就是为什么工作中的关系产生了压力，从而造成消极怠工和生产率下降。这导致美国的公司每年会有近 1.5 亿美元的损失。

并不是说性格类型观察法能够很快地帮助你解决这些问题，但是我们保证在解决问题的过程中它能帮助你有效地发现问题和分析问题。性格类型观察法能使你通过有质有量地提高公司内部的互相理解和沟通，充分运用组织和个人的各种优势，这真是非常奇妙。通过努力，性格类型观察法能够使人和人之间的问题得到解决，部门和部门之间的许多争执和分歧得到有效化解，流程中的许多瓶颈问题能够得到疏通而最终能够按时完成任务。这在我们的顾客群中已经一次又一次地得到验证，这些顾客群包括美国的《财富》500 强公司，如 HSBC、AT&T、IBM、福特汽车、贝尔，以及无数政府部门，甚至包括美国的军队和许许多多中小型企业。

性格类型观察法能做些什么

从某种意义上说，我们既在教人们一些非常显而易见的道理，也在一个更新、更深的层面上帮助人们去体验一些他们所知道的东西。通过下面的章节你可以清晰地看到，从个人问题的解决到对整个公司的重组，性格类型观察法在工作中的应用是非常广泛的。下面所罗列的只是一些比较典型的问题。

- 按照性格偏好，有些人是非常容易和人打交道的，具有很强的亲和力。但是对另一种类型的人来说，尤其是异性，这些典型的特征却会被看作对他人的诱惑甚至骚扰。这就造成了在沟通当中的严重障碍，甚至可能会被认为一种性骚扰。同样，有一种类型的人，按照他们的自然行为偏好会显得非常冷峻，有时他可能会被误解为对人的不尊重、不信任，甚至是性别或种族上的歧视。通过对他人行为和类型方面的了解，我们就能有效地避免这种误解，清晰地认识到这只是一种自然的、不同风格的人际交往方式。
- 有些人能够自然应对各种变幻莫测的场景，他们似乎非常热衷于在最后一分钟赶工，他们每天开工的项目比完工的项目要多得多，或者说他们每天完工时的工作清单比开始工作时要长得多。这一切，在另外一拨人看来简直不可思议，这就等于每天都生活在一种混乱当中。性格类型观察法帮助我们明白，在工作中，只有尽量让不同类型的人都按照自己的风格行事，才能够获得最大的效果和效率。如果一味地要他们改变，那就只能获得相反的结果。
- 另有一种人，他们非常有想法，而且思路很宽。他们在工作中经常被提拔到领导岗位，有的甚至自己开公司。在这样的位置上，他们就必须非常注重细节，但这是他们不喜欢的，对他们造成了无形的压力。每天面对着这些问题使他们筋疲力尽。有了性格类型观察法，他们就能够知道该怎样有效地授权，或者该怎样调节自己，来应对工作中的细节。

上述这些只是类型观察能够帮助你解决的众多问题中的一些简单的情景。在我们介绍更多的应用之前，我们首先必须了解类型观察背后的一些基本原理。

性格类型观察法的工作原理

你是喜欢和与你类型相同的人在一起，还是喜欢和与你类型不同的人在一起？绝大多数人在开始时恐怕都会被不同类型的人所吸引。但后来你会发现，这些不同类型的人可能令你非常不舒服。比如，在与你的老板、员工，或者顾客交往时，当初始的这些吸引力消退之后，你就会发现，你对这些差异的忍受能力并不一定很强。如果还有一点权力的话，你就可能干脆要求彻底消除这些差异："按我的方式做，否则你干脆出局。"如果没有这样的权力，那你可能会尽可能地疏远和避开这些差异。

尽管在口头上说喜欢这些差异，但在实际生活中我们很少能容忍这些差异。尽管我们真诚地相信每个人都有他独特的优势，但是每当看到别人按照他们自己的方式行事，且与自己的方式格格不入时，我们总会感到不舒服和难以容忍。在组织中，这种情况被看作和自己不够贴心、不够合拍，更糟糕一点的话，可能会被看作有破坏性的，非常危险。通过性格类型观察法，你能够对这些不合拍和差异有一个清晰的认识和理解，并看到这些差异带来的潜力，使自己能够更加宽容地对待这些差异。

这整个过程都是从认识自己开始的。性格类型观察法会让你对自己有一个清晰的认识，了解你和周围的人有怎样的不同，从而进一步了解这些相同点和差异点会使你和同事之间的关系在哪里出现和谐，在哪里产生摩擦。

现在，就先来看一下你的偏好是如何形成的，以及这些偏好对你生活的重要意义。

天生的偏好

根据性格类型理论，我们每个人在出生的时候都有一个性格偏好。这个偏好可以体现在下面四个维度上。

外向（E）	或	内向（I）
实感（S）	或	直觉（N）
理性（T）	或	感性（F）
趋定（J）	或	顺变（P）

请记住这八个名词和它们的符号。可以用左撇子还是右撇子来体会我们用脑的偏好。

性格类型观察法的应用领域

性格类型观察法的应用领域是非常广泛的，几乎涵盖了你工作中的所有方面，下面举出的只是一些比较典型的应用场景。

- 更加有效地主持会议——使你在会中能够了解更多的不同观点，不同的参与者可能有的不同的需求。
- 性格和工作匹配度分析——通过了解天生的优势和薄弱环节，可以更好地选择和自己性格相匹配的工作，以提高工作的效率和满足感。
- 帮助解决工作中的人际冲突和矛盾——通过了解双方的个性，使你对矛盾的背后原因有一个清晰的认识和分析，这样可以更好地帮助双方消除误解、增进理解。
- 职业发展——通过了解自己的优势和薄弱环节，明确自己在发展过程中的重点、发展方向和发展方法。
- 影响力的提升——通过了解对象的特征和需求，能够更好地采取有效的说服策略和方法。
- 团队合作——同事之间相互了解彼此的性格特征，不但能够减少误会，而且在团队碰到问题时能够取长补短、优势互补，更加有效地运用合作的力量，更好地完成任务。

如果你是一个右撇子，这并不意味着你从来不用你的左手，只是说你更喜欢用你的右手。通常情况下，你可能更多地用右手而相对比较少地用左手，同时这种偏好的程度可能也会有差异。这个左右手偏好的例子同样适用于用脑的偏好。第 2 章我们会对四个维度上的用脑偏好，以及它们所具有的行为特征做更为详细的分析和描述。也许，在某一个维度上，你会发现这些偏好特征与你都有不同程度的吻合，但是你对其中的一个会觉得更加自然。

根据性格类型理论，人们一出生就有了这些偏好，并且一生都有它伴随。由于这种偏好的存在，人们总是有意无意地运用这些偏好，并在这些偏好领域培养充分的信心和足够的能力。但这并不是说人们从来不去那些非偏好的区域，从来不培养那些与非偏好领域相应的能力和特质。实际上，人们发展得越成熟就越能够在充分掌握偏好区域能力的基础上，不断使用那些非偏好区域的能力和特质，使我们的生活更加丰富和平衡。但是这些非偏好的特质永远不可能代替他们原始的偏好特质。也就是说，外向偏好的人永远不可能成为内向偏好的人，同样，内向偏好的人也永远不可能成为外向偏好的人。(这跟左右手偏好是同样的道理。左撇子永远不可能成为右撇子，右撇子也同样不可能成为左撇子。所以不管一个右撇子能够活多久，不管这个右撇子左手写字写得多棒，他也永远不可能成为一个左撇子。)

可以把人的类型发展比喻成建造一栋房子。你的类型，即在四个维度上的偏好，就像这个房子的地基：它不应该随着时间的变化而变化。但是房子的其他部分，别人能够看见的那些部分，就像你平常的那些行为，也许会随着时间的变化而不断变化。比如，加了一间房间，重刷了一遍油漆，重新规划了花园，等等。也许 20 年以后，房子的外貌已经发生了重大的变化，但地基仍然是同一个地基。也就是说，就性格类型而言，它不会因为时间的变化而变化，但是人的外部行为也许会随着年龄的增长而得到不断的发展。

按照这样的理论，人的成长和发展是一个非常缓慢的过程，是一份全职的工作，需要你每时每刻的关注和努力。

事实上，我们有效管理他人的关键是首先管理好自己，这样就能以自信的态度与别人交往。所以本书的目的就是引导你首先了解自己，应用类型分析能使你的生活、工作更有成效。

（王善平译）

第 2 章

你是什么性格类型

"会有人关心我的需求吗？"

最为专业、有效地了解你的性格类型的方法，是使用 MBTI®做一次测量。本章所提供的素材只是为你在对自己或他人的性格类型进行初步了解和分析时提供一些参考。（如果你已知道了自己的性格类型——常用四个字母表示，可以跳过本章。）

随着本书在性格类型理论和应用方面的讨论不断展开，你对自己或他人的性格类型的理解也会不断深入。我们先从每天的工作和生活开始，让你对自己的性格类型有一个初步的判定。

阅读下面的描述语句，你可以发现自己非常认同其中的一些语句，而对另外一些语句你会一般认同，还有一些你根本不认同。请注意，我们在这里讨论的是"偏好和倾向"这样一个概念，比如内向偏好还是外向偏好。你完全有可能既认同一部分描述内向的语句，也认同一部分描述外向的语句。这很正常。但从总体而言，你总会在其中的一个偏好上认同程度高一些，那便是你的性格倾向所在。

前面曾提到，我们要在四个维度上探寻自己的偏好，即：

外向	或	内向
实感	或	直觉
理性	或	感性
趋定	或	顺变

我们会在第 3 章对每个维度进行详细讨论。在这里，我们首先对人们在相互交流与精力支配方面的偏好和倾向进行讨论，那就是人的外向偏好（E）与

内向偏好（I）。

偏好外向的人

- 趋于先说后想，或边说边想，在说中完成想，有时会责怪自己“说得太多”。
- 认识很多人，交际广，有很多“好朋友”，越多人参与自己的生活和工作活动，越有精神。
- 喜欢边阅读边做其他事（如看电视、听音乐等），做事乐于多头并进。
- 见面熟，爱与朋友、同事甚至陌生人交流，且往往是沟通交流中的主角。
- 喜欢电话铃响，一旦有话要说，就毫不犹豫地拿起听筒或去找人聊。
- 喜欢参加会议并积极发表自己的意见；如果没机会陈述自己的观点，会很不爽。
- 喜欢与大家一起“头脑风暴”，而不是一个人在那儿苦苦琢磨；如果不能与他人沟通交流，而只是独自冥思苦想，很快便精疲力竭。
- 感到听比说困难；不喜欢“默默无闻”；当无法参与一个对话时，用不了多久便会感到厌倦。
- 用嘴而不用眼来“找东西”：“我的眼镜丢了。有人看见我的眼镜了吗？它刚才还在呢。”当思路断了时，会口头“找”回来：“哎，我说什么来着？应该与今早的会有关吧。对了，是关于哈里特今天的发言。”
- 对于自己是谁、做什么、长相如何以及其他问题，需要同事、上司、下属的确认；可能自以为自己工作做得不错，但在别人告诉自己之前，有时会持怀疑态度。

偏好内向的人

- 说话之前考虑再三并希望别人也这样做，经常会对别人说，“我得考虑一下”或“我以后再告诉你吧”。
- 喜欢自我独处带来的平和、安静时光；由于发现自己的时间非常容易遭受干扰，便培养出高度集中的注意力以排除周围的对话、电话等噪声。
- 被认为是个“伟大的倾听者”，但有时感到别人会利用这一点欺负自己。
- 时常有人称自己有些“腼腆”；不论你承认与否，你与别人打交道时总显得有点保守和矜持。
- 只喜欢与一个或少数几个亲近朋友分享有重要意义的时光。

- 希望自己能更有力地表述自己的想法与观点，讨厌有人抢在自己之前发表与自己相似的见解。
- 希望自己在发言时，别人不要打断，其他人发表见解时，自己也会保持安静。
- 参加完会议、打完电话或从社交活动中回来后，需要独自“恢复精力”；此类活动越多越密，过后便越累。
- 记得儿童时期，父母经常催促自己“去外面与小朋友玩”；他们时常担心自己过于一个人独处。
- 相信“沉默是金”；当有人滔滔不绝地讲述自己的观点或不断重复别人的意见时，你会报以怀疑的眼光并显得不耐烦。

再次提醒你记住，这些只是偏好。描述每种偏好的语句，你可能都符合，这是正常的。也请切记，凡事都是相对的。有些人可能符合每一条外向的描述而不符合任何一条内向的描述。他们可能是非常典型的外向偏好（E）。有的人可能一半符合外向的描述，一半符合内向的描述。他们到底是偏内向还是外向就不很清晰，虽然肯定存在着偏好，但相对较为模糊。不论偏好清晰与否，都是很自然的。

我们极力强调选择没有对错。正如前面所说，类型没有好与坏，只有不同。下面我们来看看人们认识事物的两种方式：实感偏好（S）和直觉偏好（N）。

偏好实感的人

- 喜欢一个具体的问题和一个具体的答案；如果你问别人时间，你希望听到“3:45”，而不是“差不多 4 点了”或“到该走的时间了”。
- 喜欢集中注意力做当前的事情，一般不琢磨下一步是什么；而且你更愿意去做而不是去想一件事。
- 最喜欢那些看得见的工作和摸得着的成果。
- 坚信“东西不坏，只管用”，不明白为什么有些人喜欢什么东西都要拿来改动一番。
- 接收信息时喜欢有条理、有顺序，而不是过于跳跃和随机。
- 认为太多幻想是不太健康的，搞不懂那些整天想象而无所事事的人。
- 从头至尾地阅读杂志或报告，不明白为什么有些人可以从任何他们喜欢的地方开始读起。
- 当得不到明确的指令或听到有人说“这是大体的方案——以后我们再细

化它”时，倍感困惑；有时自己听到的是明确的指令，而别人只当它们是宽泛的建议，那更糟！
- 说话做事讲究认真，追求务实，一步一个脚印。
- 首先见到树，其次看到林。工作中最关注自己的或所在部门的事情，然后才关心这些事情在大格局中的方位。
- “眼见为实”，比如有人会说“东西到了”，但对你来说，只有当东西到了你的桌子上时，才是真的“到”了。

偏好直觉的人

- 经常在脑子里同时想几件事情，朋友和同事常抱怨你心不在焉。
- 对未来未知的各种可能性感到极为刺激，而不是惧怕；一般情况下，你会对去哪里感兴趣，而不是现在在哪里。
- 认为细节很烦，没意思。
- 相信时间是相对的；除非在自己到之前会议或聚餐已开始，否则不能算自己迟到。
- 乐于研究事物是怎样运作的。
- 喜欢猜文字游戏（甚至可以站在那儿做）。
- 发现自己喜欢探寻事物背后的联系，而不只是停留在它的表面；你总是问：“那意味着什么？”
- 趋向于以笼统的方式回答问题；你不明白为什么那么多人跟不上自己的思路，当人们要自己做详细解释时，感到不耐烦。
- 更喜欢憧憬如何消费下一个月的工资，而不是坐在那里计算如何平衡收支。

同样，你可能发现自己同时符合这两种描述。每个人都有一些实感偏好（S）的特点和一些直觉偏好（N）的特点。而且，同一个人在不同的时间以不同的方式认识事物也是很自然的。

你在读这些描述并试图找出自己的偏好时，可能有些维度较为容易，而另外一些则较为困难，这也是很自然的。例如，你可能对自己是外向偏好（E）非常明确，而判断自己是直觉偏好（N）的明确度就不那么高了，判断自己是理性偏好（T）的明确度一般，但一定会判断自己是趋定偏好（J）的。在这种情形下，你会发现自己符合许多外向偏好（E）和趋定偏好（J）的行为描述，而另两个则较少。

下面我们来看看人们做决定时会有怎样的偏好：理性偏好（T）还是感性偏好（F）。

偏好理性的人

- 在所有人都情绪烦躁时，自己能够保持冷静、沉默、客观。
- 在处理纠纷时更愿意基于公正和真理而不是以使人高兴为标准。
- 喜欢探讨以便把问题搞清楚，更渴望辩论事情的正反两面以拓展自己的思路。
- 坚毅果断，而不是软心肠；如果不同意某人的意见，就会直截了当告诉他，决不保持沉默让那个人自以为正确。
- 以客观公正为准则，尽管有些人指责自己冷漠和不关心他人；但你知道这些都不能脱离公平公正的原则。
- 不介意做艰难的决定，不理解为什么这么多人会为与手头问题不相干的事情垂头丧气。
- 认为做事正确比被人喜欢更为重要，喜欢一个人并不是与此人有效合作的必要条件。
- 对逻辑的、科学的事物印象深刻并投入更多注意力；就性格类型观察法而言，在收到有效果的证明之前，可能持怀疑的态度。
- 更容易记住数字和数据，而非名字和面孔。

偏好感性的人

- 认为一个“好的决定”是考虑了其他人的感受后做出的。
- 认为“爱”是不能定义的，并极力反对那些企图给“爱”定义的人。
- 尽力满足他人的需求，尽一切可能适应他人，哪怕有时会使自己感到不适。
- 设身处地为别人着想；在讨论问题时，你可能会经常问：“这些问题对相关的人会有怎样的影响？”
- 尽管发现有些人占了些便宜，自己也仍乐意给人们提供所需要的帮助。
- 自己疑惑：“有谁会关心我需要什么吗？”虽然你自己很难说出口。
- 当发现自己所说的话得罪了某人时，会毫不犹豫地收回；结果是被指责不够坚定。
- 喜欢人际和谐而非据理力争；对冲突感到窘迫并极力避免它（“咱们换

个话题吧”）或设法减少它（“咱们握手言和吧”）。

有趣的是，理性偏好（T）和感性偏好（F）是唯一有性别趋向的两种偏好。差不多 2/3 的男性是理性偏好（T）的，而 2/3 的女性是感性偏好（F）的。同样，这没有好坏和正确与否的区别。若你在这一维度上的偏好与你的性别不符，同样也不存在好坏之分（虽然有时会觉得有些与众不同）。有关问题我们会在接下来的章节里深入探讨。

继续阅读下面的描述时，你可以比较一下你对自己的感觉与周围的朋友、同事对你的印象，有时别人能看到一些我们自己看不到的东西。

下面是最后一个维度，它是有关你如何安排周围世界的，其中两个偏好分别是喜欢组织、结构和条理的趋定偏好（J）与喜欢自由自在、灵活和随意的顺变偏好（P）。

偏好趋定的人

- 总是在等待那些看来从不守时的人。
- 每件东西都应有它放的地方，而且每件东西有应放在它应该放的地方。
- “知道”如果我们每个人都能（在应该完成的时候）完成我们所应该完成的事，那么世界将变得更美好。
- 早晨睁开眼睛就很清楚自己的一天该怎样安排；自己有一个计划，如果事情不能按计划进行，就会有挫折感。
- 告诉周围的人，不喜欢总有出乎意料的事情发生。
- 保存并使用工作清单；如果做了某件清单上没有的事，就会把它加到清单上，然后在旁边打上一个钩以示完成。
- 讲究秩序；对办公桌上的文具、档案夹中的文件及墙上的挂件都进行专门、系统的整理。
- 喜欢有始有终地完成工作从而从清单中划掉，即使自己知道以后还得返工来更正一些细节性的东西。

偏好顺变的人

- 很容易分心，可能在从停车处走到家门的途中“走失”。
- 热爱新东西，最好每天下班回家都能取道不同的路。
- 不为任务做计划，只是等待并观望需要做些什么；人们指责自己没有计划性，其实你知道这就是自己的特点。

- 对于最后限期，需要依靠最后一分钟的冲刺；一般你总是能按期限完成的，尽管在此过程中自己可能把大家都急得发疯。
- 虽然你喜欢事物有序，但不相信“整洁很重要”；重要的是创造力、自发性和反应程度。
- 把大部分工作转化为玩乐；如果工作没有乐趣，大概它就不值得去做。
- 经常在谈话中切换话题，新的话题可能是刚进入大脑或房间的任何事情。
- 不喜欢被事情钉死，更愿意保持多一些选择。
- 常常趋向于使事情不那么确定，但并不总是如此，依情况而定。

你是否更多地符合外向偏好（E）描述？如果是的话，在下面的横线上写上E；如果你更符合内向偏好（I）的描述，则写上I。然后对其他三个维度也做同样的选择。

E或I	S或N	T或F	J或P
________	________	________	________

这些结果不应刻在石碑上，甚至不应写在纸上。你可以阅读本书第3部分中四个字母合成的性格类型综合描述来确认你分别在四个维度上的选择结果。当你读完本书并提高了自己的性格类型观察技巧后，你可能会擦掉一个或多个字母，因为你增加了知识，知道这些偏好在各种情形下会如何发挥作用，同时你也能更全面地了解自己的偏好以及如何通过性格类型观察来建设性地使用它们。

（王善平译）

第 3 章

性格类型 ABC

"请问你能不能用眼睛来找东西，而不是用嘴巴？"

性格类型字母表可能让新手觉得眼花缭乱。但是，只需要一点点时间和耐心，我们就能运用自如，就像我们学习其他新技能一样。

所有这些字母代表的是什么？为了理解性格类型学的基本构件，我们首先要对一些基本原理做扼要的了解。

心理学认为，性格类型有四对基本偏好：

- 第一对偏好关注你从哪里获得动力——从自身以外［外向偏好（E）］，还是从自身内部［内向偏好（I）］。
- 第二对偏好关注你如何搜集周围世界的信息——直陈性地、有序地［实感偏好 S）］，还是比喻性地、随机地［直觉偏好（N）］。
- 第三对偏好涉及你喜欢如何做出决定——客观地、不涉人情地［理性偏好（T）］，还是主观地、顾念人情地［感性偏好（F）］。
- 最后一对偏好关注你如何规划自己的生活——你喜欢事先决定，照计划过得井井有条［趋定偏好（J）］，还是喜欢灵活应变，在生活中顺其自然［顺变偏好（P）］。

以下让我们逐一考察每一对基本偏好。

你从哪里获得动力：外向偏好（E）还是内向偏好（I）

第一对偏好决定了你在运作大脑基本功能时采用的方式及环境。根据性格类型理论，我们每个人可能属于以下两者之一。

- 当你观察周围的世界并做出决定的时候，你是否要把所见、所想的大部分内容说出来？也就是说，你是否更愿意在有别人参与的情况下做这些事情？你是不是常常先开口再动脑筋想要说什么、怎么说？你是不是从其他人身上或行动中获得动力？如果你一个人待得太久会不会感到精疲力竭？你是否更愿意自己说而不是倾听？你是否常常在散会时扪心自问："我什么时候才能学会闭上嘴巴？"如果回答是肯定的，那么你很可能是一个外向偏好的人。我们用字母"E"来标记具有外向偏好的人。如果你更喜欢"动人的"、"流行的"而不是"镇静的"、"私密的"等字眼，那么你是一个外向偏好的人。
- 你是否更愿意把观察的结果和所做的决定藏在心底？你是否从个人的思考和理想中获得动力，而在应付紧张、激烈的讨论时精疲力竭？你是否更愿意倾听而不是述说？你是否常常在会议后后悔："我为什么刚才不那样说？"如果回答是肯定的，那么你可能是一个内向偏好的人。我们用字母"I"来标记具有内向偏好的人。如果你发觉自己在与别人一连待上几小时之后就必须一人独处、凝神默想以恢复精力，那么你是一个内向偏好的人。

在一些地方，外向偏好的人大约比内向偏好的人多两倍（两者的比例是3：1）。因此，后者必须从小学会一些特别的合作技巧，以应付"顺利成长"中将会遇到的过度压力，使自己的行为表现与这个世界上的另一些人一样。在课堂上，老师们在无意中给内向偏好的学生造成了压力，他们宣布"总成绩的1/3将根据你们在课堂上是否积极发言来给分"，这样的声明实际上偏向了外向偏好的学生。在工作中，外向偏好的人常常成为会议的中心，利用他们的社交技巧赢得反对者的支持，或者受到远远超出其自身价值的关注。当然，这并不说明外向偏好的人可以把事情做得更成功，在本书中我们将不断看到这点。

事实上，外向偏好的人有时会成为麻烦，即便对同类型偏好的人而言也是如此。譬如，在他们找不到东西的时候——丢的也许是储藏室的钥匙或者一连串想法——会喋喋不休地回顾自己先前的行为直到找回他们要找的东西。（"那么，我刚才说什么来着？让我们想一想，刚才我说的是上个礼拜我与斯坦利的聚会，他向我讲起了哈里和爱丽丝。顺便问一句，你听说了吗，丹妮丝怀孕了。也就是说，唐很可能接手她的工作，这意味着——啊，是的。我刚才正说到唐的助手，史蒂夫，他希望跟我们见面，谈一谈新的合约。"）在这样做的时候，外向偏好的人不仅占用了身边每一个人的时间，而且常常到处喷洒空洞、无意义的话语。正在这一关头，内向偏好的人，也许有点直言不讳，往往会挺身而出——“请问你能不能用眼睛来找东西，而不是用嘴巴？”

对内向偏好的人来说，外向偏好的人有时特别难以相处。设想一个内向偏好的人需要独处的时候：典型的情形是，外向偏好的人不仅仅在那段时间里打扰了他，而且他们简直是把那段时间占为己有了。譬如说，外向偏好的父母强迫内向偏好孩子与别人一起玩耍。（父母对孩子说：“你一个人在自己的房间里鼓捣什么？”）或者某位外向偏好的老板强迫内向偏好的员工开展小组讨论及其他外向偏好的活动……这些都是经常发生的事。在商界，我们可以看到这样的情景：许多内向偏好的人在一些由不到天花板的矮壁隔开的、类似牛栏的小格间里工作，这种小格间的设计旨在提高工作效率，结果却让内向偏好的人大呼头疼——后者需要属于自己的时空来思考问题、审查信息。内向偏好的人要做出正确、清晰的判断，这种“独处的时间”就是不可或缺的。内向偏好的人不愿意受到他人电话或会谈的打扰。

另一则有意思的对话

内向偏好的人对外向偏好的人说：“原谅我在你打断我们的时候说话。”

受苦受难的并非只是内向偏好的人。问题的另一面会也发生在外向偏好的人的身上：一位外向偏好的经理晋升到了管理的最高层，作为待遇他拥有一间独立办公室，紧闭的房门把他与其他员工隔开，而正是后者曾给这位经理带来灵感与动力，使他获得了晋升！于是，这位经理制定了“开门政策”，一边鼓励员工“顺便造访”他的办公室，一边通过四处走动来加强管理工作：我们常常可以看见他穿过大厅与身旁的无论什么人寒暄，查问进行中的项目；他留意了每一个人的工作，而不再局限于自己认识的那些员工。

有一件重要的事情我们必须记住：上述两种行为举止本身都很正常，问题在于由谁完成这样的行为。内向偏好的人和外向偏好的人通过各自的行为方式来获取动力和能量。而无论是哪种偏好，如果一个人违背自身性格行事太长时间，不管他获得了多大的成功，最终都将过于“扭曲”而心力交瘁。

内向偏好的人与外向偏好的人之间的故事似乎冗长乏味，然而还没有说完。比方说，外向偏好的人一般比内向偏好的人需要更多公开的“奉承”。与之相反，内向偏好的人则会对同样一些公开的“奉承”表示怀疑。的确，两者都需要得到肯定，但是，内向偏好的人往往怀疑太多的肯定是否必要，而对外向偏好的人来说，“太多的肯定”则是一个矛盾的说法——因为“肯定”无论如何也不嫌其多。结果，外向偏好经理会过誉自己的员工；同样是外向偏好的员工喜欢这种做法，而内向偏好的员工则开始怀疑这样的赞誉是否肤浅、不必要，甚或可能是虚情假意。这种怀疑反过来又使经理感到不自在，怀疑这样提出赞誉“是否值得”，尽管堆砌赞誉本身出自他的本心。相反，内向偏好经理常常避免奉承，即使他们发觉自己的员工喜欢被奉承时也是如此，因为他们觉得这是伪君子的行径。这又会使外向偏好的员工感到自己被疏离了或者在很大程度上不受赏识。双方的感受就各自的性格偏好而言都是真实的，却恰恰向对方传递了错误的信号。

非常外向偏好的人在工作中的表现简直叫人吃惊，请看：一个外向偏好（E）的人走进了房间，提出一个问题，征询大家的意见，然后得出自己的结论，又向那时在房间里的每一个人道谢，走了出来；自始至终，他自己的思绪都没有中断过。内向偏好（I）的人对这样的行为感到惊讶（有时也会觉得可笑），而且他们时常怀疑那个外向偏好的人在走进房间之初是否真的想要征求回答。在内向偏好的人那里，事情刚好换了个位置：他会先反躬自省，找出许多种可能的处理方式，然后从中得到结论；在整个过程中始终一言不发。甚至，如果碰到了别人，也许还会信誓旦旦地说——当然不是真话——他已经把自己的决定告诉过其他人了。

以下是一些形容外向偏好与内向偏好性格差异的关键词：

外向偏好（E）	**内向偏好（I）**
善于交际	自闭
互动	专心
表面化的	内敛的
宽容、开明的	深奥的
不注重细节的	精细的
人际关系复杂	人际关系简单
全力以赴	精力守恒

外在表现	内部反应
群策群力	反躬内省
喜欢说甚于想	喜欢想甚于说

内向偏好的人之所以这样做是因为他确信自己在头脑里把问题想了个滴水不漏，包括他人可能做出的反应，所以他已经与自己的思想交流过了，而实际上他对此没有开口说过一个字。毋庸多言，两种交流方式的差异会引起争议。而令人惋惜的是，外向偏好的人把什么都挂在嘴上，内向偏好的人则把什么都埋在心里。只要他们能彼此交流，他们就能从另一方的看法中获益。

内向偏好的复杂性

无论在工作中还是在日常生活中，有些事对我们理解内向偏好的人至关重要。与外向偏好的人的张扬性格不同，内向偏好的人常常把自己掩饰起来。在内向偏好的人身上，你所看到的只是他真实性格的一部分，他性格中最丰富、最本真的内容则不大会暴露在光天化日之下。只有经历了很长时间，建立了信任，并且处于某种特定的环境中，他们才会敞开心扉。

内向偏好的人之所以难以表露性格是因为我们这个社会更推崇外向偏好性格，制定有利于外向偏好性格的规则。这使我们往往忽视或者低估内向型的人所做的贡献——综合其他三种性格偏好的不同，内向偏好的人可以做到更加精确、更富远见、更加客观，或者更加敏锐。

必须记住一件最要紧的事：如果你是一个内向偏好的人，你必定需要时间来独自沉思冥想；而如果你是一个外向偏好的人，你应该尊重别人对“私人时间”的需求，并且把它融入日常工作中，当作后者一个有机的组成部分。

帮助！

NF 偏好的行为方式：即使后悔帮错了人也比什么人都不帮好。

我们必须记住非常重要的一点是，在现实生活中人们的性格大多不会走到极端。也就是说，外向偏好与内向偏好性格并非泾渭分明，在我们身上总是两者兼备。正如我们再三说过的那样，性格类型学处理的只是“偏好”。

搜集信息和做出决定

性格类型学是以荣格的著作为基础建立起来的。根据荣格的观点，一切活着的、呼吸的生物——植物、动物，当然还包括人，在清醒状态下，都在运作两大基本功能：从外部世界搜集信息，在这些信息的基础上做出决定。我们把前者称为“信息搜集”功能，把后者称为“决定形成”功能。（荣格的相关论述可参见他里程碑式的著作《心理类型》，英国 1923 年第 1 版。）它们构成了性格中的两对偏好，以下我们分别用两组字母来表示。

我们确信这两项功能都是生活中不可或缺的。一只动物在野外听到一种声音（搜集信息），后逃之夭夭（形成决定）。树木接受阳光、雨露（信息）或者枝繁叶茂，或者枯萎凋谢（决定）。显而易见，并非所有的“决定”都是在清醒状态下做出的。对人而言，情况也是一样：我们的“决定”以搜集到的“信息”为基础，却未必都是思考的结果。一阵大风刮过（信息），我们抓住了自己的帽子（决定）。我们并没有思考是否要这样做，只是做了而已。我们每时每刻做的许多决定根植于性格，协助我们支配着自己的思考、行动，以及与他人的交往。

你如何搜集周围世界的信息：实感偏好（S）与直觉偏好（N）

让我们从信息搜集开始。根据性格类型理论，我们通过两种基本方式从周围的世界搜集信息。

- 当你观察这个世界，搜集关于它的信息时，你是否追求尽量忠于原貌？你是否更注重信息的实用性和真实性，喜欢生活中可触摸的、质感的一面？你是否对实际经验，或者某个环境中看得见、摸得着、此刻此地的部分更感兴趣？如果答案是肯定的，你搜集信息的方式倾向于实感，我们把它标记为字母“S”。如果你喜欢事物以一种具体的方式呈现在面前，如果你主要依靠你的五种感官来搜集信息——你希望那些事物都是看得见、听得着、摸得到、尝得出或者闻得出味道的，那么你就是一个具有实感偏好的人。具有这种性格偏好的人更愿意关注事实和细节，而疏于解释它们的意义。美国人中约有 70%的人具有这种性格偏好。

- 除了上述方式以外，你在搜集信息时也可能是比喻式的（非直陈的）。当你用五官搜集信息时，你是否立刻会诉诸直觉，寻找这些信息中蕴藏的可能性、意义以及各种事物间的相互关联？你是否倾向于对事物做通盘考虑，尝试把它们纳入某些理论框架？你是否喜欢诸如“基本正确”（“对政府工作来说足够精确”）、“随便”这样的词？如果你的回答是肯定的，那么你主要依靠直觉来搜集信息。大约 30%的美国人以这种方式搜集信息。他们都是具有直觉偏好的人，我们把他们标记为字母“N”。

“这层楼的复印机在哪儿？”

实感偏好的人：“走到大厅的尽头，左转，穿过旋转门。你会经过一排红色的门，门上写着‘配电间 3 号房’。再往前走 25 英尺（1 英尺=0.3048 米）就会看到一个灭火器。复印室就在右边隔壁。走进复印室，复印机在左手边。”

直觉偏好的人：“沿着大厅走，左拐。走到底，右手边。你准能找到。”

我们搜集信息的方式几乎是所有交往活动的起点。如果两个人以不同的方式搜集信息，显而易见，所有进一步的交流都可能因此受到威胁。如下例：

实感偏好的人：“什么时间了？”

直觉偏好的人：“很晚了！”

实感偏好的人（有些吃惊）：“我问的是‘时间’。”

直觉偏好的人（坚持）：“到了该走的时间了。”

实感偏好的人（变得不耐烦了）：“喂，看着我的嘴！告诉我现在的‘时间’。”

直觉偏好的人（同样不耐烦）：“三点刚过。”

实感偏好的人（恼羞成怒）：“我问的是具体时间，要一个明确的回答。”

直觉偏好的人（自以为是地）：“你不该这样挑剔。”

麻烦还只是刚刚开始。切记，实感偏好的人忠于事实，他们需要具体、明确的信息。直觉偏好的人正相反，他们可以找出一百种答案来回答同一个问题，其中没有一个够得上前者“具体、明确”的标准。

在直觉偏好的人眼中，一切都是相互联系的：这一定是有意义的。如果一个直觉偏好的人正在找一件特别的东西，他可能就从这件东西边走过，而没有注意到它的存在。实感偏好的人会觉得这非常难以理解。对实感偏好的人来说，东西是真实的、存在的，它就在那儿——你怎么可能看不见呢？

在《圣经·旧约》的《出埃及记》里有一个经典的故事表现了实感偏好的人与直觉偏好的人的性格差异。你也许还记得这个故事：摩西派出 12 名探子去考察圣地。从这 12 人后来的反应来看，很明显其中有 10 个人是实感偏好的，另外 2 个人是直觉偏好的。根据《圣经》的记载，实感偏好的人回报异常精准，包括圣地有多少人、都在做什么、在哪里消磨时光等，以及其他的细节。直觉偏好的人观察了同样一片地方，最后总结说那是一片“流淌着奶与蜜的土地”——实感偏好的人一定感到这很可笑，他们甚至无法想象土地上流淌着水的情形。

实感偏好的人与直觉偏好的人在相互交流中洋相百出，喜剧创作拿这个作为题材已经有好几十年了。正如你知道的老杂耍演员的台词——提问：“这本书写的什么？”回答：“写了 300 页左右。”

我们再想想几年前看过的《花生漫画》，其中露西是实感偏好，史努比则是直觉偏好。露西提醒史努比：“你从生活中得到的东西正好是你在生活中付出的东西——不多也不少。”史努比边走边想：“我得设法弄间大点的房间装错误。”

以下是一些形容实感偏好与直觉偏好的性格差异的关键词：

实感偏好（S）	**直觉偏好（N）**
直率的	随便的
注重现在	注重未来
现实的	概念的
汗水	灵感
实际的	理论的
实事求是、不加渲染的	天马行空的

事实	幻想
操作性	独创性
具体的	一般的

可是，实感偏好与直觉偏好的性格差异制造的不仅仅是笑料。我们的交流困难中有很大一部分正是源于这两种性格间的误解：一个人看见树，另一个看见的则是森林。这种差异与我们受到的教育，特别是学校教育或专业训练，有密切的关系。实感偏好的人喜欢让事实说话，并且说得有条不紊。（“完成一次销售有三个简单的步骤。第一步是……”）直觉偏好的人则不同，他们更加随便，思维“跳跃不居”。（“要完成销售，重要的是对顾客想要买什么有全面的了解。”）对于这两种性格的人来说，即使看上去非常简单的指令——“请查看、整理这些申请表，从中找到最合适的人选”，也可能意味着完全不同的东西。

你喜欢如何做出决定：理性偏好（T）与感性偏好（F）

无论以什么方式搜集信息，在获取信息后通常你都要做出决定或采取行动。如果说信息搜集是无休止的、不定向的（因为这只是取得信息的过程，尚未处理、使用这些信息），那么与之不同，决定形成是终结性的、高度集中的。它的目标是下判断、做决定，因而常常是限定的和有结果的，即使所做的决定在几秒钟之后就被推翻了。譬如说，让你尝一口牛排，你会感到牛排很大、鲜嫩多汁或者别的什么；你的判断则是，这块牛排正是（或不是）按照你的口味烹制的。

如同信息搜集一样，我们做决定的方式总是以下两者之一。

- 在做决定的过程中，你也许是这样一种人：非常注重逻辑性、公正性（不感情用事），强调分析，而且根据客观价值得出自己的结论。这样的人总是避免在决定中关涉自身；并且希望只要有可能，决定就要贯彻执行。他们努力做到公正、明晰，常常被看作严谨、固执的人。性格类型学认为，这类人具有一种经过思考做出决定的性格偏好，标记为字母“T”。

成为集体一员的好处

SJ 偏好的处事方式："成为集体的一员，哪怕由此心生抱怨也比独来独往要好。"

- 另一种决定形成的过程包含了人际交往的因素，这些因素来自主观价值。以这种方式做决定的人会常常想到诸如"和谐"、"仁慈"、"软心肠"等词。他们重视自己的决定将对人们产生何种影响，这种影响对他们的最终行动至关重要。这些人能够认同、体会别人心里的痛苦。性格类型学认为，这些人倾向于做感性偏好的决定，我们把他们标记为字母"F"。

遗憾的是，荣格在描述决定形成的过程时通常用"理性"指代智力，用"感性"指代感情，结果使这对性格偏好的含义常常遭到误解。有一点很重要，我们要记住，理性偏好的人也有感性，而感性偏好的人也会理性。两种性格类型的人都可以是聪明的、重感情的。我们在这里讨论的只是一个人做决定时的性格倾向。最糟的是，理性偏好的人认为感性偏好的人头脑混乱，感性偏好的人则认为理性偏好的人冷血无情。最理想的是，理性偏好的人在任何环境中都能保持决定的客观性，而感性偏好的人会充分注意到一个决定最终将对他人产生什么影响。

以下是一些形容理性偏好与感性偏好的性格差异的关键词：

理性偏好（T）	感性偏好（F）
客观的	主观的
固执的	心肠软的
原则	具体情境
坚定	说服力
公正	人情味
清楚明白	和谐
分析的	欣赏的
方针政策	社会价值
超然的、事不关己的	设身处地的

让我们设想一个典型的工作场景，看看理性偏好和感性偏好的不同偏好是怎样表现出来的。吉姆找经理提出一个简单的要求：星期五请假，带他的两个孩子去几百里外看望他们的奶奶。吉姆解释说，孩子的奶奶身体不太好，而且孩子的祖辈亲戚中奶奶是唯一在世的了。不巧的是，这位经理正在为自己部门近来居高不下的缺勤率头疼，不希望再有员工请假。

让我们考察理性偏好的经理和感性偏好的经理各自的心思，并指出这两种性格偏好的人可能通过完全不同的思路最终得出同一个结论。正是他们各自的思路而非最终决定本身，揭示了这两种性格偏好的实质。

考虑批准请假

理性偏好（T）的经理：如果我拒绝吉姆的请假，我可以把他留住，但他又能好好做多少工作？要是他更想去别的地方，他的工作效率可能不会太高。而且，他已经明说了为什么要请假，他本可以找个别的理由或者干脆称病。要让其他人看到这种积极主动的行为受到褒奖，这也许会鼓舞起每个人的团队精神。以损失工作时间为代价，这个部门立刻就会面貌一新，而吉姆可以得到一天的休假。对于公司和吉姆来说，这是双赢。

感性偏好（F）的经理：如果我是吉姆，我会怎么想？我完全可以体会他的处境。他已经做到开诚布公，而且非常直接地说出了他要什么。显然，这样我们就可以建立忠诚、保持高昂的士气。这是一个机会，它将表明我们有多么重视吉姆，又多么想让每一个人都快乐。

考虑不予准假

理性偏好（T）的经理：高处不胜寒。作为老板，我在这里不是来讨人喜欢的；我在这里就要做出对公司最有利的决定。我知道，要是吉姆有点生气，他会克制的。这段时间的工作效率不会受到影响。如果我准了他一天假，那么每个人都会想要一天假的。绝不能把事情弄成那样。你也不能只给一个人放假，而让其他人继续工作。

感性偏好（F）的经理：我记得以前当我还是个小员工的时候，我的老板没有答应我的个人要求。我也生过气，而且觉得在工作中没有人在乎我。但是事后我认识到，老板做的是在那种情况下他所能做的最好的决定，他的行为最终是在保护我。所以，吉姆将来也会意识到：尽管对他说“不”我也不愿意，但是这样做对大家都好。

不要看到上面的内心“计较”就说理性偏好的人或感性偏好的人难以下决心。和所有人一样，他们也可以非常果断，或者非常迟疑。对上述窘境做出回答也许需要一点时间，也许可以脱口而出。而问题在于“决策”的过程，在上例中请注意，理性偏好的经理采取的是客观的、置身事外的态度，而感性偏好的经理则完全感同身受。两者都是关心，都在思考，都有同情，但是各自最终得出结论的思路却那么不同。更常见的是，一方感到另一方无法理解，于是两者都开始心生怨恨，互相交流便出现困难。

在第 2 章中我们讲过，理性偏好与感性偏好是唯一一对与性别特征匹配的性格偏好。在短时间内，男性和女性也许会陶醉于这两种性格间的差异：对立带来吸引，尽管只是一时的。但是时间一长，性格差异就会成为人际交往中各种问题的主要根源，无论这种交往是生活中的人际关系还是工作时的彼此协作。在工作中，如同在日常生活中一样，男性以理性偏好的方式做决定会得到称赞；而如果某位女性也倾向于理性偏好，也像男性那样来做决定的话，她就会被人们冠以各种各样的“恶名”。反过来，男性如果以感性偏好的方式做决定，遭遇也是一样的。就像老话说的那样，“真正的男人”不露感情。我们还可以加上一句，真正的女人也不能把个人感情置之度外做出“铁腕”决定。当然，这两句话都不符合事实。

这种理性—感性偏好、男性—女性的两难在我们的工作中似乎到处存在。理性偏好的女人在生活的大多数时候都必须迎着湍急的河水逆流而上，在工作中尤其如此。如果她处事客观、果断，她就会被看作“强硬的”、“没有女人味的”，甚至更糟。同样，感性偏好的男人只因为生性富于同情、关爱就被称为懦夫。然而，一般说来，身为男性又别有一种好处：感性偏好的男人尽管也是逆流，与理性偏好的女人相比，遭遇的冲击却要小得多。

你如何规划自己的生活：趋定偏好（J）与顺变偏好（P）

我们相信，性格类型中的第四对偏好是引起工作中人际关系紧张的最重要的根源。你在与外界的言行交往中，做最自然的选择会应用哪种功能——信息搜集还是决定形成？这就要看你的性格在这第四对偏好中属于哪种类型。

- 如果你为自己营造的环境是结构化的、日程表式的、有秩序的、有计划的、可控的；如果你果断、深思熟虑而且可以在做决定的时候把压力降到最低，在你的生活中会有很多机会应用决定形成的功能，那你是一个趋定偏好的人，标记为字母“J”。趋定偏好的人计划他们的工作，并用工作来实现他们的计划。就连休闲时间也是遵守安排的。对这一类人来说，无论做什么事情，做法总有“正确”和“错误”之分。
- 如果你在为自己营造的环境中可以灵活安排、顺应自然，根据各种情况随机应变；如果做出并坚持决定使你焦虑，如果他人对你在某个具体问题上的立场常常感到难以理解，那么你很可能在生活中应用信息搜集的功能：这使你成为一个顺变偏好的人，标记为字母“P”。顺变偏好的人倾向于在大多数事情上采取观望的态度——需要做哪些工作？怎样去解决一个特殊问题？今天做什么？

甜蜜的复仇

一位性格类型观察的培训师把她的团队分成两组：趋定偏好（J）的人一组，顺变偏好（P）的人另一组。她让两组分别“为一座新建的图书馆设计侧厅”，当一组进行设计时，另一组观摩。趋定偏好那组先设计。有人拿出一袋糖豆，五分钟之后他们即用糖豆摆出了一幅建筑设计图。

接着轮到顺变偏好的人这组了。顺变偏好的人对任务发了一通牢骚，然后干净利落地把糖豆吃下了肚。

以下是一些形容趋定偏好与顺变偏好性格差异的关键词：

趋定偏好（J）	顺变偏好（P）
决绝的	犹疑不决的
坚定的	观望的
执著的	灵活的
主动控制	被动适应
封闭	开放
有计划的	无休止的
组织结构	流动
明确的	迟疑的

预先安排的	顺其自然的
最后期限	何谓“最后期限”

换言之，顺变偏好的人更愿意去感知——总在搜集新的信息，而不是对事物下结论。相反，趋定偏好的人更愿意去判断——主动做出决定，而不是消极地回应新信息，即使（也许碰巧如此）这条信息可能改变他们的决定。在极端情况下，顺变偏好的人完全丧失决定能力，而趋定偏好的人所做的决定则几乎不可能改变。当然，这种极端的例子并不常见。

各就各位

东西肯定在，可能是P偏好忘了顺手搁在哪里了，或者是J偏好忘了有意存在哪里了。

很难说清趋定偏好的人和顺变偏好的人之间的冲突会带来多大的问题。举个例子说，趋定偏好（J）的人逼迫顺变偏好（P）的人像自己一样，坚持不懈地追求结论——对几乎每一件事都要形成一个意见、一个计划，或者制定时间表。另一方面，顺变偏好的人强迫趋定偏好的人欣赏自己凡事顺应自然、随和宽容——生死关头除外，有时甚至也包括在内——的本事。我们想说，趋定偏好的人也可能误入歧途，而信息的瞬息万变则可能使一些顺变偏好的人完全迷失方向。趋定偏好和顺变偏好之间没有对错之分，哪一种偏好也不比另一种更让人满意。事实上，两种偏好都是我们需要的。趋定偏好的人需要从顺变偏好的人身上学会从容不迫，以免在做决定的时候百密一疏；顺变偏好的人则需要在趋定偏好的人的帮助下学会合理安排资源，做事坚持到底。

我们需要的是平衡的行为方式。一种性格如果太重判断或太重感知而缺乏另一种偏好与之平衡，那是危险的。一种力量发挥到极致反而会成为我们的负担。趋定偏好的人需要顺变偏好的人，因为后者可以提供各种选择，使人振奋精神，也带来了生活中乐趣、童真的一面。而顺变偏好的人需要趋定偏好的人，因为后者有着坚持到底的品格，这在做任何事情时——从做一顿早饭到完成一项工作——都是必需的。用沟通分析的理论来说——沟通分析是一套 20 世纪 70 年代提出的人格理论，由艾瑞克·伯恩（Eric Berne）在他的畅销书《人们玩的游戏》的基础上发展起来——在我们每个人身上，趋定偏好就像严厉的父母，顺变偏好则是天真的孩童；对任何一个给定的个人来说，最健康的性格就是把父母和孩童一起激活。

凡事都是相对的

在第 2 章中你已经尝试大致了解了自己的性格类型，那时我们只是对四种性格偏好做了一些指点；现在你又读完了本章的描述，它也许会巩固你先前的感受，也许会帮你做出调整。至此，你应该对自己的四个字母有了很好的把握，它们结合在一起构成了你的“类型”。重要的是记住，没有什么“好的”或“坏的”性格类型。每种类型都有自己的长处和短处。世界恰是由所有的类型共同构筑起来的。图 3-1 中列出了所有 16 种性格类型。

		实感偏好（S）		直觉偏好（N）			
		理性偏好（T）	感性偏好（F）	感性偏好（F）	理性偏好（T）		
内向偏好（I）	趋定偏好（J）	ISTJ	ISFJ	INFJ	INTJ	趋定偏好（J）	内向偏好（I）
	顺变偏好（P）	ISTP	ISFP	INFP	INTP	顺变偏好（P）	
外向偏好（E）	顺变偏好（P）	ESTP	ESFP	ENFP	ENTP	顺变偏好（P）	外向偏好（E）
	趋定偏好（J）	ESTJ	ESFJ	ENFJ	ENTJ	趋定偏好（J）	

注：获得出版社的书面许可。Consulting Psychologists Press Inc., Palo Alto, CA94303。

图 3-1 16 种性格类型

同样重要的是，我们要记住在性格类型观察中没有绝对的东西，凡事都是相对的。如果你的两个最好的朋友都外向偏好，但是其中一个喜爱社交，另一个则略显沉静，相比之下后者似乎更像内向偏好（I）的。可见，最好是掌握精良的性格类型观察技巧，而对某个具体的称谓大可存疑。一位性格类型观察专家曾经这样说过："一个具有外向偏好（E）的人可能与其他每一个外向偏好的人都相似，或者与某些外向偏好的人相似（与另一些不相似），也可能与任何外向的人都不相似。"也就是说，虽然外向偏好具有某些可预测的行为特征，但是你随时都可能遇到一个人不符合现成的模式。对于内向偏好与其他所有性格类型而言，情况也是如此。

不要拘泥于你的"类型"，不要把自己限制在类型的框框里。这很重要。尽管我们把性格分为相关的 16 种类型，其中的每一种仍然包含着庞杂的行为方式、处事风格、价值观念以及口味、嗜好。你还会发现，理解你自己的和他人的性格类型为你与那些性格不同的人交往提供了宝贵的意见，也有助于你与相同性格的人打交道。

（王善平译）

第 4 章

性格类型观察“十诫”

性格类型观察，如同别的优秀评估系统一样，有其自身的“十诫”。这是一些指导性原则，它们可以避免你对这套方法的误用和滥用，同时帮助你提高使用效率。

1. 生活似乎支持每一种性格偏好，这使我们怀疑除了我的性格之外是否别无其他。无论属于哪种性格类型，你都会发现生活似乎正按照你喜欢的方式进行着。如果你是一个趋定偏好（J）的人，你会在一天结束时为你有一个井井有条的计划而感到高兴，因为它可能不止一次地为你指引目标。如果你是一个顺变偏好（P）的人，你会在一天结束时长舒一口气，庆幸自己面对一天中的种种遭遇应付自如。每一种性格偏好的人都会有这种感觉。在备受压力的环境中，理性偏好（T）的人高兴地发现，其性格中的客观化偏好使自己在困难面前得以保持清醒；而感性偏好（F）的人则因为自己能够帮助那些急需帮助的人而感到同样高兴。诸如此类，不再一一举例。
2. 性格的力量走到极端则物极必反。我们依赖于性格中那些最让自己感到舒适的部分，这是十分自然的事。但是，这样做却使我们愈加忽视了自身的其他方面，从而使这些方面变得越来越不合意、不发达、不灵巧。正是由于这个缘故，外向偏好（E）的人虽然可以在各种场合中激动人心，却会变得不擅倾听，行事跋扈。另一方面，内向偏好（I）的人善于倾听且能够全神贯注；但是把这些能力夸大到极致又会导致自我封闭，对客观世界中有争议性的问题视而不见。理性偏好的人天生能够在各种环境中保持客观和理性，然而极端的客观和理性反而会使理性偏好的人看不到他人的好恶。同样，感性偏好的人往往主观、体贴，而一旦走到极端就会变得自专、爱记仇。

3．观察结果仅仅是理论上的，有待于现实生活的检验。当你意识到你或他人的性格偏好时，你的判断必须回到实际行为、经验以及自我意识中接受检验。由于种种原因，我们看到的自己或他人往往与实际相去甚远。譬如，当你被大家认为是一个处事客观、擅长分析、做事井井有条的人时，你的表现可能确实如此。过了一段时间，你或许会认为这就是你的性格偏好。而事实上，这可能只是你顺应了环境的结果。另一种情况，因为你知道某人性格外向，你可能就此推断他喜欢交际又有点过度自信。但是，无论是什么原因，如果他的实际行为与这种性格偏好不符，你要么需要重新评估这个人的性格类型，要么需要找出使他行为反常的因素。无论如何，重要的是要根据实际情况检验你的观察结果，而不是直接跳到结论或做出错误的假定。

4．类型观察结果只是一种解释，绝非借口。初学者喜欢拿性格偏好作为各种不端行为的借口，对性格类型观察的滥用莫过于此。譬如，说“我打算回你电话的，可我是个内向偏好（I）的人，所以就不回了”，或者“我今天想要准时到的，可我的性格是顺变偏好（P）的，我们这类人总是迟到”。这样的借口偶一为之，或者在特殊情况下，也许是可接受的；但是出现在每天的工作中则是逃避责任，不可接受。经验丰富的性格类型观察者正可以利用这些机会，在它们的基础上展开真正的对话求得不同性格的差异。

5．整体大于部分之和。你以前肯定就听到过这句话，而把它用在性格类型观察上是最合适不过的了。这一点对我们来说有利有弊。有利的是，把性格类型分解为各个部分——四个维度、四对偏好，为我们即时应用性格分析提供了便利。举例而言，你或许不能一下子分辨出某人属于 ENTJ 类型还是 ESTJ 类型，但你能迅速指认出一些人具有外向偏好的性格（他们不断地大声说出心中所想），也许还能指认出外向偏好（E）—趋定偏好（J）的性格类型（他们对所有的事都抱怨不断）。另一方面，四种性格偏好的相互组合又极端复杂。在上面所举的例子中，具有 ENTJ 类型性格的人胸怀大志，兼济天下；具有 ESTJ 类型性格的人恰相反，讲求实效，致力于为世界建立一套管理模式。可见，尽管两人的性格类型如此相似，行为结果却有天壤之别。

6. 性格类型观察只是反映人的一个侧面。尽管性格类型四字母使用便捷、明晰有效，但是我们要理解字母背后的人，这却只是个起点。我们之所以恰是自己这个样子，是性别、种族、价值观念、社会经济因素及其他方方面面共同作用的结果。进行性格类型观察的危险之一在于把四字母教条化的倾向。教条化不仅违背了性格类型观察的基本理念，而且在实际工作中往往得不偿失。
7. 有效的性格类型观察必须从自己开始，然后才施及他人。你对自己了解得越多，你在与不同性格的人的合作、谈判中就越能处于有利地位。性格类型观察必定要从自知之明开始，然后才能为合作行为提供参照框架。
8. 性格类型观察说起来（或想起来）容易，做起来难。我们承认，性格类型观察会对运用者提出一些相当困难的挑战。人们通常拘泥于自己的性格，这很自然。举个例子讲，如果你在性格上总是倾向处于支配地位，那么要你把支配权让渡给别人可能就会使你感到十分困难，即使这种让渡可能对所有人都有好处。积极利用差别观察性格要求我们具备责任感和能力，而首先我们要确信运用性格类型观察一定能得到令人满意的结果。
9. 不要把与你性格对立的偏好说得一无是处。人们会把与自己性格对立的偏好说得一无是处，这是极平常的事。我们容易相信，任何一个与我意见相左的人在性格类型上也都与我对立。首先，一些性格类型相互冲突，或者容易引起争辩。然而，这并不必然意味着它们在某个观点上对立；争辩有时只是一种理清头绪的手段。再者，一些性格类型喜欢刨根问底——譬如，何处可能开展争论，他们寻求的过程可能就是不停地提问，这看上去就像在不停地反对。总之，当事情的进展与设想不同时，不要仓促地假定：这是某种其他性格类型的人在阴谋使坏。
10. 性格类型观察不是万能的。鉴于性格类型观察切实有效，又能够解释大量日常行为，有些热衷于此的人试图用它解释每一件事。这种做法超出了性格类型观察的初衷，而且会对本来无法由性格类型解释的行为穿凿附会。譬如，有时人们生理或心理上的问题会越过“正常”行为的界限。又如，有些人的性格太复杂，或者太简单，而无法轻易做出分析。性格类型观察无法回答所有的问题。在这样的时候，我们正确、专业的做法就是讲明——“我无法解释”或者干脆说“我不知道”。

（王善平译）

第 5 章

性格类型观察的一条捷径：四种气质

“嗨，我是 NF，我来帮助你们。”

对性格类型观察而言，了解外向偏好（E）、内向偏好（I）、实感偏好（S）、直觉偏好（N），以及其他所有的性格偏好只是理解你或他人性格类型的第一步。当你把各种性格偏好放在一起——譬如，外向偏好加趋定偏好（EJ），或者实感加理性偏好（ST）——由两种性格偏好共同导致的行为远比单一性格偏好导致的行为更加复杂多样。第三、第四种性格偏好的加入会使事情进一步复杂化。所以，举例而言，即使你明白外向偏好（E）、内向偏好（I）、理性偏好（T）和顺变偏好（P）各是什么，你可能仍然对这四种偏好复合而成的性格一知半解。

我们相信有一条捷径能使我们更轻松地掌握、运用性格类型观察，它与所谓的“气质”有关。“气质”指的是由前述八种性格偏好两两结合而成的特殊类型，共计四种，分别用两个字母的组合来表示。它是由《请理解我》（另一本讨论性格类型的书）的作者大卫·凯尔西（David Keirsey）和玛丽莲·贝茨（Marilyn Bates）提出的。“气质”概念十分有用，它使你仅仅从表示某人性格类型的两个字母出发，就可以对他的行为做出相当准确的预测。这样，即使我们不知道四字母背后的性格偏好如何相互结合，我们仍然可以根据两个字母组合标示的“气质”来预测许多事情，诸如人们如何教书、学习、领导下属、社交、赚钱，以及如何建立人际关系等。

实感偏好和直觉偏好的差异是确定气质的首要因素。这是因为，人们在搜集信息方式上的差异是大多数人类交往活动的出发点。不对这些信息搜集方式有所了解，交流就会变得异常困难，因为每一个人都认为他掌握的才是唯一的真相。当我们看见一棵树，而你们看见了一片森林时，我们双方都相信自己是对的——事实也确实如此：双方谁也没错——同时质疑对方收集信息的过程。对一个实感偏好的人来说，一棵树就是一棵树；而在一个直觉偏好的人看来，一棵树则是整个系统的一部分，他们把这个有机的系统整体称为“森林”。于是在后者眼中，一棵树唤起的正是整片森林的形象。盛水的杯子是半空的还是半满的？实感偏好的人和直觉偏好的人各自看到了不同的景象：直觉偏好重视每件事中蕴藏的可能性，从而对杯子里盛的水持乐观态度；实感偏好只关注实实在在的，而非可能的东西，因而往往对潜势视而不见。无论你是哪一种性格类型（理性偏好或感性偏好），无论你选择潜心默想还是开口说话（内向偏好或外向偏好），在你做出决定之前你首先要做的就是搜集信息。

因此，气质的第一个字母就是 S 或 N。气质的第二个字母随着第一个字母的不同而不同。

如果你是一个直觉偏好的人：你倾向以抽象的、概念化的方式搜集信息。构成你的气质的第二种重要的性格偏好来自你如何评估所搜集的信息：客观的（理性偏好）还是主观的（感性偏好）。因此，对直觉偏好的人来说，两种基本的气质类型就是直觉—感性偏好（NF）和直觉—理性偏好（NT）。

如果你是一个实感偏好的人：你倾向以实实在在的、可触摸的方式搜集信息。构成你的气质的第二种重要的性格偏好来自你如何处理而非评估所搜集的信息：你把它们组织得井然有序（趋定偏好）或者只是不停地吸纳，甚至寻求更多（顺变偏好）。因此，对实感偏好的人来说，两种基本的气质类型就是实感—趋定偏好（SJ）和实感—顺变偏好（SP）。

不必担心这些背后的理论基础。凯尔西也意识到这套理论可能不合逻辑。但是我们相信它在行为学的意义上是合理的，而且我们长期以来的性格类型观察经验也支持这一点。

如上所述，16 种性格类型中的每一种都可以归入四种气质之一：

NF	NT
ENFJ	ENTJ
INFJ	INTJ
ENFP	ENTP

INFP	INTP
SJ	**SP**
ESTJ	ESFP
ISTJ	ISFP
ESFJ	ESTP
ISFJ	ISTP

我们并不是说，你一看见 NF、NT、SJ 或 SP 这些偏好，就看见了其中所有的性格类型。16 种各不相同的性格类型仍然存在，其中的每一种及其相互差异我们都将在本书中详细讨论。另外，“气质”为我们提供了真正明晰有用的工具，使性格类型观察技巧得到了进一步发展。

气质的四种类型

让我们看看每一种气质的不同特点。

直觉—感性偏好（NF）

NF 偏好观察世界，看到各种可能性［直觉偏好（N）］，并把它们付诸人际交往和个人事务［感性偏好（F）］。他们吃饭、睡觉、思考、呼吸、行动，且爱戴他人。根据凯尔西和贝茨的统计，美国人口中约 12%具有这种气质。他们是生活中的理想主义者，希望为推进人类利益的目标服务，如献身教育、人文、咨询、宗教及家庭医药等事业。作为热忱的理想主义者，NF 偏好辩护、捍卫着各种理想：他们发起了反酒后驾车运动与和平运动，募集资金保护濒危物种。但是，敏感常常使他们受到不必要的伤害。总的说来，NF 偏好最看重的是与人和谐相处，其他的一切都会随之各就各位。

NF 偏好具有以下四种能力，而这些能力一旦达到极端则物极必反。

- 在与人协同工作、激发同伴的最佳状态方面表现出非凡的能力。
- 滔滔雄辩的、善于说服别人的。
- 有帮助他人的强烈愿望。
- 坦诚、宽容，能肯定他人的成绩。

在工作中，NF 偏好是积极、坚定的理想主义者，深受大家的喜爱；但是，他们的热情也使人们很难不赞同他们提出的意见。NF 偏好往往难以胜任监管者的职务，他们会留给员工过多的余地。他们会把上司理想化成英雄。在一切顺利时候，这使他们显得非常忠诚；而一旦发现这些英雄原来只是普通人，他们的忠诚就会如梦初醒，让位给不满，工作也随之失去意义。在管理中，NF 不太关心别人的资历，而更关心人们在多大程度上获得自己的青睐。他们精力充沛，这使他们在处理任何事务时都表现出可贵的热情，同时当性格与之不同的人在他们面前真正做出成绩时，他们却有可能视而不见。

这类人的口号是“嗨，我是 NF 偏好，我来帮助你们”。

各种气质在工作中的表现

NF 偏好

- 追寻意义和确实性。
- 富有同感的。
- 注重机构、制度及人具有的可能性。
- 与人沟通、钦慕、热情、赞许。
- 在处理人际事务时反应灵敏。
- 与他人联系紧密。
- 高度个性化。
- 不吝褒奖，也需要得到褒奖。

NT 偏好

- 渴求才能和知识。
- 善于处理观念和概念。
- 对谜团好奇的，喜欢解谜的。
- 把生活看作一个需要不断规划的系统。
- 客观地关注和分析各种可能性。
- 喜欢开展新项目，但是不善于跟进。
- 有时忽视他人的感受。
- 善于接受新观念。

SJ 偏好

- 努力成为集体中的一员并做出贡献。

- 珍视和睦相处与喜欢服务性工作。
- 注重秩序、值得信赖、脚踏实地。
- 懂得直觉的重要性，保护直觉的工作方式。
- 要求他人脚踏实地。
- 能带来稳定、坚毅与有条不紊。
- 多给予制度性奖励而非私人性的奖励（发奖品、写表扬信等）。
- 更乐意对失误提出批评，而非对完成分内职责予以褒奖。

SP 偏好

- 追求自由和实际行动。
- 关注现实问题。
- 灵活的、开明的。
- 愿意冒险。
- 善于谈判。
- 显得迟疑不决。
- 受困于“小麻烦”，但不会持续很长时间。
- 擅长口头策划以及短期项目。

直觉—理性偏好（NT）

NT 偏好的信息多半是抽象物和可能性 [直觉偏好（N）]，他们以此为基础做出客观的决定 [理性偏好（T）]。他们的动力蕴藏在对工作能力无休止的追求中，就是要使一切都被理论化、理性化。他们试图理解整个宇宙，对一切事物都追问“为什么”（或者“为什么不”）——为什么会有这样的规则？为什么我们不能以别的方式行事？NT 偏好追求冒险，他们的热情可能在无意间伤及周围的人们。

根据凯尔西的统计，美国人口中约 12%是 NT 偏好。他们挑战权威，不盲从先驱，由此闻名。对于什么是“能力”，他们有自己的标准和参照，并以此衡量他们自己和所有其他的人。他们总是不断地质疑系统。出于对优秀的近乎苛刻的追求，他们能敏锐地察觉到自身或他人的缺点，并且急于克服。在别人眼中，他们通常都显得不近人情、过分理智、自命不凡——这些看法往往并不准确。

NT 偏好具有以下能力，这些能力一旦达到极端则物极必反。

- 有能力迅速把握宏观信息。
- 运用概念和规划系统的天才。
- 能洞察系统及组织内部的逻辑关联和基本原则。
- 能够把话说得或写得清楚明白、恰到好处。

在工作中，NT 偏好可以充当战略的设计者和调研者，尽管他们也可能迷失在自己制定的战略中，忽视了日常事务。这类人的忠诚度直接取决于效忠对象的能力。对于在他看来具备能力的人而言，没有资历无关紧要；相反，如果根据 NT 偏好特有的标准，他认定你的能力不足，你所有的资历又都变得毫无意义。而且，即便某人已经被判定为有能力，评估过程仍在进行中。事实上“有能力”只是一纸邀请函，它意味着你即将接受进一步的评估、挑战和更高的要求。

这类人的口号是“改变，仅仅因为改变带来新知，即使我们从中学到的唯一的东西恰恰是我们无须改变”。

实感—趋定偏好（SJ）

SJ 偏好在搜集信息时讲求实用、真实［实感偏好（S）］，而且喜欢把这些信息组织成一个整体［趋定偏好（J）］。实感—趋定偏好的人的生活的目标是成为某个有意义的机构中的一员。他们是社会的基础和中坚力量。他们值得信任、忠诚、乐于助人、勇敢、规矩，而又虔敬。他们占据了美国人口的 38%，是传统忠实的拥护者。趋定偏好使这些人喜欢从事组织或安排的工作——组织人员、布置家具、安排计划和时间表，直至管理整个公司。正如乐于交往之于 NF 偏好的气质、概念化之于 NT 偏好的气质一样，SJ 偏好的气质中不可或缺的一部分是程序。SJ 偏好无论做什么都有一套程序：从做早饭到工作，概莫能外。

SJ 偏好具有以下能力，这些能力一旦达到极端则物极必反。

- 行政管理。
- 可靠的。
- 能胜任主管职务的。
- 时刻牢记谁是主管者。

在工作中，SJ 偏好在管理分工精细、组织严密的系统时有非凡的表现。他们一般都会完成今天必须做完的事，而对明天要做的事不加注意。在他们看来，权威来自系统本身，资历是至关重要的。他们身上最可爱的品质之一是对有资历的人网开一面。即使他们认为这个人并不胜任，在一开始也会假定由系统指派的人选必定具有某种资历。所以，人们必须相信系统，对系统指派的人选保持宽容。一般说来，趋定偏好的人，特别是 SJ 偏好，并无多少耐心，然而他们却对“系统”耐心十足。由此带来的问题是，在情况越来越糟时，SJ 偏好往往就会批评系统，说“我只是照章办事”。

这类人的口号是“东西还没坏，就别去修”。

你想要杯咖啡吗？

SP 偏好问自己：“我需要改变一下节奏吗？”

SJ 偏好问自己：“现在是喝咖啡的时间吗？”

NT 偏好问自己：“所有其他的事都办妥了吗？”

NF 偏好问自己：“这样会叫我感受好些吗？”

实感—顺变偏好（SP）

SP 偏好在搜集信息时讲求实用、真实［实感偏好（S）］，在运用这些信息时则顺其自然、灵活机动［顺变偏好（P）］。实感偏好与顺变偏好的复合使这些人成了天生属于“现在”的一群人：前者把他们束缚在此刻的现实中，后者则使他们可以接受处理此刻现实的各种不同方式。唯一能让他们确信的事情只有“此刻”；而“长期计划”本身就是个自相矛盾的说法。他们要的就是行动，进而主张“现在行动，以后受益”。在美国人口中，这一类人占了约 38%，他们大多选择那些在短期内回报触手可及的职业：消防队员、急救医师、机械师、农耕、木匠及其他需要专业技术的工作。人们常常误解他们，认为他们的性格里多少带有一点享受主义、及时行乐的味道。尽管如此，他们却是非常优秀的谈判员或调解员。

SP 偏好具有以下能力，这些能力一旦达到极端则物极必反。

- 务实。
- 精通解决问题的技术，尤其善于亲手解决问题。
- 机智，富有创造精神。
- 对当下的需要有特殊的认识。

在工作中，SP 偏好善于化解危机，表现出天才般的解决问题的能力。但是，他们不会仅仅为了给自己找一连串目标而故意制造危机。在他们看来，个人或者机构都不需要“当权者”。SP 偏好处事的假设是“事后求得的原谅比事先征得同意更容易”。

这类人的口号是“在一切其他尝试都失败的时候，就去读说明书”。

正如我们在一开始所说的，分析气质是性格类型观察的一条捷径。你只要理解了基本的性格偏好，比方说“实感—顺变偏好（SP）”，你就可以把其他偏好加在上面，以求得对个人性格的全面把握。外向—顺变偏好的 SP（ESTP 类型）与内向—顺变偏好的 SP（ISFP 类型）都具有 SP 偏好的性格特征，包括注重此时此刻、经验传承、关注日常生活的现实而回避理论和计划，蔑视陈规、程序以及规则制度；尽管如此，两者还是截然不同。

如你所见，气质分析虽然有其局限性，却为观察行为、归纳性格类型提供了一种便捷的方法。你已经明白了性格类型观察背后的基本观念，以下我们将要探讨如何把这套方法运用到每天的日常工作中去。

过得愉快！

对 NT 偏好说：“过得有趣。”
对 NF 偏好说：“过得激动人心。”
对 SJ 偏好说：“过得事半功倍。”
对 SP 偏好说：“过得开心！”

（王善平译）

第 2 部分

将性格观察运用到工作中

第 6 章

领导力

“我要成为这一整套新技术的专家。”

就在一周以前，一部厚厚的论述领导力的新书出现在本地书店的货架上。对于领导力，鼎鼎大名的首席执行官们和英明睿智的权威们竞相做出解释，却众说纷纭，各自秉持一套道理和成功的诀窍。这类著作中的大部分都颇有价值，读来令人鼓舞，但又不甚完整——几乎所有的著作都把领导力归结为某个普适的公式，通用于每一个人，仿佛领导力就是一曲充满智慧的万灵的圣歌。

在许多关于领导力的著作中还缺乏对被领导者的关注。政治上有这样一句话：“如果人民学会了领导，领导者就只能跟从。”在商界，这句话同样适用。

正如商学论著中所说的那样，人们的行为方式和相互影响极为复杂，任何一种单一的方法都不足以对其做出充分的解释。这一点甚为关键。然而，性格类型观察法却可以推进我们对领导力的理解：它关注性格类型如何影响甚至控制人的行为方式，回答你适于接受哪类人的领导、按本性来说又会成为哪种类型的领导者等与你的职业生涯密切相关的问题。不同的性格类型决定了不同的处事方式、行为动机以及关于何谓领导艺术的所有看法。

要成为一名优秀的领导者并非只是善于运用自身性格类型中的能力那样简单。事实上，一些非常卓越的人也会在领导岗位上栽跟头，究其原因往往就是那些使他们得以出类拔萃的技能和天赋。

想一想美国前总统尼克松和克林顿吧。尼克松按理说来属于典型的 INTJ 类型，他的力量源于内心深处的看法、策略和把握并分析复杂局面的能力。许多历史学家都把他看作 20 世纪下半叶美国外交上最精明的领导者。但是，恰恰是使他登上巅峰的这种性格，又把他推入深渊：他渴望控制信息，对搞好人际关系漠然视之，这使他陷入了封闭的世界和大搞间谍活动的困境，最终导致了他的下台。

克林顿，一个典型的 ENFP 类型的人，有着广泛的同情心，能设身处地为遇见的每一个人着想，并且借此赢得了众人的拥戴。典型 NF 偏好的人把每个新结识的人都看作潜在的争取对象，试图与其建立一对一的联系。于是，当新闻中出现关于他性丑闻的大字标题时，他的公众形象随之大大受损：曾经助他赢得大选的个人魅力现在却正将他卷入一场巨大的麻烦之中。

在性格类型上栽跟头的绝非只有最高领导人或首席执行官。来看看我们的顾客朱迪的故事。朱迪具有 ESTJ 类型性格。我们遇到她的时候，她刚刚晋升为一家规模较大的零售连锁店的部门经理。她已经为这家公司工作了 10 年，在这 10 年中她有效的行政管理方式和经营技巧赢得了大量赞誉。她运用 ESTJ 类型的组织技能关注着每个新项目的各种细节，不辞辛劳，并且有望获得进一步的提拔。

朱迪在新岗位上的主要职责之一是以社区为基础开展一些服务，譬如“自杀热线”、“十二步计划”、“人类的栖息环境”，以及其他一些由公司职员和社区成员共同参加的活动。她的任务是筹划活动、配备人员，并保证他们高效工作。这些实际上是朱迪最喜欢的工作。

但是很快，那些曾经使她工作得如此出色的性格力量——她的客观公正、注重细节竟然成了一种负担。它们并不适合眼下这个更为主观、由志愿者和社区成员构成的境况。朱迪最大限度地发挥了她的 ESTJ 类型天赋。她试图进行微观管理。她单方面做出决定，而不是由团队一起来解决问题。她大谈责任，急于知道工作报告会写成什么样子、什么时候才能让她看到。所有这些都使志愿者们极为不满，他们报名就是为了来给他们的邻居和社区提供帮助的，他们无须同朱迪合作。结果朱迪的计划以失败而告终；志愿者们不愿报名，那些报了名的人，要么到时没出现，要么待不长。甚至连她自己的员工，他们曾经在朱迪被提拔上来之前热情地支持这项活动，此刻也开始丧失兴趣。朱迪痛苦地意识到，她的新想法就此告吹了。

这就是许多类似故事的结局——以某人工作的失败而告终。值得庆幸的是，朱迪向多方面专家作了咨询，其中也包括我们公司。我们从性格类型学的角度帮助她看清了局面，她很快认识到性格类型观察法可以帮助她弄明白事情为什么会失败，又怎样才能做好。

在我们的合作下，朱迪非常努力地改变着自己的管理方式，发挥了她性格取向之外的各种能力。譬如，她开始主持一些务虚交流会议，让与会者分享各人的经历，讲述个人的成功之道。最后，朱迪认识到自己能力的局限，这种在她看来缺乏组织性的活动让她反感，难以应付。于是朱迪选派了一位下属去主持那些会议，并且以一种纯正的 ESTJ 类型的风格确保这位下属对发生的一切负责。过了一段时间，朱迪扭转了局面，还获得了“年度经理”的称号。从此，她被视为这家公司中的领导楷模。

那么，成为一名优秀的领导者是否就意味着改变你的性格类型特征、削弱你赖以获得晋升的性格力量？当然不是。但正如你所看到的，领导者必须时时懂得如何运用他们性格取向之外的各种能力——由另一组四字母代表的、与自己对立的那种性格类型的各种能力。

何谓“领导”

要对“领导”下一个定义，让所有不同性格类型的人都理解并且欣然接受是非常困难的。鉴于我们的目标，我们把它定义为：针对个人或团队有意识地行使权力以求得到预期的结果。

在运用性格类型观察法考察领导活动之前，我们先来对上述定义的四个关键部分做进一步的分析。

1. 领导活动是有意识的。尽管一个领导者的所作所为并非都经过深思熟虑——总会有这样或那样的差错以及不可预见的后果，但领导即意味着有意识地运用权力，在既定的方向上影响个人或一个团队。
2. 领导活动离不开被领导者。这看来是显而易见的，领导者离不开被领导者，领导活动就是一个人如何与另一个人或团队建立联系的过程。因而，领导活动的效率不仅取决于领导者个人的性格类型，而且有赖于被领导者的性格类型。后者很可能包罗万象，涉及性格的全部类型。
3. 领导活动即运用权力。高效、成功的领导活动要求领导者能在关键时刻运用手中的权力。权力是中性的——既不好也不坏，只是客观上存在着，认识到这一点很重要。领导者如何运用他们的权力要看他们如何决断。

   权力有各种类型。“个人权力”由领导者个体控制，随着个体号召力、魅力、知识、技巧和能力的增强而增强。“组织权力”由集体授予领导者个人，来自于集体的意愿或信念。“组织权力”与职位结合在一起，包括权威、地位、经济控制以及实施奖惩的能力。也有些权力是混合而成的。譬如关于某个体制及其官僚层级的知识——知道事情该怎样办、找谁办，哪些人或者关系在其中起着最关键的作用——这既涉及个人权力，也涉及组织权力。

权威也是一种权力，它可以表现为一个漂亮的头衔或者一间办公室，但是人们不能单凭权威就实现集体的目标。认识到这一点很重要。委员会把某人指定为主席，后者因此拥有了组织赋予的权威，但是其他人却可能凭借种种技巧、声望和对组织的了解而掌握着更实在的权力，从而成为事实上真正的领导者。

相反，在有些情况下，表面上看来对他人没什么影响力的人一旦受到组织的重视、青睐，也可以获得权威的地位，成为手握权力、富有成效的领导者。

这是一个令人费解的方程式。权力并不等于权威，而无论权力还是权威，单就其本身而言都不是领导力。

4. 领导活动有着确定的目标。正如领导活动不能脱离被领导者单独存在，它也不可能摆脱确定的方向或目标。

言归正传，性格类型观察适用于什么地方呢？让我们逐一检视上述四部分内容如何在各种不同的性格类型中发挥作用。

实感偏好（S）和直觉偏好（N）性格的人如何当领导

正如第 3 章所说，我们搜集信息的方式几乎是一切人际交往的出发点。你的 S 或 N 的性格偏好基本反映了你在教学、学习以及交流时的行为方式。同样，这也是我们考察领导方式的重要角度。

S 偏好几乎完全依靠五感来跟身边的世界打交道。对他们来说，此刻此处的具体情境和现实——所触、所尝、所见、所闻和所感——乃是最重要、最可信的信息，这是他们首先关注的。因此，他们注重质感、忠于实际、讲求实用，喜欢把工作的焦点放在切实性、当下性和可行性上。S 偏好一般靠经验和掌握的细节实施领导。

S 偏好领导者具备各种能力，天生对时间的流逝和一项活动需要花费多少时间非常敏感。此外，务实的风格使他们更看重目标的落实和实际行动——换言之，更看重实干。S 偏好领导者的创造力往往表现为明智、有效地调用其有限的资源和经验。我们对 S 偏好领导者的期望以及下属们的要求，对其领导方式会产生强烈的影响。

S 偏好偏好领导者受到的批评可能非常尖锐，而且常常来自 N 偏好性格的人的偏见。有些批评指责 S 偏好领导者懒于创新、缺乏想象力，不愿或不能致力于开发未来，还容易迷失在眼前的细节中，看不清宏观大局及其蕴含的发展趋势。

最后，S 偏好领导者还常常因为缺乏远见而遭受失败。以肖恩为例，肖恩在与我们有业务往来的一家电子业公司中领导着一个小组。他发觉小组中有些成员没有全身心投入工作，并为此大伤脑筋。劳里总是迟到；布莱恩常常在开会时做无关的事情；珍妮丝的呼机似乎是定时在开会后 10 分钟响起把她叫出会场。如此缺乏团队意识带来了严重的后果：肖恩的小组缺乏使命感、紧迫感和对工作的积极投入。

肖恩想要解决这些问题。他的第一反应是各个击破，他试图让劳里更加守时，让布莱恩更加专心，让珍妮丝尽量摆脱呼机的牵绊。他觉得，只要自己把这些问题一一解决，他的小组一定会有所进步。

作为一个 S 偏好领导者，肖恩在他的小组中只见“树木”——看到了人及各人的问题，却不见森林。在他所处的境况中，“森林”就是劳里、布莱恩和珍妮丝三人行为背后的东西：整个小组缺乏向心力、热诚和团队精神。

性格类型观察法帮助肖恩看到了这一点。他开始意识到，在 S 偏好的支配下，自己习惯于处理浮在表面的问题，而疏于追根溯源。他过去只想知道“如何才能使劳里准时出勤”，而真正的问题却是“如何才能使劳里更专注于工作”。最后，尽管抱着巨大的怀疑，肖恩还是决定允许他的组员在不影响小组工作的前提下，自行调整各自的角色和职责。很快，劳里和她的同事们就重新投入到工作中，而且找到了一种前所未有的使命感——肖恩也开始准时出勤了。

更具 N 偏好的人无疑在以另一种眼光打量这个世界。他们对森林看得非常清楚，但是可能不见树木。他们生性喜欢把握深层模式、未来的可能性和宏观大局，而忽视细枝末节。N 偏好非常重视报道的标题，认为其中暗含着事态的发展趋势从而体现出未来的走向。他们的生活中充满对未来的憧憬，他们运用自己的远见推动变革，致力于身边同事和组织系统的发展，最终达到自己心目中理想的未来。

N 偏好领导者关注的往往首先是可能性和宏观大局，其次才是细节——如果他们能注意到细节的话。在高层领导者和主管人员身上这一点尤其宝贵，远甚于其对低层领导者和新人的意义——N 偏好领导者大多发现那些在他们工作初期不堪重负的行为方式最终使他们获益良多。

N 偏好领导者具备各种能力，思维的系统性和战略性尤其突出。N 偏好在观察事实中建构模式，把握发展趋势，这需要综合大量可能性，涉及其他各种想法、可能、选择、事实和模式。卓有成效的直觉偏好领导者有能力掌控这些，并把它们整合为对未来的洞察，由此发动创造性的变革。

然而，正如 S 偏好会在细节中泥足深陷，丧失把握宏观大局的能力；N 偏好面对无限的可能性也可能误入歧途——想得太多，做得太少。每当这时，N 偏好领导者的下属，特别是具有 S 偏好的下属，就会觉得这不过是脑力体操，与生活中的“真实世界”无关。最糟的情形是，N 偏好领导者从此被视作不切实际、想入非非或者缺乏头脑，宝贵的领导力随之流失殆尽。

理性偏好（T）和感性偏好（F）性格的人如何当领导

领导活动与判断密切相关，因此刻画人们如何做决定的理性—感性偏好就显得尤为重要。

让我们从 T 偏好开始。他们的人数不多，却占据着绝大多数的领导岗位。而且你在社团层级上爬得越高，就会发现身边的 T 偏好就越密集。我们花了 20 多年时间搜集了不同文化背景下各种公司的数据，其中 T 偏好在中层管理人员中约占 86%，在高层管理人员将近 93%，而在主管人员中的比例则超过 95%。

为什么会这样呢？对此可能有两种解释。第一，工作场所一直以来都被男性占据，而 2/3 的男性具有理性偏好的性格。第二，无论是 T **偏好**还是 F 偏好，在雇用和培训新人时都自然而然地倾向于克隆自身。这意味着，随着时间的推移，天性将使 T 偏好被另一群相同性格类型的人取代、围绕，再加上历史上男性占据工作场所的因素，这将导致管理阶层出现 T 的人员过剩。

T 偏好在做决定时努力使自己置身事外，务求与手头正在处理的问题保持一定距离，并且运用因果逻辑寻求结论。T 偏好善于分析，在工作中追求明晰，为此他们强调客观、逻辑和分析———切手段都力求在有待处理的问题和境况中排除人的主观因素。这里并不是说，人的价值就变得不再重要，而往往是出于 T 偏好对这些价值的压制，这种压制来自他们对“正确”、“能干”和保持“客观”的诉求。T 偏好做决定时也会掺杂进个人因素，但后者并不控制或强求决定的过程。

T 偏好常常把世界看作一系列有待解决的问题。因此，T 偏好领导者天生就是面向问题的。无论是与一个人、一个团队、一项任务或者是与一场危机打交道，T 偏好领导者典型的第一反应就是问“这里出了什么问题”、“怎样使这个问题、行动或者产品得到改进”、“什么需要修理”，也许还有“谁第一个把事情搞得一团糟”。这种定位——如果在一个以 T 偏好为主体的组织中不加约束的话——将导致一种领导者与其下属之间相互批评的文化氛围。于是，下属的工作成了完成任务，而领导者则专事对下属的表现提出批评。有些 T 偏好的领导者甚至还把批评当作一种褒奖，他们只批评那些在他们看来值得花时间、花精力提意见以促其进步的人。

F 偏好的领导者则把人的因素放在首位，并把它视为产生最终结果的决定性因素。F 偏好喜欢在开始做决定的时候就对相关人员做主观考量，考虑他们的处境，寻求与自己的价值观念紧密结合的问题解决方案。这一过程本质上是人性化和主观化的，然而并不意味着 F 偏好的领导者回避做出强硬、客观的决定。在人的因素得到考虑和权衡之后，这种决定被分解成了其他问题。

作为领导者，F 偏好往往利用人际关系和对主观的人类价值的关注来行使权力。他们善于设身处地为别人着想。这种感同身受的能力往往使 F 偏好的领导者的决定深受环境的影响，他们更注重相关的人而非解决问题的程序或政策。这种倾向正是“以人为本”的另一种体现。“以人为本”是典型的 F 偏好性格偏好的口号，其副作用对团队或组织来说利弊参半。譬如，它可以营造起某种亲近感和凝聚力，催人奋进，鼓舞人心。许多为 F 偏好的领导者工作的人跟我们说，他们把忠诚和无私奉献都寄予领导者本人。（对 T 偏好的领导者来说，如何与下属建立这种私交，甚至为什么要建立这种私交，都是难以理解的。）另外，这种做法当然也有弊端：做决定时依赖主观、易受环境影响，一旦忽略了某人或者试图迁就团队、办公室中所有人各不相同的需求就可能有失公允。

公正的警告

INC 组织规定，工作从早上 9 点开始。员工手册上写明为了避免违章，所有员工必须在 9 点各就各位，处理各自的事务。今天，约翰迟到了 20 分钟。

- T 偏好的领导者的反应："约翰，我注意到你今天迟到了 20 分钟。你知道这有违我们的条例。为公正起见，我对你进行一次口头警告，这种违规行为下不为例。这一客观的处理是为了保持并强调规则的一致性和公正性。"
- F 偏好的领导者的反应："约翰，我注意到你今天迟到了 20 分钟。是不是我们上周谈到过的照顾孩子的事情让你耽搁了？我知道最近对你来说照顾孩子是一个棘手的问题。听着，我们需要你准时上班，因此让我们来做一些补救措施，这样我们就不会像今天早上那样短缺人手了。顺便问一下，你女儿近来好吗？"感性偏好的领导者把团队中个人的需要纳入考虑范围之中，并试图在主观上保持公正性。

哪一个领导者更公正？

F 偏好对他人十分敏感，其意义不限于令人愉悦。有效运用这种能力会带来真正的权力。富有成效的 F 偏好的领导者能理解他人的生活，设身处地为他人着想，体会他人的苦处，运用自己的能力强化与他人的联系。通过这种做法，F 偏好的领导者对他人的影响力往往得到了加强。

在整个商界中，没有比裁员的可怕经历更能凸显 T 和 F 两种偏好之间差异的了。我们曾经帮助过一位 T 偏好的领导者扭转裁员的困境，至少是减少了些许困难吧。

准备裁员的这家企业位于美国的西南部，还是当地社区中雇用员工数最多的组织。裁员将导致当地 10%以上的劳动力失业，对社区而言是一个不堪忍受的重击。对企业而言，裁员同样压力重重，它迫使第二代员工失业，而当地又几乎没有其他合适的、可供选择的职业。而且，这家企业的员工当中充斥着争权夺利，最高领导者之间也开始为保全自己的团队、远离裁员大斧明争暗斗。

我们应邀前往开展为期两天的咨询介入，为这家企业的总经理和 16 位直接向他汇报的部门经理提供帮助。我们最先做的事情之一就是研究了这个团队和整个企业中性格类型构成的概况。由此，我们要做的事情立刻清楚地浮现了出来：这是一家完全由 T 领导者掌握的企业，他们还不断克隆出 T 偏好下属，如今具有这一性格偏好的人在企业中超过 90%。基于 T 偏好的企业文化对每一个人都产生了巨大的影响。

T 的性格偏好使这家企业的管理者们倾向于不计人情、客观地看待事物，对裁员而言这种做法是行之有效的。它可以使决策者保持冷静、公平，从企业的利益出发做出强硬的抉择。然而，T 偏好在保持客观之余还喜欢“修修补补”——找出问题的症结，并且把它修补好。他们所欠缺的东西，在当时那种紧迫、混乱的境况下，则是主观性——处理动态的人际关系的能力。

我们帮助这个团队的成员认识他们自己——大多数T偏好都不情愿这样做——这让他们逐渐认识到了组织管理工作中的一些盲点，也使他们能够更好地管理自己、开展工作。于是，争斗平息了，压力减轻了，而且整个裁员过程也采取了一条更人性化的道路。

顺着这条道路，T 偏好的管理者们在企业的墙上刷上了标语，奔走相告他们新发现的使命——“为人着想”——以一种绝对 T 偏好的行为方式！

外向偏好（E）和内向偏好（I）性格的人如何当领导

荣格认为，E 偏好和 I 偏好构成了人们最显著的性格差异。就领导活动来说，情况确实如此：**E 偏好**和 **I 偏好的**行为方式的差异显而易见、根深蒂固，而且对领导方式产生了重大影响。

E 偏好着迷于外部世界，从中汲取能量。他们通过与他人的密切联系，如谈话、结成人际关系网或共同行动来施展自己的影响。E 偏好毫不避讳自己的计划、价值观念、原则，甚至是那些看来只与他们自己有关的个人事务；他们把自己的生活方式展现在众目睽睽之下，进而以此来领导他人。E 偏好喜欢的一个口号是“你看见的正是你得到的”。他们关注外部世界，通常对他人和团体知之甚多、兴趣浓厚。因此，E 偏好领导者喜欢与下属进行公开的言语交流，他们更愿意说出自己的想法而不是保持沉默。

E 偏好领导者的潜在问题是，在分享信息、与人交谈或透露想法时不顾倾听一方对自己所说的事情是否关心，是否在听。他们更愿意述说或者与人交流，而不是倾听与沉思。他们无法在自己一个人的冥想中把握确定性，而要依赖同事、团队的帮助。他们对未经充分讨论或者没有事先征集反馈意见的决定持怀疑态度。

另一方面，E 偏好通常乐于公布自己的想法，甚至是还不成熟的想法。让我们亲切地回想起罗德尔，我家附近一爿小零售店的经理。罗德尔是彻头彻尾的 E 偏好，他有近一半的员工却都是 I 偏好。

四处巡视的管理方式

许多年以前，一种流行的管理观念是给 E 偏好“留一条门缝”。譬如，多年前传播的一种管理模式叫作“四处巡视的管理方式”。这样的管理模式有助于领导者了解他们的员工、他们工作的环境以及他们每天所面临的诸多问题。

这种管理模式为领导者提供了了解这些信息的唯一方法，即从办公桌后站出来，四处巡视——与人们交谈、问候、握手，融入他人并观察他人。很清楚的是，这是一种有行为倾向的 E 的管理模式。很多 I 偏好会觉得忍受这种行为模式超过一定时间之后就需要承受巨大的压力。

通过“开门”政策，领导者们成为可见的、可接近的。无论何时何地，他们都会让身边的任何一个人停下，和经理随便谈论什么事情。当然，这也仅仅是 E 偏好所热衷的方式。具有讽刺意味的是，对于 E 偏好领导者来说，实行“开门”政策其实是无意义的，因为他们压根儿就不在办公室里，他们总是在外面四处巡视！

罗德尔喜欢在商店里到处转悠，看上去一副随随便便的样子：“你昨晚看 CNN 新闻节目了吗？国会有条大新闻。那个疯狂的顾客刚刚走了，她想要什么？我们不应该在像她这样的人身上浪费时间。有没有人知道大街对面的特别午餐？也许我们应该把展台移到窗前。如果有人想找我的话，我就在办公室里。”

那些忠于职守的店员会跟在罗德尔后面，不断记下他的话，就好像他的东拉西扯意义重大，蕴藏着什么重要的指示或者观点。事实表明，绝无此事。

一天，在散步的时候，罗德尔若有所思地说道：“你瞧，这个星期过得真不错，我们工作都很努力。也许我们应该在星期五放假一天。”到了星期五，真有 3 个店员没来上班；而罗德尔早已把说过的事忘得一干二净，旁人却把它当作了指令。

最后，所有人包括罗德尔自己都意识到他的话不能全部当真。

I 偏好从内心世界的观点、思想、概念中获得力量，他们平常并不激励或者左右他人。而当 I 偏好真正要发挥影响时，他们通常都会端出自己的想法、计划、构想或价值观念——常常是把它们写下来——这些东西总是引人入胜，令人难以拒绝。与所有 I 偏好一样，I 偏好领导者会在不动声色中再三斟酌，而表露出来的或者告诉你听的则只是冰山一角。

有时候，I 偏好领导者的问题就在于他们决断的速度太慢。我们遇到过一个名叫克里斯托弗的年轻人，他几乎肯定会得到晋升。然而有一段时间，他发现自己在某些工作中不得不仓促决定——典型的情形是，某个员工找到他，提出问题，要求当场解决。

这对克里斯托弗来说有点不公平。他是一个 I 偏好，当场决断剥夺了他思考的时间。他常常会在事后重新考虑这些问题，并做出截然不同的回答。某些情况下，做事后诸葛亮为时已晚，因为船早已扬帆远航。结果，大家都觉得克里斯托弗是一个迟疑不决的人。

在与 E 偏好或 I 偏好打交道时，富有挑战性的是既要明白他们所说的又要领会他们没有说出口的东西。与 E 偏好相处时，重要的是给他们公开、即兴说话的时间，而且还必须明白有些说法不必当真。与 I 偏好相处的关键在于，在催促他们做出决断之前要给他们多一点时间来思考。

趋定偏好（J）和顺变偏好（P）性格的人如何当领导

J 偏好在社交生活中行事果断，强调结果，注重结构、时间进度和秩序，这通常使他们符合大家心目中领导者的样子。然而，J 偏好和 P 偏好都具备成为领导的素质和前景。

J 偏好的表现在工作场合中随处可见：准时上下班、遵守最后期限、完成定额、控制时间，注重日常工作、生活中的各种细节。鉴于这些有目共睹的表现，他们尤其适合领导这样的组织：非常强调行事果断，要求严格遵守时间安排，并且渴望成功。J 偏好在生活中恪守“先工作后玩乐”的原则，这使他们的言行举止总是严肃认真、毫不含糊。

J 偏好喜欢掌握控制力，这并不意味着他们必然比 P 偏好更胜任领导岗位。他们的能力很容易转变为不利因素。譬如说，尽管他们有很强的领导能力，可是一旦对控制时间进度和结果的追求阻碍了他们接受新的信息，他们就会陷入麻烦之中。他们强调遵守进度，而完成计划的压力则可能掩盖团队内部的问题，团队中的成员——如果有足够的时间来细究的话——也许会找出重要的理由来延缓工作的进度。在这一点上，J 偏好很可能因为强硬过头而得不偿失。

P 偏好的领导者行事往往表现出各种缺陷，他们被描绘成精力分散的，没有方向感和时间概念，喜欢四面出击却总是虎头蛇尾。然而，P 偏好身上有许多领导的潜质却遭到了忽视，尤其是他们在生活中的灵活、好奇和开明；正因为开明，所以处世随和，有些随便，适应性强，爱开玩笑。P 偏好的领导者的这种天性是你永远无法确定他们会如何应对你、应对新的挑战或新的机遇。

1 点钟的决定

两个经理——一个是 J 偏好，另一个是 P 偏好。他们原来在星期二下午都有安排。忽然间，又冒出来点儿事和原先的安排冲突了。那个起冲突的事件看来很吸引人，甚至是很必要的。

- J 偏好的领导者的第一反应：由于当天的计划没有像时间表中的那样得到贯彻而可能发怒，他会将第二件事控制在原先的时间表所允许的范围之内。这名经理因他有效地完成了任务以及笃守时间的管理技巧而受到赞赏，然而又会因为不够灵活和不能变通而遭到批评。
- P 偏好的领导者的第一反应：对于在周二下午 1 点另有选择很有可能非常兴奋，她会调整当天的日程安排，以应对这一突如其来的事件。这名经理由于他直到最后一分钟都能改变决定的灵活性而受到赞赏，但又因其项目的进程缓慢和在工作会议中迟到而遭受严厉谴责。

谁工作效率更高，趋定偏好的还是顺变偏好的？

如同我们已经在其他性格偏好中看到的那样，J 和 P 性格偏好既可以助人跻身高位，也会转换成有碍领导的不利因素。让我们来看一下加文的情况。加文是一名市场顾问。他极有天赋，才华横溢，富有远见卓识，待人热忱，具有 ENTP 类型，常常是一分钟一个主意。有人曾经把听加文说话比作一场头脑风暴——只见他挥舞着手臂，在房间里踱来踱去，在白板上勾勾画画，时而喷涌出一连串创造性的想法，语出惊人。

加文的天赋深受顾客的青睐。他为其中一家中等规模的商务公司服务了多年，帮助这家公司留住了越来越多的顾客，提高了不同部门、不同产品之间交叉销售的份额，使这家公司在同业竞争中名列前茅。

加文终于获得了一个机会进入这家商务公司供职，对市场顾问来说这也是常有的事，公司向他提供了一份市场总监的全职工作。起先加文拒绝了，但是在顾客的一再坚持下，还是接受了这份合同。

就在签约后不久，他发现曾经使他在公司中深受重视的种种能力突然间都与他做起对来。

譬如说，现在他进入了董事会，以前那种打一枪换一个地方的做法不能再用了：他不能再想出一串主意接着消失几个月，等着顾客去贯彻执行。如今，出主意连同所有具体操作和细节问题都一股脑地摆到了加文和他下属的面前。事实很快证明，加文并不胜任新的岗位。

作为一个 P 偏好，加文天性顺其自然、充满好奇、处世开明，正是这些素质使他成为一个满脑子想法的人。而作为一个坐班经理，加文还需要具备自己性格对立面中的种种能力：行事果决，认真负责，最重要的是注重结果。换言之，他必须发展身上 J 偏好。后来证明，这是一场充满挫折、难以应付的挑战：加文说，努力尝试真正融入公司就像“带着镣铐跳舞”。

与 J 偏好的果断、坚定不同，像加文一样的 P 偏好的领导者一旦找到合适的机会就会同时展开一项或者多项行动。与 P 偏好相处，你大抵会觉得他们为人坦率、反复选择，有着刨根问底的态度。决定和结论总是会有的，却常常姗姗来迟，而且是在对各种各样令人兴奋的可能性刨根问底之后。这并不意味着加文——对任何 P 偏好来说都一样——没有能力当机立断或者迅速得出结论，他们只是不愿意公开这样做罢了。他们公开的一面——在这个世界中表现出来的面貌——总是不停地搜集信息，并且随时准备接受新信息。对于结论，他们既不愿公开谈论，也不想与人分享。

最后，我们关于 J 偏好的领导者和 P 偏好的领导者的固有看法并不准确：我们通常认为 J 偏好的领导者固执刻板，听不进新信息，而 P 偏好的领导者则迟疑不决，做不了决断。两种看法都经不起性格类型理论检验。J 偏好的领导者可以灵活变通并且接受新信息，P 偏好的领导者也可以做出决定并且贯彻到底；只是他们这样做的时候不动声色罢了。

J 偏好的领导者与 P 偏好的领导者最重要的区别并非行事果断与否，而在于是否具备把握大方向的能力。J 偏好的领导者比 P 偏好的领导者更容易做到这一点，后者显得灵活多变，正是这个差别铸就了两者迥异的领导风格。

开与关的故事

不久以前，当奥托和珍妮特做一个培训时，培训教室中温度过高，令人不适，这两名有经验的培训师对此做出了截然不同的反应。

奥托是个 J 偏好，他来了之后说道："这里太热了。苏，请你把后面的窗户打开。"这是一种导向，也是我们指望 J 偏好所提供的。我们有理由猜测奥托对他的舒适尺度有一个标准，对此，他是有根有据的：他还看到了坐在后排的人正在扇扇子，并脱下外套。但是没有人真正懂得当我们和 J 偏好共处时，通常我们在搜集信息方面不再享有优先权，只是得出结论——在这种情况下，奥托希望苏把窗户打开。

珍妮特是个 P 偏好，她来了之后问大家："大家觉得热吗？约翰，你觉得热吗？"约翰声明他很热，然后组员们都说他们很热，于是有三个后排的人站起来开了窗。这是典型 P 偏好的行为：珍妮特没有宣布开窗要求，她只是提出一个问题。我们有理由猜想在珍妮特搜集信息之前，她已经觉得很热并且想开窗了。但是大家既没有听到一个结论，也不是一个导向，而只是问题。窗子同样打开了，但这是集体的决定。

值得重申的是，对领导活动而言，J 偏好总是更具优势。把握方向的能力与有效的领导活动密切相关，而P偏好却坚持了一种关于领导角色的平民哲学，它同样有效。灵活多变的领导风格鼓励人们积极参与，尊重所有权，而且适于从底层吸纳人才。另一方面，高度指令性的领导方式能够营造一种服从的氛围——人们遵从领导者的意愿，因为他们被要求如此；灵活多变的领导风格更能够鼓舞起人们的主动奉献——人们遵从领导者的意愿，完全出于自愿。

当然，物极必反，P 偏好的领导者的灵活多变有时确实可以看作优柔寡断、犹豫不决。如果不加注意的话，P 偏好的人会陷入纷乱的选择和信息之中无法自拔，或者误入歧途，最终事倍功半。

领导学研究表明，领导的效率与 J 偏好或 P 偏好无关，即使两者在领导活动的方式方法上有着天壤之别。成功领导者真正的本事在于知道何时该实施调整，何时该加强控制，而这与性格偏好无关。

什么是权力，权力在何处

权力和权威是两个容易引起误解的词，在个别辅导和团队咨询中我们发现，谈论某个人的权威和个人权力可能引起焦虑与混乱。混乱的主要原因之一在于不同的性格类型对权力及其根源的理解截然不同。运用气质理论，我们可以洞见不同的人如何以不同的方式看待权力本身：权力何在？又将如何为我们所用？

NF 偏好领导者——人性化的人

在 NF 偏好看来，权力蕴藏在人际关系之中。对团队最具影响力的是人与人的联系及价值观念：要使某人对工作尽心尽力，领导者必须亲自与他发展联系。这就是 NF 偏好的力量所在，NF 偏好的领导者要为工作准备各种强有力的装备，就像建立一个军火库：鼓励、赞扬、热情的微笑、目光交流、对热忱和欣赏的表达、肯定、尊重、个人关注和兴趣所在、承认他人的价值。

要赢得 NF 偏好的下属的忠心，领导者要做的最重要的事就是对他们表示关心，无论下属是否喜欢这样。但是如果缺乏真诚，所有的努力都将是徒劳，因为 NF 非常看重真诚的温暖和关爱，对虚情假意则能一眼识破而且深恶痛绝。

简单地服从并不能使 NF 偏好的领导者满意。理解这一点很重要。NF 偏好的领导者会继续“推销”他们的思想和行动，直到你不仅照做，而且对其中的机会和经验心生感激。NF 偏好的领导者——无论是否从事销售——从不停止推销。在他们眼里，团队的和谐、沟通、包容和凝聚力都至关重要。NF 偏好的领导者施展才华鼓舞团队的士气，他们不知疲倦，滔滔雄辩——如果有人不接受他们观点，他们还会进行个别专访。

NT 偏好领导者——能力至上

NT 偏好既不需要也不想要（甚至时常积极地反对）组织或机构的结构、办事程序、传统和等级制度。他们其实无须置身事外，这只是为了追求明晰，最终追求能力。一旦在组织中找不到逻辑、明晰性和能力——每个 NT 偏好对这些东西（组织的管理、惯例、规则等）都有自己的界定，组织的领导者就会对 NT 偏好做出妥协，以一种折中的方式来面对 NT 偏好。

当 NT 偏好开始与领导者打交道，他们的记分卡上就开始有记录了，而他们的表现情况表上也开始不断留下痕迹。如果我们自认为今天白天干得还不错，那么晚上这些情况表上就会有所记录。因此，NT 偏好领导就意味着采用他的标准衡量自身，表现能力。如果你做到了，你就能让 NT 偏好安心工作，至少直到当天结束。

NT 偏好一旦身为领导者，他对能力的关注就会变得至关重要。因为 NT 偏好很关注客观的明晰性，他们喜欢立刻展开批评。正是通过批评，我们才知道什么是错的，哪些可以做得更好，如何掌握更强的能力。所以，NT 偏好领导者带给我们的最佳礼物之一就是批评我们的表现，在 NT 偏好领导者对你做出评价时，他们会对你的表现和想法加以数落和批评，这将使你的性格更趋完善，最终获得免审资格。

SJ 偏好领导者——公司员工

SJ 偏好认为权力就在结构、官僚层级和各级组织、团队的传统之中。SJ 偏好行使权力的工具有头衔、薪金、任期、官方嘉奖和奖励、经营管理的授权、奖章以及无数其他的东西，总之是对成功予以正式的认可。

为了动员 SJ 偏好的下属，你必须首先了解他在组织系统中相对于你的位置。在领导活动中，SJ 偏好依赖组织系统向他们提供实现目标所需的数据和结构。即使在 SJ 偏好对领导者不再忠诚、失去信心的时候，他们也会按照适当的程序行事，要么更换工作，要么致信抱怨。他们的忠诚扎根于组织系统及其规则，而非任何特定的个人。对 SJ 偏好领导者来说，权力根植于权威，尽职工作和服从领导缺一不可。

SJ 偏好领导者往往强调细节和切合实际的重要性，旨在促使人们提高效率，在规定的时限和预算内完成计划。如果缺少相应的程序、规则和规章制度，SJ 偏好领导会首先建立参量并以此为基础继续工作。事实上，许多 SJ 偏好领导者把这看作他们的首要职责——给混乱强加规矩。这正是 SJ 偏好领导者与生俱来的能力。

SP 偏好领导者——矛盾调解员

SP 偏好的生活关注现在。他们乐于接受感官俘获的新信息，喜欢通过行动、运用具体工具得出某些结果，以发挥实时影响或者取得当下的好处。与 NF 和 SJ 偏好不同，SP 偏好不太重视人际关系或组织程序；在 SP 偏好看来，两者都失之拘泥。与 NT 偏好也不同，SP 偏好不用抽象评分表来给能力打分，但是根据此刻的实际需要和环境，他们可以找到同类人。

SP 偏好员工希望他们的领导者提供执行任务所需的材料和资源，同时给予自由的工作空间，既不做管理上的干预，也不通过繁文缛节进行控制。SP 向往自由的工作方式，能够根据每天的工作需要自由行动——事实上，他们就是这样做的。

SP 偏好领导者偶尔会违反政策、程序、组织层级、项目计划中的共识或者任何个人和团体的利益，但是他们解决问题，用实际行动表达对当下的关心，从中展现自身的权力。对他们而言，当下的需求压倒一切。这种对此刻此处的关注使 SP 偏好领导者在很大程度上成为调解矛盾的高手，他们掌握着处理危机的特别技能——在某些公司里这也是一种生存方式。

平息纷争

OKA 协会的格格里亚·福特是一个 ENTP 类型，她讲了这样一个故事，分析了在一场危机中，四种不同性格的人的性格特点和领导风格。

非洲的一个美国大使馆里正在举行一场会议。出席这场会议的有一些 NF 偏好的人、NT 偏好的人、SJ 偏好的人和一个 SP 偏好的人。一名大使馆官员走进房间，平静地通知大家，使馆受到了炸弹威胁，他们必须立即清理整幢建筑。

- NF（直觉、感性）偏好的人冲到电话机旁，告知家里人这里一切安全，不要担心。
- NT（直觉，理性）偏好的人开始与他人争论大使馆被炸的可能性有多大，以及在打击国际恐怖主义中每个人所能起到的作用，这场讨论将持续整个下午，一直谈到街对面的咖啡厅里。
- SJ（实感、趋定）偏好的人自动地走到房间一角，取出工作手册，决定处理炸弹威胁的规范的操作程序。
- 唯一的 SP（实感、顺变）偏好的人在很短的时间里站到走廊，指挥疏散行动，回答问题，帮助她的同事脱离险境。

领导与态度

还有一种乏人问津的性格偏好配对方式，它对领导活动和我们能在多大程度上胜任领导角色影响巨大。态度——外向偏好或内向偏好与趋定偏好或顺变偏好的结合，标示了人们与外部世界接触的频度和人们介入外部世界的方式。由行动、人、场所和事物构成的物理世界与领导者的联系最密切，在这里，态度将告诉我们一个人的行为如何既创造又抑制了他的领导潜能。

EJ 偏好——与生俱来的影响力

在过去的几年里，奥托·克勒格尔公司一直在关注一个重大研究项目。其中，我们研究的是性格类型偏好对于顺利完成学业的影响。研究表明，在所有性格类型中，四种 EJ 偏好的人（ESTJ 类型、ESFJ 类型、ENFJ 类型和 ENTJ 类型）学习成绩最好，而且他们只要肯花精力，几乎在任何方面都能获得成功。后来我们发现，MBTI®的创始人伊莎贝尔·布里格斯·迈尔斯曾经发现过这一事实，只是成果从未出版。

我们研究的这所大学里有一个培养未来领导者的项目，它极具竞争力，并且严格筛选学员。在这项计划中，大学低年级和高年级学生有一周时间可以去波士顿、纽约、华盛顿，按自己的兴趣拜望各个领域的专家。筛选过程包括个人面试和候选人资格填写，其中学生必须推销自己的才能以实现目标、获得成功。我们在这个项目上花了几年的时间，搜集了不少有价值的数据。我们发现在学生中 EJ 偏好性格的人的占优势——每年都要占该团队人数的 70%。

这一领导者培训项目吸引了许多 EJ 偏好的人，也出于同样的原因，EJ 偏好无论走到哪里都很容易成为领导者。EJ 偏好身上有一种光辉，他们充满了自信，能力很强，令人信赖，因此即使他们不确定或犯错误的时候，他们看上去也是果断而正确的。伊莎贝尔·布里格斯·迈尔斯发现 EJ 偏好常常精力过剩，正是这种旺盛的精力赋予了他们在成功道路上的锐气和闯劲。也正因如此，当 EJ 做错了一些事时，他们的第一反应就是：这是别人造成的。这种把原因归结于外部的倾向使他们勇往直前而成为赢家，这又给了他们更多的自信，却使周围的人处于受其威慑和乐于跟随的双重心态之中。我们相信正是 **E 偏好**和 **J 偏好**这两种偏好特点，造成了这样的结果。其他一些偏好特点——S 或 N、T 或 F 只是在 **EJ 偏好**所造就的世界上进行一些微调，但是单一的 E 偏好或单一的 J 偏好会推动个人的成功，而且吸引大批的拥护者。

IJ 偏好——坚强、沉默的类型

IJ 偏好（ISTJ 类型、ISFJ 类型、INFJ 类型和 INTJ 类型）与 **EJ 偏好**是同道中人，他们是借助判断来领导的。他们行事专注、果断，注重结果，方向明确，控制力强。然而，作为 I 偏好，他们并不为外界的人物、地方、事件和行为所吸引，而是沉浸在内心世界的思考、想法和观念之中。

IJ 偏好是常见的领导者类型，他们为领导能力注入了许多自身的性格力量。正是这种强大的力量，沉默的思考使我们称其为精神支柱，这也是他们的拥护者所欣赏的他们为团队和组织带来的特点。但 IJ 偏好也因他们缺乏 E 偏好评点他人的特点而付出了代价，他们在集体中难以融入，经常会显得不太合群、漠不关心，甚至有点儿傲慢。IJ 偏好与他们的对手 E 偏好极为不同，他们看上去优柔寡断，在做出决定后往往又会有所修正，甚至全盘推翻。因此，尽管 J 偏好毫无疑问能获得成功，但是 I 的偏好特点使这种态度上的配对更为复杂。

EP 偏好——精力充沛

EP 偏好（ESTP 类型、ESFP 类型、ENFP 类型和 ENTP 类型）如所有的 E **偏好**一样，从外部世界吸取精力，对与人、物和事件之间的交流互动很感兴趣。他们会成为善于言谈、充满活力、注重实际的领导者，但是作为 P **偏好**，他们对封闭的结论、日程表、秩序不感兴趣，但他们处事灵活，充满好奇，可塑性强。但也正是这种开放的心态成了 EP **偏好**成功之路上的绊脚石，因此在领导者中这样性格的人并不多见。

作为领导者，EP **偏好**被认为灵活多变、富于创造力，但相反，他们也被看作善变的、不果决的、无章法的。尽管 EP **偏好**有很大的天赋，但在组织中常常无法得到晋升，关于这种现象最普遍的解释就是他们过分张扬自我，而做事又经常效果不显著。

IP 偏好——安静、善于思考

平均来说，一个成功人士能给予别人或团队多大的影响，EJ **偏好**居于首位，其次是 IJ **偏好**，然后是 EP **偏好**。IP **偏好**（ISTP 类型、ISFP 类型、INFP 类型和 INTP 类型）面临着成功的领导者之路上最大的挑战。

IP 偏好安静、善于思考，价值观和原则占据了他们的内心，这使他们甚至在需要最后采取行动的时候也还处在思考状态之中，要解释或更多地关注这些原则及价值是很困难的，因此，IP 偏好看上去经常是令人费解而又矛盾的。他们的灵活、开放、随意、不摆架子的作风导致他们被看成缺乏权威和优柔寡断（尤其是在被 EJ 偏好主宰的系统中）。IP 偏好天生喜欢自我怀疑和质疑他人的风格使他们成了缺乏自信和摇摆不定的人。甚至当 IP 偏好对自己的决定满怀信心时，他们的口气也使这项决定像尚可修正的权宜之计。

当 EJ **偏好**做错时，他们会推诿他人，而 IP 偏好会把压根儿与自己无关的事件和决定揽到身上。所有这些行为都归结于缺乏自信，他们被 EJ 偏好的力量、指令、声势所胁迫并吸引，于是自己就无力影响他人了。

尽管态度研究确实反映了一些总体上的趋势和类型上的倾向，但有些情况仍是不明确的，类型上的偏见也还存在。没有一个人的专长或个人能力、记忆是由单一的心理偏向所决定的。事实上，几乎每个人都有成为优秀的领导者的因子。我们知道富于天分的 **IP 偏好**也可以升到组织的高层，而 **EJ 偏好**作为领导者也会有令人惊讶的失败。我们并没有得出 EJ 偏好一定会比其他人更杰出的结论，他们只是更为自然地符合了习惯上的领导者的特质。相反，**IP 偏好**会发现在他们与最成功的领导者之间有着更大的障碍。因此，在高层的领导职位中，你很难找到这种性格的人。

我们已经通过三组不同的镜头——八种性格偏向、四种性情气质、四种态度对领导能力做了一番考察。这些都是关于领导力的数据和资料。

在商界中，我们注意到，各种性格的领导者的优势、领导者性格的力量其实都源于他们发挥了自身性格中的偏向型特点，而且同时也发挥了性格中的非偏向型特点。许多领导者都顺其自然，为人真诚，他们与世界相处融洽。最具权威的领导者是这样的：他们善于言辞、合群，同时又善于思考；他们留意当下的细节，又关注远景的构想；他们公平、客观而又仁爱；他们注重结果，同时又对瞬息万变的世界和新信息保持开放和接纳的态度。

当第二次世界大战期间的美国将军乔治·马歇尔后来被提名为国务卿时，他意识到了这样一个挑战："当我到了 58 岁时，我开始清楚我必须学习一些军队手册和战场上都学不到的新技巧。我成了一名政治战士，我必须训练自己遇到紧急情况时大声下达命令并迅速做出决断，必须学习说服他人和施展手段的艺术。我必须成为这一整套新技巧的专家。"

权威领导者必须从性格类型学的角度认识自我，但是他们也必须做好准备，心甘情愿地发挥自身性格特征中不易接近的那一面。

领导力

如果你是一个……

领导一个……

	外向偏好（E）	内向偏好（I）
外向偏好（E）	• 给 E 偏好足够的时间和空间说出他们的想法、问题和麻烦，而不是过早做出决定或以惩罚相威胁。 • 记住，音量小一点比什么都有价值。 • 三思而后行（数到十）。 • 推进并重复那些真正正确的事。	• 经常与他人做开放式的交谈，融入他人，并保持他们的积极性。 • 记住，他们希望你能畅所欲言，能看到你，能积极一点儿——因此你应该经常让自己走到他们中间。 • 要求反馈并当场对此加以辩论或讨论。 • 经常和他们聊上几句。

	外向偏好（E）	内向偏好（I）
内向偏好（I）	• 记住沉默并不意味着同意或赞成。 • 允许别人有时间和空间来消化和思考。 • 记住他们的能力有时以不做申述和沉思的方式来表明。 • 要求他人回馈，并仔细聆听别人说些什么。	• 融入他人就是说出你的想法、意图和计划，并积极地投入并要求得到反馈。 • 某些公开的行动可以促进交流。 • 决定什么样的问题需要口述，什么样的问题需要以笔录来强化。 • 经常提醒自己沉默并不总是金。

	实感偏好（S）	直觉偏好（N）
实感偏好（S）	• 对具体行动和努力是如何影响远景构思的进行交流。 • 寻求外界的帮助，使自己不断意识到事物发展的趋势、模型以及未来的可能性。 • 关注未来所带来的积极的可能性，连同具体措施一起和你的下属进行交流。	• 记住你对愿景的关注会使你的下属恼怒，但同时也令他们鼓舞。 • 允许你的下属关注具体措施和细节问题，也鼓励他们讨论微观事物怎样才能形成愿景规划。 • 记住只有当他们看到具体事宜以及可操作的想法时，你的观点才会得到认同。

	实感偏好（S）	直觉偏好（N）
直觉偏好（N）	• 记住你对细节和事实的关注会令下属沮丧，同时也令他们鼓舞。 • 在实施某种新的可能性时，让你的下属拟定行动的详细计划。 • 记住当你们关注某些未来的状况时，你在细节和具体事宜上的管理会证明自身在领导中的地位及作用。	• 交流一下什么时候、和谁一起采取什么样的具体行动。 • 寻求外界帮助，使自己不断意识到管理中的哪些细节会影响最后的成果。 • 无论怎样强调具体问题和细节都不过分。

如果你是一个……

领导一个……	理性偏好（T）	感性偏好（F）
理性偏好（T）	• 你的下属会根据你是否客观、遵循因果逻辑、做出强硬决策和克服心血来潮来判断你作为一个领导者的能力如何。 • 关注你的行为对你所领导的那些人产生了怎样的影响。 • 提醒自己每个人都会有情感和感觉。	• 你的下属会根据你是否客观，遵循因果逻辑来判断你作为一个领导者的能力如何。 • 说出你的意图，使你的谈话有意义。努力做到不要在所有事物上都打上个人烙印。 • 不要急于称赞他人或做出道歉。
	理性偏好（T）	**感性偏好（F）**
理性偏好（F）	• 你的下属会根据你的交际能力和是否能根据情况随时调整决定来判断你作为一个领导者的能力如何。 • “谢谢你”和“对不起”能够为你赢得很多拥护者。 • 试图做到不调整或改善每一样事物。 • 与别人聊上几句（有节制的）是非常有效的。	• 你的下属会根据你的交际能力和是否能根据情况随时调整决定来判断你作为一个领导者的能力如何。 • 不要太温情，经常做一些不带个人色彩的决定。 • 你越是想要救助他人，就越会把自己牵扯进去。不要这样！
	趋定偏好（J）	**顺变偏好（P）**
趋定偏好（J）	• 不要把日程安排得太满。 • 时而打乱一下计划。 • 只要有机会，就可做些选择。 • 对迫近的变卦做出事先警告。	• 声明你的限度，并且不要逾越。 • 甚至在你不想做的时候也要做一些决断。 • 把你的思维变化限制在一天之内或一周之内或……
	趋定偏好（J）	**顺变偏好（P）**
顺变偏好（P）	• 申明并且重申你的边界和限度。 • 对下属有所放任，吸取经验教训。 • 真诚地尝试新的行为方式。 • 在批评之后加以赞美，以此获取平衡，经常自我批评。	• 有时要对某些事情刨根问底。 • 适时地与他人进行竞争。 • 对工作制定计划，并且予以实施。 • 运用规则条文，并加以清点核实。

（王善平译）

第 7 章

团队建设

“在这个问题上，也许我不是能给你提出好建议的最佳人选。”

无论你在公司中担任何种职务，无论你从事何种工作，你都是团队中的一分子。公司本身就是一个有着共同目标的团队，公司的每个部门也都各自成为一个团队。即便部门内部那些规模很小的小组，也因为人们的共同工作而成为团队。而一个团队要取得成功，不仅需要每个成员的努力，更需要成员之间关系融洽、互相合作。

性格类型分析法为我们提供了一种建立并保持团队的有效方法。我们认为，在 21 世纪，公司的成功源于消耗更少的人力资源，获得更大的效益，同时促进公司内部以及公司之间的合作，减少竞争。这样的案例比比皆是：过去互相独立甚至矛盾重重的部门现在必须合作才能为公司增加业绩；过去激烈竞争的公司现在必须合作才有可能产生规模效应；甚至国家之间也必须合作以产生有影响力的共同市场。所有这一切都需要人们以一种新的方式互相联系。

有意思的是，那些最有可能被提拔为高级管理人员的 **ITJ 偏好**的人的特征却并不倾向于促进大家一起做事。对他们来说，你要么在我们的团队中，要么不在。在这里，团队只有一个——我们这个团队。

既然如此，我们如何才能建立起合作、有效的团队呢？我们如何才能使那些天生不善于在与人交流中工作的人们为团队建设做出更多更实际的努力呢？

团队建设的一个主要障碍就是团队成员对奖励和惩罚的看法迥异。也许你认为每个人都应该理解并接受奖励和惩罚在团队建设中所具有的毋庸置疑的必要性，然而在现实中，不同类型的人对奖励和惩罚的重视程度也有所不同。因此，对于一种类型来说是自然的、合适的方式，对于另外一种类型来说，就可能变成无效、多余的了。而且，占据管理位置的主要偏好——TJ——恰恰很有可能忽略奖励激励下属的作用。T 偏好总认为一个组织可以实现自我激励。你的工作得到保证，你能按时领到薪水，就已经是对你的奖励了。

我们总听到这样的话："你犯不着去奖励那些你希望出现的行为。""人是经济动物，生产力最重要。""我付钱让他们干活儿，为什么我还得去拍他们的马屁？"或者干脆是，"我不必非要喜欢你。我甚至不必理睬你。如果你想要工资的话，就得干好你的工作、管好你的私人生活，不要给工作添任何麻烦。"

不同类型的人接受不同的职位并在这一职位上工作的原因，都与他们的个人偏好有关。例如，一个 EF 偏好，如果他选择继续留在这样的环境中，很可能不仅仅因为金钱和得到提拔，而是因为他喜欢一起共事的人。而对于一个在现有工作中被赋予充分的自由度和灵活度的 P 偏好来说，如果以陷于更加严格的工作环境为代价来得到提拔的话，可能他也不会轻易接受。对一个 J 偏好来说，他很可能愿意离开一个无组织、无方向性的工作环境而到任何一个新的地方，因为他需要一个有权威的环境。

让我们好好相处吧！这是命令！

你不会仅仅因为老板的命令就能够管理好一个团队。管理团队与老板的类型有很大关系。

F 偏好的人，即使工作非常出色，在团队建设中也可能会遇到麻烦，主要原因是他们过于强调团队本身，而对团队的任务重视不足。也就是说，他们把团队精神看得比生产力还要重要。

以一个 ESFJ 类型的 CEO 为例，他的类型特征决定了他的认知水平。他认为所有的员工都应当同属一个团队，应该在一起和谐、高效地工作。他的团队决策形式很可能是多数一致制，旨在保证每个个体都有所贡献，同时也让每个人都感到自身的价值所在。

然而，问题在于组织中的其他人并不一定都能够明白这样做的必要性。而且具有讽刺意味的是，他们甚至会觉得这种多数一致的决策方式是强加于他们的，他们的意见根本得不到采纳。这就导致许多团队成员的对抗和对立。

事实上，他们并不是反对 CEO 在团队建设方面所做的努力，只是如果他们看不到这些努力与生产力整体有什么关系的话，就不会心甘情愿接受这种“强制”性的决策方式。

我们帮助这位 CEO 了解到，他的这些做法对于团队成员来说非但不是民主的，反而正是他那些出于“良好意愿”采取的强制性措施引起了团队成员的对立情绪和反抗行为，给团队造成了损失。这位 CEO 和他的员工双方形成对立的原因，实际上就是一群讲求客观逻辑的 T 偏好的员工和一个好心好意的 F 偏好的领导由于风格迥异又各持所见、不肯退让而造成的。

通过减少由类型风格迥异带来的冲突，我们就能够让双方看到其实他们都有各自的优点，只是缺乏聆听对方的意见而已。这样的认识使双方能保持比较冷静的态度，重新审视自己，并最终同对方一起找到一种可以达成共识的方法。

我们认为最有效的管理风格是，能够看到下属的优点，奖励下属的成就，帮助下属克服困难，珍视每个个体以及他们对公司和公司产品的贡献，认为每个个体都会为公司的最终产品做出某个方面的贡献，相信如果没有他们，公司的产品就不完整。这种管理认可个体之间存在的差异，并针对每个个体的长处进行奖励，而不只是一味地依据既有的规章制度。如果产品是由人生产出来的——事实的确如此——而且公司的生产力是人们进行生产的结果，那么管理者的注意力就必须指向团队中的人。

遗憾的是，大多数管理者都因为不善于管理“人”而导致团队业绩不够理想。这些管理者控制欲过强。他们坚持认为只有他们亲自上阵才是做好工作的唯一途径，他们还坚信处理人际关系纯粹是浪费时间。

这真让我们难以置信，那些处于管理者位置的人竟是天生最不善于管理“人”的人。我们如何才能凝聚团队成员，使他们做好工作？要解决这个问题，我们就必须看到这些位居要职的人们的能力所在，发挥他们具有高度责任感的长处。

在进入具体问题之前，先让我们来粗略了解一下以下八种偏好类型的人对团队建设的看法和意见。

外向偏好（E）和内向偏好（I）怎样进行团队建设

糟糕的是 E 偏好和 I 偏好对于合作和团队建设的看法完全相反，这导致了从阻碍团队生产力到缺乏交往的种种问题。

作为团队成员，E 偏好往往需要周围的人给他们更多的时间和更多的注意力，有时甚至会显得非常聒噪。别人可能认为他们以自我为中心、专横无理，也可能认为他们是那种被宠坏了的小孩——永远觉得受到的关注不够多。显然，这些贴在 E 偏好身上的标签不利于促进团队合作。

而 I 偏好则倾向于自己保留大量的信息，不跟其他人共享。他人可能会对这种行为产生怀疑，把它理解为 I 偏好企图用扣留信息的方式达到控制整个团队的目的，或者 I 偏好对于他们根本就不屑一顾。

当然，只要对于类型观察有一点了解的话，你就会知道上述那些理解是不正确的。然而，这些成见却普遍存在，由此引起的行为冲突和言语纷争也会影响整个团队的工作效率。

为了减少这些对团队有害无益的行为，双方都有必要进行简单而基本的沟通。例如，对 E 偏好来说，在某些必要的时候提出要求甚至命令都是正常的。但 E 也有必要学会讲明自己的需要："让我们花几分钟来探讨这件事，我想你会有很多好主意。""能告诉我你对这件事情的想法吗？""我只是需要通过说话来思考，请你别阻止我好吗？"同样，I 偏好也需要更加开放一些，让别人知道他们的想法或让别人知道他们的状态："我很高兴做这件事，但要等我完成这篇文章以后。我会在半小时之内完成它。"或者可以这样回答："在这个问题上，也许我不是能给你提出好建议的最佳人选。"

E 偏好常常犯的一个比较严重的错误是，认为某人没有和另外一个人在一起，那他一定是无事可做。所以，E 偏好会认为一个坐在办公室里阅读的女同事一定是因为没有人可以说话才会这样，所以即便跑去打扰她（以及其他类似这位女同事的人）也不会有什么不妥。这样，你就可以想象一个 E 偏好将怎样对待一个坐在那里甚至没有阅读而只是在思考的人了：显然这个人需要承担更多更有用的工作任务——比如倾听 E 的想法和意见。

而对 I 偏好来说，则必须学会把自己的要求说出来。通常他们需要保持环境的安静以便思考、反省、与别人保持必要的距离，或做他们想做的事情。你也许会想，既然 E 偏好更倾向于把自己的需要表达出来，那他们肯定比 I 偏好更善于说出自己的要求。实际上 I 偏好也能做到这一点。因为通常 I 偏好不太说出自己的想法，所以只要他们开口，说出来的话往往更具有影响力。对于 E 偏好和 I 偏好来说，问题在于他们各自的需要——言语表达和反省思考——对于他们自己来说都是最明白的，由此，他们就认为对方也应该知道并且理解这一点，但实际上对方存在着种种误解，这导致了许多分歧和对立。双方本应是同心协力的伙伴，结果却成了竞争对手。

实感偏好（S）和直觉偏好（N）怎样进行团队建设

S 偏好和 N 偏好对团队建设持有不同观点，如果他们中没有那种很难相处的人，那么这些观点上的差异就有可能变得富有幽默意味。S 偏好倾向于按照字面意思解释事情，很难看到团队建设和手中正在进行的业务之间有什么联系。毕竟团队的概念通常只是出现在赛场上，一个团队会共同努力去赢得一场比赛，但这和工作有什么关系？每个人都有自己的事情要做，这就是你为什么有薪水可拿。所以，团队建设只是一件无关紧要的小事，是使人们分心、用来逃避“真正的”工作的借口。一个 S 偏好很可能发出这样的抱怨：“如果我不是花了太多时间开会讨论怎样更好地合作，我就能更加高效地完成工作。”事实上，并不是 S 偏好看不到团队建设在工作中的价值，如果使用一个比喻，他们会更加理解团队建设的价值。例如，企业的 CEO 好比一个足球队的投资者，而经理就是球队的教练，他必须通过管理整个团队，使团队朝着最终的目标前进。一旦领会了这个概念，S 偏好就会变成团队建设的带头人。不过，要达到这点共识可能需要多次沟通。

对 N 偏好来说，团队是一个令人兴奋和激动的概念。N 偏好相信，如果人人都能拥有这种热情，生产力、利润，还有荣誉都不成问题。尽管 N 偏好对团队的概念抱有极大的热情，但他们的热情往往停留在概念的层面上，因为大多数 N 偏好都不善于将概念转化为行动。所以，他们认为团队建设对所有人来说都是好事情，除了他们自己。他们就像那些送孩子去参加主日学校接受教育的家长，自己却从未想过去接受教育。和 S 偏好一样，N 偏好也能成为高效的团队成员，不过要让他们突破精神层面进入实际行动层面需要付出更多的努力。

理性偏好（T）和感性偏好（F）怎样进行团队建设

T 偏好把团队工作看作保证任务完成的各项条件之一，而 F 偏好把团队建设与人们在完成任务的过程中合作的好坏相连。二者的区别以及这些区别带来的麻烦都是显而易见的。如果一个团队如期完成任务，但团队成员之间彼此根本不说话，对于一个 T 偏好来说，这也可以算得上一个有成就的团队。T 偏好认为，惩罚的使用决定了团队的效能。毫无疑问，这种想法对 F 来说不亚于一场灾难，因为团队精神对他们而言是至关重要的。F 偏好会说："如果一个团队拥有凝聚力、团队精神和目标意识，那么他们就能完成任何任务——从及时完成任务到作为一个整体赚取利润。"

我们认为这二者的区别正是美国式管理和日本式管理之间的核心区别所在。传统的美国商业哲学正是典型的 T 偏好的思考模式，认为人是经济动物："既然我付给你足够的钱，如果你不想工作，那我可以再雇一个愿意工作的人，或者用一台机器取代你。"对于个人问题、懒惰，甚至茶歇时间，即使他们没有明文禁止，也不会持赞同意见。（你们这些不满 50 岁的年轻人一定记不起来就在 40 年前，茶歇时间还是工会和雇主谈判的项目之一呢。）管理者与此类似的想法是"只要我们能完成工作，我并不一定要喜欢你"。

情感导向的日本模式和思考导向的美国模式所持的哲学观点相反，日本模式非常强调团队沟通和个体参与。他们相信团队的生产力和创造力总是大于个体的总和。因此每个团队成员都对其他人表现出关心，他们甚至可以不顾自己的感受。他们相信如果没有每个团队成员完成各自的任务，个人的、组织的和社会的成功都只能是空谈。

与其他偏好之间的差异相比，T 偏好与 F 偏好之间的差异更加难以克服，因为它反映了两种完全相反的哲学观，注重的分别是事物的不同侧面：结果和过程、头脑和心灵、任务和人。显然，这两种哲学观点各有利弊，事实上它们分别强调的两个方面都是必要的：产品和服务、头脑和心灵等。历史已经证明了——而且也与我们的常识一致——一个公司如果没有团队精神的话就无法应对激烈的市场竞争，终将成为失败者。反之亦然，一个有高度团队精神却不关注时间限制和细节的团队，甚至不如一个平庸的团队。

类型观察法可以证实，两种哲学观点都具有必要性：一个成功的公司既强调逻辑——任务导向（T 偏好），也强调完成任务所需的人文因素（F 偏好）。类型观察法强调，事实上人们并不需要改变个人偏好去适应他人——即使他的偏好与组织中大多数人不同——反倒肯定了个体在这种情况下，同样也能为组织做出自己的贡献。

事实上，我们再怎么强调 T 偏好和 F 偏好在团队建设中相互作用的重要性也不为过。美国的商业历史中充满了 T 偏好的思考模式的公司——认为质量说明一切——而忽视了更多的影响市场的主观的、情绪化的因素。而那些同时关注 T 偏好和 F 偏好的公司却能在产品不在本领域占优势的情况下获得成功。通用电气公司就是其中一例，他们的产品与其竞争对手相比并无科技上的领先优势，却常常在本领域内居于领先位置，原因就是他们成功地打动了购买者的“心”，他们提出“为生活带来好东西”的口号。

请记住 50%的劳动者和消费者都是 F 偏好的，但同样有 50%的人是 T 偏好的。这意味着美国的公众中至少有一半人期望在工作和家庭生活中能够感受到令人满意的生活质量，同时，他们也希望对自己购买的产品能满意。他们会因为对产品 A 的感觉比产品 B 好而购买 A，甚至忽略价格、质量和其他人平时认为非常关键的因素。Nordstrom 是总部设在西雅图的一家连锁店，在全美范围内都经营得非常成功。他们成功的主要原因就在于，他们关注的范围超越了销售的商品本身。在他们的连锁店里，有西装革履的音乐家端坐在古典钢琴前演奏，有毕恭毕敬的店员，这使你觉得自己是他们店里这一天最尊贵的客人。他们的做法使竞争对手即便建立一个又一个购物中心，却仍难以撼动 Nordstrom 的领先地位。

既然大多数公司的最高管理层是 T 偏好的，他们所面临的挑战就在于要把更多的注意力转移到关注 F 偏好的需要上。需要指出的是，这并不意味着要从 T 偏好转变成 F 偏好，因为这与类型观察理论不符。我们也不建议你严格按照类型偏好来进行招聘，这也是类型理论不提倡的。关键在于你得找出你组织中的 F 偏好，然后将他们囊括到你决策队伍里，使他们在决策过程中发挥适当的作用。

F 偏好怎样帮助 T 偏好避免忽视他人的感受

- 在情绪非常强烈时，先不做出回答。告诉自己：“现在我还没有准备好回答这个问题。”

- 为回答做好准备，首先弄清使自己愤怒的原因。“当我说，‘我告诉他我们已经付了他 200 美元’原因是我觉得被迫承担了这笔债务，事先却没有人和我商量，因而感到愤怒。”
- 从 T 偏好的角度考虑问题，然后试着和对方沟通，说明自己对他的逻辑的理解。“你决定不给我打电话了，是因为已经过了我们约定的时间，而且你也不想打扰我，是这样吗？”
- 用客观的词语解释你的感受，并指出其中的逻辑。“我误会你了。看到你的留言，我以为你对我有不好的看法，而事实上你并没有。”
- 就双方的约定提出建议。“我想我们可以制定出一项政策来确定在什么情况下可以不和对方商量而动用资金”。

你到哪里才能找到这些F偏好呢？你可以从你的人力资源部以及提供服务的部门中去寻找。从统计学上来讲，这些部门的工作对 F 偏好的人来说比较具有吸引力，因而这些部门中 F 偏好的比率会比公司其他部门高。此外，在非管理职位的女性中，也可以找到比较多的 F 偏好。统计数字显示，2/3 的美国女性都是 F 偏好。研究结果表明，如今大多数在商业领域位居要职的女性的类型偏好都与位置相似的男性一样，属于 TJ 的偏好。而那些职位较低的女性，与同样阶层的男性相比，则更有可能为组织带来一些主观因素。即使是 TJ 偏好的女性，出于养育者的社会角色，也会为团队带来一些主观性。

T 偏好怎样防止 F 偏好变成“难缠的员工”

- 当你觉得自己可能变得顽固、苛刻的时候，不要立即给对方反馈。“我明天再答复你吧，我想那样会更好。”
- 做好准备，尽量聆听对方做得好的方面。“我非常理解你说的这一点。你的这段话真是激动人心。”
- 以这样的方式说话：“我喜欢你和你所做的工作，而且我们还有办法把它做得更好。”“你刚才说的非常重要，如果我们把它的形式规范化，我想会更有助于你的意见得到采纳。”
- 表示合作的意愿，告诉别人你希望帮助他们的愿望。“如果你感兴趣的话，我愿意教你几个检查数字的方法。"

- 聆听别人的感受，然后和他们分享你的经验，表示你对他们的理解。"我知道有人要你写东西还一定要你遵守很多格式的时候，你是什么感受，因为每次我要写方案的时候也有同样的感受。"
- 指出工作的客观因素。"我们开发了一种标准的报告模板，这样，人们就能提高阅读报告的速度，并迅速找出报告的重点所在。"

找合适的人，说起来容易做起来难。你不可能指望邀请几个女孩，让她们到你的总裁会上去说说她们的看法就能改善管理。即便她们说了她们的意见，你也有可能对她们的意见不满意。这并不意味着这些女性的看法没有任何意义，而是说我们还需要跨越一些历史性的障碍。例如，"女性只是华而不实的花瓶"这一观点就是其中具有代表性的诸多障碍之一。要使这些新的参与者畅所欲言，还需要花费一些时间和精力做一些准备。所以，没有什么捷径可以解决这个问题，我们的建议是，循序渐进地在公司行为实施和决策形成过程中进行改变。

趋定偏好（J）和顺变偏好（P）怎样进行团队建设

虽然T偏好和F偏好之间的差异非常重要，然而J偏好和P偏好的这个维度才是团队成功与否的最终决定因素，它们的影响比T偏好和F偏好更为重要。通常J偏好对于闭合和控制的需要使他们看起来像那种不利于团队合作的人。而P偏好对于变化的需要，以及他们随心所欲的风格使他们看起来对团队目标也不够忠诚。

让我们来想象一下一个团队开会的情景。上午9点整，J偏好的人都已经就座，铅笔削好了，会议马上可以开始（J偏好在会前已经阅读了事先发的会议议程）。到了9:05，会议还没有开始，因为有人迟到了，J偏好觉得非常愤懑。最后一个P偏好的人终于在9:17的时候赶到了会场，为自己的迟到表示歉意，扫了一眼会议议程（第一次看），提出了一些变更的意见。9:43，团队开始分裂为几个阵营，各怀心思：

- "你就是迟到了"派。无论迟到者说什么，他们都立即枪毙。
- "只要可以快点散会，说什么都可以"派。对他们来说，忠于团队的目标已经变得不重要了，重要的是会议存在永远开下去的危险。

- “谨慎决策”派。他们反对以上两派，认为他们的做法是草率行事。
- “是不是该休息了”派。他们关心的是到哪里去吃午餐，因为只会工作不会娱乐的团队是没有生产力的。

就这样，尽管一开始我们都发自内心地希望为团队尽力，然而最终却成为一个个彼此竞争、互相对抗、只按自己的步调行事的独立个体。

我们怎样才能避免这种情况或当这种情况发生时我们该如何应对?

我们应当承认自己可能无法避免这种情况——P 偏好就是这样的，他们总是根据自己的日程表行事，对他们来讲，一个 9 点的会议在他们到会前并不会真正的开始——不论他们什么时候到会。在这点上，你除了可以对每一个人强调准时的重要性以外，并不能有多少改变。事实上，会议应该在约定的时间开始，而不管当时有谁到场。应当让迟到的人利用会后时间去补上他们错过的内容，而不是让他们耽误别人的时间。如果是你在主持会议，那么你可以考虑从一些不太重要问题开始，这样迟到者就不会错过重要的决策而同时那些准时到会的人也会有使命感和成就感。但你这样做的时候，不要让别人以为你只是在做假，否则下次他们也会迟到。

即使每个人都准时到场了，J 偏好和 P 偏好之间的差异依然可能导致麻烦。J 偏好倾向于进行封闭式的陈述或问那些其实他们已经有答案的问题，比如：“我们不可能做到，不是吗？”不管采用什么形式，J 偏好通常给人的印象是他们决心已定，你无法使他们改变主意，哪怕你能让他们得到更多信息。然而组织中的其他人，也可能由于 J 偏好的这种明显的封闭而缄默不语。

另一方面，P 偏好总是提出很多问题，或者进行开放性的、非特定性的陈述，实际上在这些问题的背后，他们已经有了自己的判断。如果 P 偏好说“听起来这个计划的内容挺丰富的”，这正是他们在用自己的方式来表达类似的意见——“我反对这个计划，因为它太复杂了”。P 偏好会使 J 偏好感到筋疲力尽，因为他们总是不直接说出他们真正的意见。J 偏好经常会抱怨：“如果你有意见，我希望你能直接说出来。”

在上面这两种情况中，问题在于严重的信息误传会使团队受到影响。

事实上你不可能避免或消除这些问题，因为它们是人类天性中的一部分。而承认这些问题带来的挫折，同时也可能带来一些解决问题的机会——因为 P 偏好可以帮助 J 偏好避免过快做出决定，而 J 偏好可以帮助 P 偏好把一些事情尽快结束并完成。问题在于怎样使机会最大化，使潜在的不良因素最小化。在本章的以后部分我们会提供一些建议以便帮助增加 J 偏好和 P 偏好之间的相互理解从而提高团队效能。

类型的互补

到目前为止，我们讨论的都是关于偏好之间的对立——关于 E 和 I、S 和 N、T 和 F、J 和 P 的偏好差异在团队建设方面引起的问题。正如我们提到过的，现实中人们更喜欢和自己类型相同的。正是这一点引起了许多问题。

事实上，虽然你可以在一个只有 T 偏好（或只有 F 或只有 E 或只有其他任何一种偏好）的组织中感觉良好。但从长远来看，这个组织会引起人们的紧张不安，而且效能低下。

你可以回忆一下我们在第 1 章中关于左撇子和右撇子的分析：每一个身体健全的人都可以使用自己的两只手，每个人都喜欢自己的一只手胜过另一只手，因为使用这只手的时候他会更加得心应手、更加自信。请想象一下，如果我们被迫只能整天使用我们偏好的那一只手而不能使用另一只手帮忙，虽然这样你也能应付得了，但这样你就相当于一个残疾人了。使用两只手使你更加能干、灵活和自信。

对于类型和团队建设来说，道理也是如此。一个团队可以在某些领域内做得很好，甚至不会意识到他们在其他领域做得有多糟糕——也许他们直到面临生产率下降或利润减少的惩罚时才会意识到这点。很多成功的组织都曾经经历过这种情况——他们过分依靠自己的某一只手了。大公司的文化通常是 STJ 偏好的，这可能会导致保守、顽固，不能应对市场变化的要求。而那些较小的、创业型企业的问题则通常在于过多的 S 或 NTP 偏好，这使组织比较灵活、倾向冒险，却常常忽视早期出现的一些危险信号。

如此多的公司成为类型单一的“独手公司”，原因之一就在于人们求同不存异的天性。例如，一个 TJ 偏好的工程师总裁，很可能会选择另一些工程师同事（那些天生就偏好 TJ 偏好的人）作为自己信任并培养的对象。而这正是创建一个 TJ 偏好的文化的公司的起点。

然而，类型观察的“十诫”之二（“性格的力量走到极端则物极必反”）告诉我们，像这样的组织有着严重的局限。除了以上我们提到过的盲点以外，另一个非常严重的问题是当组织碰到问题时无法做出正确的选择。例如，一个全是 J 偏好的组织，因为成员都喜欢闭合的情况，遇到问题或危机时自然就倾向于答案导向。如果 J1 偏好的成员提出了一个解决办法，而 J2 偏好的成员 的解决办法和他不一样，就会僵持不下。因为各自支持此二者的双方都认为自己那一方的观点是正确的。与此类似的是一个全是 P 偏好的团队可能因为解决办法太多而迷失方向或受到误导，错误地认为别人会找到最终的解决办法。一个全是 E 偏好的组织遇到问题的时候，大家可能会急于大呼小叫，却没有人真诚地倾听别人提出的解决办法。而一个全是 I 偏好的组织可能面临的危机是，所有的人都压抑自己的看法，而没有人去和别人沟通寻找问题的解决办法。

所有的例子都说明，你有必要弄清你所在的团队的整体类型偏好以及它的优点和不足之处。毫无疑问，一个类型偏好多元化的团队，完成一项任务在某种程度上要花费更多时间，但结果总是更好的。

多元化的另一面

在本书的较前面部分我们曾经提到过工作中的“类型引起类型”。当你可以选择自己和什么样的人在一起工作时，你很有可能选择那些和自己相似的人，而不是那些和自己不同的人。以我们的经验来讲，你周围人的类型偏好很可能和你有三个字母相同。因此，类型多元化虽然是一个理想的目标，但事实上通常并非如此。一个组织可能进行性别上的平衡，在文化和种族上有所变化，然而组织成员的类型偏好却往往相似。

不过这也不是一件坏事，研究表明极端的类型多元化可能对组织的效能产生反作用。麦卡利尔（McAleer）博士研究了小团队的绩效和类型之间的关系，发现组织的绩效与其类型相似性是相关的。他还发现不同类型成员数量越多的组织表现得越差。麦卡利尔博士总结道：“我的研究结果只是不支持那些认为多元化的工作团队比同质性的团队更具生产力的观点。它促使我质疑那些关于异质团队优越性的观点。”

谁会成为团队领导

世界上大多数组织都受两个基本力量驱动：利润和生产力。这是驱动许多商业性组织，还有政府、大学，甚至那些非营利性组织的共同的内在因素。所有的组织都要生产某些“产品”，因而它们都必须对某些人或某些事负责。基于这个现实，总要有某些特定的性格类型的人倾向于在这些利润、产品导向的组织中占据重要位置。然而这些“成功者”在组织的其他领域可能就不是这么成功了，如销售、培训、研发等。

正如我们所提到的，特定的类型偏好的人天生就更有可能成为公司的领导者。诸如客观、准时以及责任感是有利于使组织获得利润和生产力的特质，因此那些偏好中有 T 和 J 的人天生就容易受到提拔，而越到高层，你看到的其他偏好的也就越少。尽管 16 种类型中的任何一种人都可能成为组织的最高领导者，然而那些偏好中不含 T 和 J 的却是例外。我们花了 10 年时间收集高层领导者在类型偏好方面的数据，发现高层领导者中所有 16 种类型都有，但 90% 以上都是 TJ 偏好的。

基于这些发现，我们提出了关于高层领导者构成的三个预测：

- 如果管理团队以 TJ 偏好为主，出于统计学的原因，女性注定是其中的少数；因为人群中 T 偏好的女性本来就比较少。
- 大多数位居高级管理职位的女性和他们的男性同事类型相似，她们是 TJ 偏好的可能性大于随机概率。
- 为数很少的 FP 偏好设法成为了高层领导者，这可能仅仅是为了证明他们能够做到这点，也可能是因为他们具有改变组织的使命式的热诚。FP 偏好能够成为组织中的高层领导者，并不是因为他们有能力做好 TJ 偏好所擅长的事情从而受到组织的接纳；FP 偏好的理想主义对于组织的确具有一定的冲击力，然而一旦他们离开，他们的计划往往就被放弃了。

因此，任何组织的高层领导者的多元化都是暂时的。从长远来看，这对组织的效能不会产生太大的影响。

与团队一起工作

关于团队高层领导者的多元化我们就谈到这里。那么组织里的其他人怎么样呢？我们曾经提到，在每个部门内部，个体都倾向于彼此相似。比如，销售人员大都是 EF 偏好，会计大都是 ST 偏好，研发人员大都是 NT 偏好，而服务部门的人员则大都是 SF 偏好。

然而，请记住无论一个部门是什么样的类型，它都很可能要向一个 TJ 偏好的老板汇报。通常如果老板的类型偏好和整个部门不一致，就可能导致团队和老板之间的矛盾。因为当我们有很多人都同意某一项决定（因为我们的类型彼此相似）而只有老板一人持不同意见时，他虽然不便反对，心里却不以为然。如果我们了解了个中缘由，就能为改善我们的团队建设和团队成员之间的沟通打开了一扇门。

我们要记住的第二点是，公司系统内的其他部分——如其他部门，可能彼此不同——也会参与公司追求最终目标的整个过程。我们都明白这样一个道理，如果不同类型之间能够有效沟通，那么公司的生产状况毫无疑问将得到改善。对 E 偏好来说，就是在和 I 偏好一起工作时要学会更好地聆听对方；而 I 偏好则需要向 E 偏好更加自若地表达；S 偏好需要向 N 偏好学习综观大局；N 偏好则最好在和 S 偏好合作时能够更多地考虑细节等。长此以往，如果以 NT 偏好为主的研究性部门能够同以 SF 偏好为主的服务性部门有效沟通的话，那么他们研究出来的产品就可能更加符合顾客的需求。当我们没有意识到这一点时，我们常常因为其他部门和我们不同而去奚落他们，却看不到他们以和我们不同的方式对组织做出的贡献。

基于以上情况，处理部门之间的关系必须明确以下三点：

- 许多部门之间的不快，常常是因为性格差异引起的。例如，任何一个规模较大的组织或机构中 80%的成员都是 NT 或 SJ 的偏好组合。这两种偏好组合之间的差异非常大。比如，NT 偏好的口号是“以变革的名义进行变革有利于我们的学习，即使我们学到的唯一的事情就是我们不应当进行变革，但这个过程本身是非常有意义的”。而对 SJ 偏好来说，他们的口号是“能不变就不变”。大多数组织中 80%的员工，每天都面临着要与跟自己思维方式有着根本区别的同事合作的情况。

- 如果能够有效沟通，这些类型间的差异其实可以成为一些积极的影响因素。首先很容易理解的是，公司里不同的工作需要不同的人来完成，所以我们设置了不同的部门。我们希望每个部门都能够完成自己的工作，然而要想最终完成任务，团队成员将不得不更多地彼此合作而不是彼此争斗。当我们运用类型观察法认识到差异的存在之后，就能够正确地看待这些差异，而不会对差异一味地排斥了。
- 如果你不是一个 TJ 偏好，而你又在一个比较大型的组织中，那么你能够到达的职位的上限可能要比你曾经期望的更低。比较聪明的做法是根据自己的类型特点扬长避短，而不是取长补短。换句话说，如果你是一个 FP 偏好，你的贡献就是使自己成为一个最好的 FP 偏好，而不是仅仅因为 TJ 偏好更可能升职就努力使自己成为一个 TJ 偏好。违背本性改变自己的类型，从长远来看是不会有用的，而且还会引起自己的紧张情绪。我们要学会认识自己的类型并学会认同自己的类型，这是具有创造性和富有意义的。

案例研究：我们怎样帮助斯坦利

我们遇到的困难中有很多是与工作中的人的因素有关的，因为许多看似高效的管理者往往缺乏做“人”的工作的技能。

本案例中的斯坦利是一个飞机制造厂的总经理，MBTI®测试结果为 ENTJ 类型。斯坦利最大的烦恼在于无法使他的员工相互合作，他们总是互相对抗。即便一件简单的事情，交给他的下属之后也会变成一场权力的争斗，就连每天的常规性工作似乎也成了耗时耗力的战斗。公司的目标根本无法达成。

斯坦利找到了我们，希望借助类型观察法帮助他增强公司员工的团队精神。斯坦利这样描述他的团队：“他们心里都只有自己，从来不会关心其他人。而且，看起来他们对公司努力追求的目标一点都不关心。甚至如果有人旷工一个星期，其他人也不会发现任何异常。类型观察法能不能告诉我怎样才能使我的员工成为一个齐心协力的团体？”

我们要求用一天的时间和斯坦利及他的团队成员在一起。那天，斯坦利集合了他所有的团队成员——从普通办公室员工到高层管理人员一共 35 人。这一天对我们来说是非常具有代表性的：之前我们已经在这个团队中进行了

MBTI®测试并获得了所有人的类型数据，上午我们向他们介绍了类型观察法，下午我们教他们如何在团队管理的过程中运用类型观察的知识。

这一天的工作非常成功，整个团队热情高涨，因为他们第一次了解了关于自我，尤其是关于人与人之间的差异的知识。我们就像分析其他团队一样，把这个团队所有成员的类型放在一个类型分布表中。从表 7-1 中可以很快看出，这个团队是一个典型的 TJ 偏好团队，TJ 偏好的成员占团队成员总数的 71%。其中，T 偏好的成员占团队成员总数的 91%，而 J 偏好的占 80%。整个团队中只有三个成员是 F 偏好的。

表 7-1 斯坦利与其团队成员类型分布表

ISTJ 26%	ISFJ 3%	INFJ	INTJ 9%
ISTP	ISFP	INFP	INTP 14%
ESTP	ESFP	ENFP	ENTP 3%
ESTJ 23%	ESFJ 3%	ENFJ 3%	ENTJ 14%

我们对团队中那三位 F 偏好的成员的情况非常感兴趣，并对他们进行了仔细的观察和分析。这三位员工都表现出了和类型特点非常不符的反常行为，然而他们的行为却毫无例外地被认为效率低下和无能。他们反常行为背后的真正原因却被忽视了。这三个成员的具体情况如下：

- 其中一个 F 偏好是一位男性中层管理人员，妻子是心理学家，她一直抱怨他对别人心怀怨恨，总是要求得到过多的肯定。
- 另一个 F 偏好是一位高层管理人员，他凡事不与别人交流，而且酗酒。
- 第三个 F 偏好是一位女性秘书。

那一天，整个团队谈论的焦点主要集中在团队成员之间的交流和互助上。当我们结束了一天的课程之后，学员之间达成了共识：所有的问题都可以归结为一个简单的原因——信任不够。没有一个人能在办公室中指出一个他们觉得信任的人。此外，团队成员还提出了对斯坦利的看法，他们觉得他总是每件事都要固执地亲手处理，结果所有的工作都被耽搁在了他的办公桌上。毫无疑问，这种做法可能不会使他的团队成员充满自信，而且还将斯坦利自己陷入了穷于应付琐事细节的泥淖。

那一天的课程结束时，我们已经非常清楚地看到这个团队中存在一些非常严重的问题。其中一个是由斯坦利的特征带来的——因为他觉得每件事情自己都比别人做得好，所以凡事他都要亲自过问。另一个原因是团队中缺少居于领导位置、能够对团队整体价值观产生影响的F偏好的成员。

斯坦利告诉我们要直言不讳，因此我们根据观察和调研结果，尽力帮助斯坦利了解他的团队所面临的问题的根源：作为一个非常典型的T偏好，他的管理工作缺少了人本导向的一面，因而对他来说，在日常工作中耗费精力去关注那些人际关系方面的事务是非常困难的。事实上，这使他产生了非常强烈的控制欲。有时候，他过度关注或亲自插手某些事情，实际上就是在补偿那些他做不好的事情。而在这个团队中，他没有做好的事情正是对其他员工的肯定，就是没有放手让员工去做他们应当做的事情，没有让他们去犯应当犯的错误（并且从错误中吸取教训），也没有培养和鼓励他的员工发挥自己最大的潜能。

而所有的这一切行为事实上都是缺乏信任的表现。

听到这些以后，尽管斯坦利感觉非常痛苦，但他的确开始关注我们提到的那些事情了，他还认识到一些偏好和天性与他不同的人可以帮助他更好地处理团队中关于人际关系方面的事务。因此，我们认为，比较好的做法是将这方面的事务外包给专家，定期聘请F偏好的专业顾问，带领团队进行团队建设能力方面的培训。这样做不仅不会暴露他在这方面的弱势，反而会被人们视为他的强项——正因为他有能力控制这方面的事情，所以他能够找到合适的人来负责这项重要的工作。

最后，我们的努力是使斯坦利和他的团队成员认识到不管是T偏好还是F偏好，他们多样化的需要和不同的技能对于一个高效、合作的团队来说是非常必要的。T偏好擅长所有关于分析的、逻辑的、明确的、生产率和客观性的工作，伊莎贝尔·布里格斯·迈尔斯把他们描述为“在日复一日的工作中显得稳定和可靠”。而他们的F偏好的同事则善于关注组织中的其他成员，关心人们的感受，乐于使他人感到快乐，善于创造和谐的环境，并能同情和抚慰人们在生活工作中遇到的挫折和不快。

显而易见，以上这些品质对一个成功的团队来说都是不可或缺的。斯坦利也认识到了这个简单的道理——两种不同类型好比等式两端的算式，如果等式不能达到平衡的话就需要控制其中一端，同时增加较小那一端的数值。值得高兴的是，斯坦利通过使用类型观察的技巧解决团队遇到的棘手问题只付出了有限的时间和精力。此外，类型观察客观的、概念性的特征也非常符合斯坦利的 T 偏好的思维习惯，由于他采取的改革措施并不使他感觉到是放弃了自己客观的行事方式，这就达到了一个双赢的结果。

高效能团队的四个步骤

正如你在以上部分看到的，类型观察对团队建设的利益仅仅为你的想象力所局限。解决团队问题的技术和方法有许多种，因团队的不同特点而有所区别。

不过，在对任何团队的潜在问题进行诊断之前，我们需要回答以下四个问题，以保障我们能够得到相对准确的诊断结果。

1. 在团队中最具代表性的类型是否是完成团队工作的最佳类型？让我们来看一个团队，这个团队的建立是为一个毕业生协会（Alumni Association）筹集资金。完成这项工作需要各种不同类型的人所具有的各种不同的技术。例如，要把会籍卖给校友，你需要 E 偏好的成员。你既希望团队中有人能够提出多种筹集资金的途径（他们是 NP 偏好），也需要有人去实施计划并进行顾客跟踪（他们是 SJ 偏好），团队中这两种成员需要彼此平衡。如果团队中的成员没有这几种基本类型，那么他们的努力很可能事倍功半。为确定团队成员类型所花的时间是物有所值的。

   并不是所有的团队都需要所有偏好的成员。对于完成某种类型的目标来说，一个同质性的团队也许比一个异质性的团队更好。如果团队目标是通过头脑风暴获得点子，那么这个团队中的 E 偏好和 P 偏好越多越好。如果团队目标是将仓库中的所有货物进行盘点，那么团队中的 S 偏好（尤其是 SP 偏好）越多越好。

2. 在团队内部，是否各种类型的成员都在从事着符合他们类型特点的工作？通常，出于对团队的忠诚或习惯，人们并不会主动告诉别人自己拥有某项特定才能。只有在有人发现这项才能并鼓励他将这项才能运用于工作时，他的能力才有可能得到充分发挥，从而很好地完成工作。还是以那个筹集资金的团队为例，如果有一个善于写作的 I 偏好的成员，那么他可能会成为一位撰写募款信件的好手。然而，如果这位 I 偏好的成员只是因循传统在组织内担任数据处理员的工作，那么他可能就不会主动承担（或被指定去做）撰写募款信这项工作了。在团队大张旗鼓地开展工作之前，团队的领导非常有必要通过测试的手段了解整个团队的资源情况：谁有完成某项任务的特殊才能；谁愿意尝试一些新任务（同时也要适合去完成这些任务），如写作、打电话、销售等。顺便说一句，别忘了给自己做一个测试。如果结果显示正是你自己阻碍了团队达成目标，那么不要害怕把自己的位置让给其他更适合的人选。

3. 我们怎样运用类型观察来检查并改进我们的工作过程？许多团队之所以失败就在于他们没有对工作的过程进行追踪。我们要做的不仅仅是让团队中若干位 J 偏好的员工确保工作进度照计划进行，更重要的是要让 P 偏好的员工来防止整个团队把大好时光浪费在朝一个错误的方向努力。你需要足够的 I 偏好使团队能够很好的倾听，也需要足够的 F 偏好保证人们的感受不会被忽略。例如，要做好募集资金的工作需要 F 和 P 两种偏好——F 偏好可以帮助人们摆脱挫折感，而 P 偏好则可以在人们工作得过于辛苦时提醒大家出去走走，或者来份比萨饼。
4. 是否有人可以协助制定工作目标达成的标准？许多团队都会遇到的一个困境就是似乎永远原地踏步、停滞不前。他们总是在开没有实际意义的会或写没有人读的报告，而这些事情又总是占用人们的时间。即使工作在几个月以前甚至几年前就已经完成了，团队的领导者也还会不停地开会，原因是他们已经养成了这个习惯。事实上，无论团队是成功还是失败，情况都应当是这样的：如果团队的目标达成了，他们就坐下来拍着彼此的肩膀，一同庆祝成功的喜悦；如果团队没有达成目标，他们就坐在一起相互抚慰，彼此鼓励。因此，一个团队需要一些 J 偏好和 E 偏好来告诉大家："我们的任务完成了。让我们各奔东西去做自己其他的事情吧。"

使用类型表

在团队建设中经常使用的一个比较有效的工具是类型表。通过这个表格，你可以对组织中的类型分布一目了然。它提醒团队成员时刻注意在组织中使用类型观察的思路去处理问题。（类型表同时也是我们个体之间相似性和差异性的一个标志。任何两个相邻的类型都有三个维度的字母相同，例如，ENTP 类型与 INTP 类型，ENFP 类型与 ESFP 类型。这样这个表格就能够说明人与人之间在类型上的相似程度。）

你可以把那些已知类型成员的名字写在相应类型的格子中，也可以把那些行为表现与某类型相符的成员的名字写在相应的格子里。（请确认大家都允许你这样做。每个人都有权对他的类型保密。）你也可以考虑把这张表格做成一张海报。我们曾看到有一个组织在他们一面位置显著的墙上用软木砖砌成了一个每格边长为 12 英寸的类型表。他们不仅把每个员工的名字放在了与他类型相应的格子中，还把他们的配偶、朋友以及其他重要人物也放在了相应的格子里。因此，如果有一个人要去见一个 ISFP 类型的顾客，他就可以找到相应的团队成员，并向他请教："你的丈夫也是 ISFP 类型的。请告诉我三四条和 ISFP 类型的人交流应该注意的事项。"由此，这个组织获得了巨大成功。

也许你不想做到这种程度，那也需要明确类型表中那些需要明确的信息——要完成工作需要团队的存在，需要尽可能利用在人力资源方面的投资。如果你能使每个团队成员的贡献越来越大，那么，你的年终奖金就会越来越高。

团队建设

如果你是一个……

领导一个……

	外向偏好（E）	内向偏好（I）
外向偏好（E）	• 避免彼此交谈太多，及时更换谈话对象。 • 进行决策或结束某事之前，要留出一段时间。 • 多听，少说。	• 认识到你的沉默可能会被误认为默认。 • 如果有人抱怨你光想不说，要认识到他们可能是正确的。 • 允许别人把你作为一个宣传的媒介。
	外向偏好（E）	内向偏好（I）
内向偏好（I）	• 记住别人的沉默并不一定表示同意。 • 如果对方说：“我告诉过你……”或“我已经说过了”，说明你没有真正地倾听。 • 不要侵犯别人的空间。允许别人有隐私和反思的时间。	• 愉快些，自信些，尽量理解对方的行为。 • 多说，少想——尽快和别人分享自己的想法。 • 和大家一起工作就是团队建设的方式之一——不要等到独自一人的时候才开始工作。
	实感偏好（S）	直觉偏好（N）
实感偏好（S）	• 确定你们在细节上达成一致。 • 提醒你自己团队生活的范围大于手头的任务。 • 找到三个障碍，并试图避免它们。	• 清晰、简练地表达。 • 指出细节在整体框架中的位置。 • 记住这段谚语：“告诉他们你将要告诉他们什么；然后再告诉他们你刚刚告诉了他们什么。”
	实感偏好（S）	直觉偏好（N）
直觉偏好（N）	• 敦促对方关注细节，然后再次强调。 • 只要有必要就问：“你的意思是……” • 在说某件事无法完成之前，先试图找出解决办法。	• 关注具有实践性的方面。 • 不要为制定战略而制定战略，忘记自己的任务。 • 确保自己找到了一个方法可以实现战略目标。

如果你是一个…

领导一个……

	理性偏好（T）	感性偏好（F）
理性偏好（T）	• 不要为每一个你不同意的观点而和别人争论。 • 关注对方的反应并相信他。 • 控制你的竞争欲。	• 意识到对别人观点的批评可能被视为对他们能力的挑战，从而挑起一场争论。 • 记住冲突可能会产生新的发现，从而引起能力和绩效的提升。 • 如果别人平素与你没有交往，就不要显得过于懒散。
	理性偏好（T）	**感性偏好（F）**
感性偏好（F）	• 记住对一个观点过多的批评可能会起到破坏性的作用。 • 记住真挚地对待别人可以建立信任。 • 谈论对别人来说重要的事情。	• 记住不是只有你一个人。 • 正确对待异议，不要把它当作别人对自己的人身攻击。 • 为了团队，勇于面对冲突。
	趋定偏好（J）	**顺变偏好（P）**
趋定偏好（J）	• 留出时间进行进头脑风暴，不要认为自己必须做出决定或对结果进行判断。 • 延迟进行团队决策的时间，等到所有团队成员都有时间独立思考所有方面以后再做决定——即使在多数人从开始就意见一致的情况下。 • 练习使用开放式提问来探索可选项和决定。	• 记住享乐之后需要一个日程安排。 • 尽量使别人知道自己对灵活性和多项方案选择的需要。 • 意识到有时结构和程序是必要的。
	趋定偏好（J）	**顺变偏好（P）**
顺变偏好（P）	• 记住对方只有在自发安排的情况下才会有较高的效率。 • 尽量使别人知道结构和顺序对于团队建设的重要性。 • 认识到在你自己做事的方法之外还有其他途径。	• 在每次开会之前把议程写下来并发给对方——而且要遵守定好的议程。 • 在每次会议结束时让大家一起制定下次会议的议程。 • 练习使用封闭式提问、陈述句及判断句。

（周江译）

第 8 章

问题解决

“那不是好好的吗？为什么要改变呢？”

曾有人说：“把今天不必解决的问题放到明天去做吧。”还有人说：“没有什么问题大到我们逃都逃不过。”也许有人会对这两则小幽默发出会心一笑，但对许多人来说这的确是解决问题的一种模式。所以说，解决问题的根本是人的问题。

事实上一些人是问题的解决者，另一些人是问题的制造者。具有讽刺意味的是，通常因为人际差异，一方都会视另一方为问题制造者。某一性格类型极其注重结果，而另一性格类型则更倾向于思考各种因素和解决过程，然后由他人做出决定。对于某种性格的人来说问题来自优柔寡断，而对另一种性格的人来说，问题出自过于武断和草率决策。

通过分析性格类型，我们可以把不同性格的人放在解决问题流程中的各个方面，以最大限度地发挥各种性格类型的特长。这样不仅使大家提高了对问题的认知，而且可以给出更多更有效的方法来解决问题。在本章中我们要提供一个工具，使解决问题过程更加流畅，效果更为明显。

你可能会问，问题与冲突的处理有什么不同？通常的定义是，冲突双方中一方试图去赢另一方，是一个有输赢的模式。问题则是一个宽泛的概念，其中一些可能导致冲突，但绝大多数不会。通常需要解决的问题例子有：

- 在经济衰退时期我们如何来持续地保持利润水平？
- 我们如何组成一个新的部门以便有效地把公司中各种资源整合在一起？
- 到底是在本地继续发展，还是到其他城市去？
- 我们应该花多少钱去重新安排办公室，以使更多的员工可以靠近窗口？

- 我们如何生产比我们的竞争对手更好更便宜的产品?
- 我如何保障预算能顺利通过?
- 我们如何来说服我们的管理层，让他们认识到计划中的合并可能不会产生预期的绩效?
- 我们如何来提高公司员工对于种族及性别差异的认识?

正像这些随机的例子所显示的那样，问题的本质是很宽泛的，解决的效果与在解决过程中预选方案的多样性和数量是直接相关的。性格类型的差异提供了解决方案的创造性和多样性，但一定程度上也阻碍我们去达成共识。

排队的毛毛虫

通常，组织中 J（趋定偏好）占多数，J 偏好的一个明显特征就是他们有时候会把有规律的活动视为有意义的行动。如果一个问题能搁一下，或者被分解为有意义的几个方面，或者被丢弃，这对于 J 偏好来说问题已经解决了。如果你建议改动些什么，J 偏好会抵触和恼怒。

这使我想到了多年前听到的一个法国的自然学家经历的一个毛毛虫的故事，他诱使一群毛毛虫到了花盆的边沿，并且一只连着一只，直到它们围成一个完整的圈，毛毛虫开始沿着花盆的边沿爬行。

自然学家期望过一会儿毛毛虫会知道这只是个玩笑，它们会厌倦无用的爬行而分开去寻找食物。但由于习惯的驱使，它们一直沿着花盆无休止地爬行了七天七夜。如果没有疲倦它们就会一直进行下去。尽管食物就近在咫尺，它们最终还是饿死了。

当然，我们都是习惯驱使的生物，J 偏好的习惯包括风俗、传统、先例以及运营的标准流程，他们趋向于盲目地跟随一个过程，结果是一群 J 偏好会沿着圆圈行进。

很明显，当要解决问题时，排队的毛毛虫模式是不可行的，我们需要的是减慢这个过程，考虑一些替代的解决方案，或许一段时间可能比较模糊，没有一个立竿见影的方案，但所有这些都为形成一个长期的解决问题的方案打下基础。

关键就是：越多的人参与到解决问题中去，问题解决的时间就越长，但投入越多，最后的结果就会越好。

八种偏好类型的人是如何解决问题的

在我们展示性格类型是如何帮助解决问题之前，让我们先看一下八种偏好类型的人是如何来解决问题的。

外向偏好（E）与内向偏好（I）

与其他事情一样，**E 偏好**是通过与其他人的交谈来解决问题的。他们会感激别人的意见和建议，甚至对方不说一句话，简单地点点头及皱皱眉就可以了。一个典型的 **E 偏好**会走到你身边说：“我不知道我是打电话给煤气站还是开车去那里，我可能两个都做，我今天有充足的时间，我可以开车去把账单付掉。多谢你的帮忙。”说到这里他便转身走了。有趣的是，**E 偏好**觉得“有这样一个听众”是极有帮助的。这便是 **E 偏好**与 **I 偏好**的重要区别，没有性格类型观察和分析，你可能会认为刚刚那个 **E 偏好**是个精神病人。

另一方面，**I 偏好**可能在接受了他人的意见和建议后，要到一个安静的地方认真思考。I 偏好具有解决问题所需的倾听能力以及在提出解决方案前认真分析的能力。也许你会遇到以下情形：一个 **I 偏好**走过来，看了看这边的每一个人，略带沉思，但什么也不说，只是肯定地点点头，然后转身并离开。就这样，**I 偏好**已感到了大家在解决问题上对他的帮助，然而其他的人可能认为 I 过于冷淡或冷酷，I 偏好通常用这种方式去更深入地了解问题并给出解决方案。

实感偏好（S）与直觉偏好（N）

S 偏好是通过实实在在的事实与证据来处理问题的。他们通常收集第一手资料，用看得见的数据得到一个实实在在的结果。花费太长的时间设计解决方案，或者去探讨方案背后的理论依据对于他们来说是浪费时间。如果问题就在你的面前，解决它并继续朝前走。如果问题不在你的面前，何必浪费心思去担心它。对于 **S 偏好**来说，目前手上的问题已经够多了。

对于 **N 偏好**来说，没有了解所有的情况、探讨所有的解决方案之前，他们还远没触及问题本质。一个问题只有在有了清晰的背景资料后才有望解决好。一个漏水的水龙头，**N 偏好**可能觉察到这是一个大问题中的一小部分——水压不正常，也许还涉及温度，甚至厨房或浴室的管道有设计缺陷。那么正确的解决方案包括找一些关于家庭修理的书，找一些新的材料，甚至先得把整个水路系统画出来。所有的这些都那么有趣，可能会使 N **偏好**兴奋地忙上一阵子，这样也许使漏水的龙头滴上几天，甚至几周或几个月。而旁边的 S **偏好**则会急得团团转，因为对于 S **偏好**来说解决方案就是转几下扳手或换一个新的垫圈。

如何使实感偏好（S）的人不仅仅关注具体的事情

- 考虑一下变化的最根本的原因。
- 记住注意感觉的起源。
- 找一个简短的、可以记忆的方式去说。
- 制定一个行动方案。
- 看一看许多熟悉的已经存在的东西。
- 告诉实感偏好的人去发现一些实际的缺点。

如何使直觉偏好（N）的人走出梦中天堂

- 在给他们一些细节的之前，让他们谈论一下愿景并与一些细节的东西联系起来。
- 当有一些新的或有意思的主意时回顾一下细节的问题。
- 先给圣诞树，再给小饰品，先给大框架，再给小细节。
- 多多评论（赞赏）他们的构思，而不是最终结果。
- 当他们在想象各种可能性时，不急着做出你的行动安排。
- 要让他们回到现实中来，有效的方法是给他们一个阶梯，而不是把他们从空中射下。

理性偏好（T）与感性偏好（F）

在问题解决过程中，T **偏好**的贡献是告诉每个人各种行动可能产生的结果，他们看待问题解决过程就像看待其他任何事情（如下棋）一样。在棋局中，各种人物和事物都可以在认真分析了前因后果之后进行战略或战术性活动。这就允许他们从远距离把控整个问题解决的过程，但他们不会陷入其中。有人定义手术的“大”、“小”之别在于是不是在自己的身上做。如果在自己身上做，那永远是“大”手术。对于 T **偏好**来说，他们必须把自己从问题中分离出来，这样便能客观地观察和分析。"这是方案，那是结果，也许有点痛，必须坚持住。"但是他们也是人，当同样的问题发生在自己身上时，T **偏好**便也会变得主观起来。

F **偏好的人**评估解决问题流程是判断各种解决方案是如何影响他人的。因此即使跟自己无关的问题，F **偏好**也会准确地预测相关人员会做出什么反应。他们是问题解决过程中人际关系的晴雨表。在这里我们强调理智和情感是解决问题的重要元素，应该清楚的是，世界上再棒的解决方案若得不到相关人的认同，也只能成为纸上谈兵，并注定要失败。反之亦然，如果一个方案只是取悦于人，而不是解决问题，那问题只能在原地打转。

趋定偏好（J）与顺变偏好（P）

在任何解决问题的情境中，如果是 J 偏好，他们的天性就是快把问题解决掉。其特点在于快速得出结论并立即执行。但这也可能使他们在对所有可能的解决方案予以充分权衡之前就急于达成一个不太成熟的决定。换句话说，J 偏好的优势是看到结果并努力争取达到，危险在于他们认为"达到目标"比"方案质量"更重要。

P **偏好**的优势（同样也可能是一个弱点）是在处理一个问题的过程中又去关注派生出的另一个新问题。P **偏好**在讨论解决方案的过程中完全有可能不断产生替代方案，甚至讨论出替代方案的替代方案，结果是延误了行动。在一个理想的世界里，会有足够的 P **偏好**去阻止 J **偏好**得出不成熟的解决方案，同样会有足够的 J **偏好**去阻止 P **偏好**想出过多的解决方案。

危机处理

如果一切问题都可预测的话，那我们就不值得在这里过多讨论了，当然生活没这么简单。在一些公司里，危机是常见的，人们基本上还是以被动的姿态去应对它。当危机发生时，人们自然而然就依赖自己最信得过的能力和方法，用类型观察的术语，就是相信我们的偏好。虽然使用这些偏好我们觉得最舒服、最自信，但仅使用它们还不足以化解危机。

想想抛接球这样一个简单的动作，当球飞来时，你若有时间去考虑各种选择：用正手还是反手？抑或两只手同时接？也许你根本就不想去接？！由意识来决定如何行动。

但如果没有任何警告球就飞过来了，所有上面思考的时间都没有，你只有马上反应。在大多数情况下你会用正手去接球或去挡它，以免受到伤害。这已是你的习惯了。

工作中也是这样，有太多突然飞来的“球”——项目必须提前完成，关键成员突然不能出席，找不到运输的车辆，顾客投诉等，我们总是用习惯的方法来接这些“球”。按性格类型理论来说，那就意味着，如果你是 ISTJ 类型，你要了解具体的情况，关上门，把各种因素考虑清楚，站在一个客观的立场上做出一个明智的决策。相反，如果你是 ENFP 类型，你会与小组里其他人讨论这个问题，了解大家对它的想法和感受，脑力激荡一些解决方案，重要的是让每个人都参与进来，并且保持宽松的氛围以鼓励新的意见和建议。

你可能会说，我一直这样面对危机和挑战，为什么要改变？我们认为，通过了解性格类型以及它们的作用，我们可以全面了解不同的方式和方法，从而增加你的成功率，同时也减轻你的压力。

组织中的单极性

我们经常指出，企业中现在的问题不是差异太大而是太单一。当今商界的管理或工作团队中，要么趋定偏好（J）占了 100%，要么理性偏好（T）占了 90%。我们已经知道了这些人的问题解决模式：客观地分析情势，以结果为导向，而后开始行动。那就是我们所说的“准备，射击，瞄准”的问题解决模式。作为一个典型的 J **偏好**，结果可能是最后击中目标，但不一定是原先想要射的目标。

综上观之，问题显而易见：一个主要由理性—趋定偏好的人组成的世界会面临一大堆已知或未知的问题。人们总是倾向于依赖对于自己来说行之有效的方案，由此便产生了这样一种公司文化——往好处说，可能在最优化选择中存在困难；往坏处说，则会因固执于以往的解决方案而无法应对现今的挑战。那些管理得当的公司总是遵循着乔治·桑塔亚那的格言：不借鉴历史的人，注定会重蹈覆辙。

解决问题的 Z 模式

理想的、双赢的问题解决模式是尽可能避免失败，提高成功率，允许参与的人充分发挥各自的潜在优势，从而提高效果和效率。

类型观察能帮助你把理想变为现实。

最有效的方法就是 Z 模式，源于伊莎贝尔的思想和理论，其问题解决方法包括四个方面。

1．搜集信息——用 S **偏好**去寻找问题的细节。
2．脑力激荡各种方案——利用 N **偏好**来探索可能的原因及对问题的各种解决方案。
3．客观分析——利用 T **偏好**去考虑每个解决方案的利弊得失。
4．评估影响——利用 F **偏好**去评估这些解决方案对问题中的相关人员有何影响。

从图 8-1 中你可以看到，每个**偏好**的中间两个字母，从 S 到 N 到 T 到 F 形成了 Z 形，因此把它命名为 Z 模式。

无论你是什么类型，每个人都能使用这个模式，模式中的四个字母是类型中的两个大脑功能维度上的四个偏好，任何类型的人一定有两个吻合的偏好，两个相反的偏好。同时 Z 模式又告诉我们，要有效地解决问题，我们需要平衡地运用好四个偏好。

在危机的关头要做到“平衡”，有点说起来容易做起来难。正像我们以前所说的那样，当你知道球要抛向你的时候，你能做相应的准备，但球突然来时，你就更多地使用偏好的方式应对了。也就是说，在解决突发问题时：

- ST **偏好**会可能依赖事实并对它们进行客观的分析。
- SF **偏好**可能了解事实并认真评估它们对人的具体影响。
- NF **偏好**可能会想象出各种可能的解决方案并评估这些方案是如何影响人的思想的。
- NT **偏好**可能会设想许多解决方案，并对它们进行客观的分析。

当我们指出在处理四个偏好中的两个时，其他的两个**偏好**——E/I 和 J/P，也在发挥着作用，这一点是非常重要的。一个外向的 SF **偏好**在对问题反应时会与内向的 SF **偏好**不同，SFJ **偏好**与 SFP **偏好**反应也各不相同，但所有的这些 SF **偏好**都有同样的工作模式。

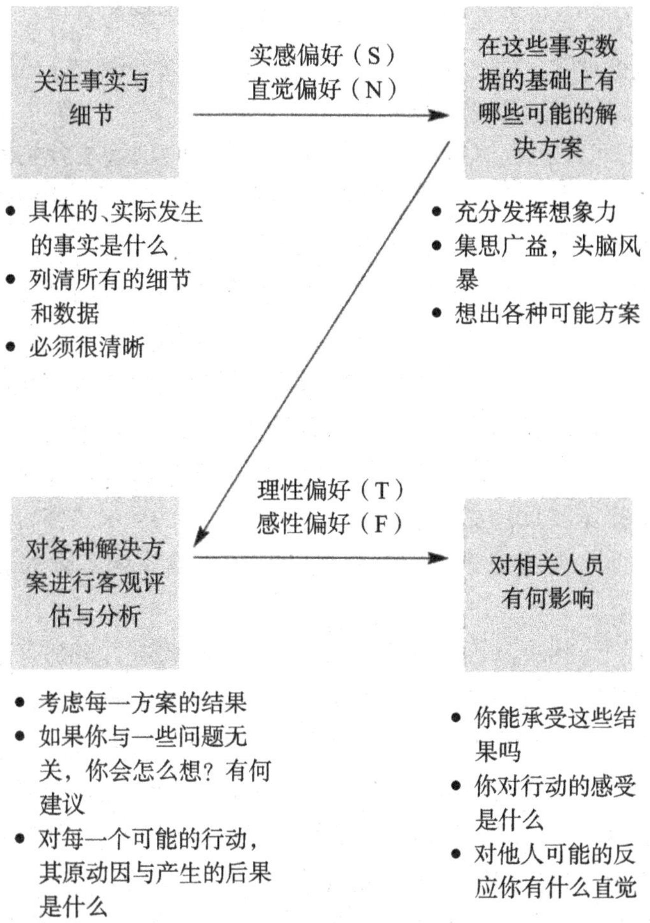

图 8-1 解决问题的 Z 模式

让我们来假想一个危机。星期五下午 3 点，一个顾客打电话通知你，你一周前发送的重要货物到现在还没有到。他强调下周一中午必须收到，虽然没有直说，但非常清楚的是，如果货物没有准时送达，很可能就会失去这个重要的顾客。没有任何办法，你必须找到货物或重新起运以保证准时到货。

正像所有的危机一样，总是在不是太方便的时候发生，由于是星期五的下午，所有的事情都慢了下来，一些人都已经离开了公司，好在还有许多人可以留下来处理这件事，但如何来做呢？

接下来让我们来看一下四种偏好是如何来克服这个困难的。

- ST **偏好**会倾向于接受这个现实——原来的货物丢掉了，我们没有时间去把它找回来，唯一的解决方案：必须安排新的货运，并且马上发货，每个人必须留在这里直到把这件事干完。
- SF **偏好**可能也会注销原来的货物，并相信没时间去找它回来。接着，SF **偏好**会了解一下哪些人没有其他事并可以留下来处理这件事，如果知道没有人能留下来，他们只能自己来做。
- NF **偏好**可能觉得，原来的货物也许还能找到。他们可能试图去组织和鼓励一个小组去寻找货物，同时他们也会组织另一队人马去制定一个备用计划。过程中 NF **偏好**会积极鼓舞和激励两个团队，他们自己也要做一些事情，这样就能使大家的加班时间尽可能少一些。
- NT **偏好**可能搜索原来的货物（我们终究是要找到这些货物的）。同时，立即安排第二批的货物（因为这是唯一可靠的解决方案）。同时，NT **偏好**可能也会制定一个策略去评估货物的运输系统以确保这样的问题不再发生。

上述四种均为解决危机的有效方法，因为每个解决方案都有潜在的成功可能。如果要评论哪种方法更容易取得成功，我们可能倾向于 ST **偏好的方法**，因为他们有清晰的、简单而又直截了当的解决方案。然而该方法的负面效应可能是，它会使一些员工受到伤害，打扰了大家的周末生活，也可能导致周一晨会有很多人缺席。所以仅仅使用两个最强大的性格偏好，你可能会减少解决问题的机会，或者在解决问题的过程中得不到大家的支持。

而使用 Z 模式，通过平衡偏好与非偏好的大脑功能，可以提高成功的机会，并在过程中使大家积极参与。

实际工作中的 Z 模式

让我们看一下 Z 模式是如何在上述的情形中工作的。

1. 搜集信息。从发生情况的具体事实开始，尽可能详尽。这个案例中的事实是，顾客说原始的货物没有收到。关于流程的情况是什么？运输的日期、时间，以及记录及参与的人能够提供什么样的信息？顾客是正确的吗？或许货物还在仓库中，或许货物的标签可能写错了，运货的人能够提供什么样的信息？挖出足够的详细事实信息。

2. 脑力激荡各种方案。根据你搜集的信息，现在来思考一下它们背后的含义。在这个案例中事实会引导你得出结论，货物已经正确地运出了，但是还没有到达顾客的仓库。关于这件事可能会发生什么事情？运输公司一定是值得调查的，但这不是仅有的可能性，另外的一个可能是货物被正确地运出，但是接收方报错了地址，以至不能到达准确的仓位。再就是货物可能在运输过程中从卡车上掉落并落入小偷的手中。最后，完全可能对于这个问题没有答案，货物必须重新安装并起运。

3. 客观分析。现在应该是仔细分析这些可能性，同时抓紧每一分钟，开始安排另一批货备用。再发一批货的可能性已变得越来越大，你需要安排一个人在今天就把货准备好，这会工作到晚上七八点。你知道一些人可能不喜欢在周五的晚上加班，但这就是生活，有工作需要完成。另外一种分析是，如果这是一次有组织（或是没有组织）的抢劫活动，那你就什么也做不了。还有一种分析就是发错目的地，因为这样的事情过去发生过。如果能找到或准时运输原来的货物，那绝对是上策。有一点结论是很清晰的，无论采取什么措施，你必须解决问题，因为这是一个非常重要的顾客，你不想承担任何因失去他而造成的恶果。

4. 评估影响。在你做出一系列的决定并开始行动之前，非常重要的是你要考虑到各种情况会如何影响你的员工队伍。你从以前的经验中得知，对每个决定一些员工可能支持，但另外一些员工可能反对，我们必须评估，在没有打扰所有人的周末的情况下，是否有充足的人员来实施各种方案。同时，你应该考虑到，员工来加班背后有哪些激励因素，他们的承诺有多大，其中有些员工是不是家里安排有困难，也许可以加班几个小时，然后由其他人替代。最重要的是，所有相关的人的意见都应该得到认真倾听，然后做出最后的决定。

无论怎样的解决方案——也许是运输的车辆出现问题需及时修理，或者必须另发一批货——重要的是有一个能有效解决问题的流程。初看起来运用 Z 模式可能会多花费些时间——几分钟或几小时，但其最终方案更出色，并且能得到大家的支持。你运用 Z 模式越多，使用越顺手，也就会越节省时间。

Z 模式的另一个重要意义就让大家明白，解决问题的过程需依靠团队的力量，在合作中大家优势互补。例如，你是一个 ST **偏好**，你可能会需要一个 NF

偏好来帮你一起完成方案的设计和讨论。也许你会有意识去组织一个由不同性格的人组成的危机解救团队以防万一。

运用Z模式解决问题可以使你的优势得以充分发挥,而劣势得到有效的弥补。

维护各种观点

在这里所讲的一切清晰地告诉我，关注自己工作团队的“性格盲点”。只有当每个偏好、每个观点、每个方式都得到了充分的尊重、鼓励、探讨、确认和使用——也许这会多花费一些时间，才会有一个更好的结果。尤其当问题解决的过程代表某一偏好的意见和建议出现短缺时，有意识地去寻求支持以保证平衡的解决方案特别重要。

问题解决

如果你是一个……

领导——一个……	外向偏好（E）	内向偏好（I）
外向偏好（E）	• 重复你听到的以确认你的理解，并让其他人也做同样的事情。 • 不要在别人说话的同时说话。 • 发言或提问后停顿一下，如果需要的话在说之前数到 5。	• 要求安静的时间与空间。 • 直截了当地表达。 • 如果你要别人听到你的观点，提高你的声音，不要等着被别人问。
	外向偏好（E）	内向偏好（I）
内向偏好（I）	• 私人的时间和深思——安静地坐着——这是问题解决的一部分。 • 从今以后，多写而不只是说。 • 在会议之前提出问题并给出时间去深思与考虑。	• 说出来，尽管会有点尴尬。 • 把想的东西说出来。 • 分享多一点，而且要求同事也那样做。
	实感偏好（S）	直觉偏好（N）
实感偏好（S）	• 用概括的方式陈述一些明显的东西。 • 与每一个人分享你的希望与远景规划。 • 试着不仅仅按字面上的东西来解释一切。	• 记住你所说的所有东西都可能被按字面理解。 • 把自己的解释与他人的比较。 • 记住准确程度和事实情况是形成反应策略的关键。
	实感偏好（S）	直觉偏好（N）
直觉偏好（N）	• 对你的具体问题，请准备好，你的同事可能只给出一些概括性的回答。 • 可以预计，如果你过于细致，别人会趋于厌烦。	• 进一步解释你的一些思想。 • 关注你的解决方案在现实生活中的可操作程度。 • 对于每个人所说的东西都要具体化，回答谁，什么内容，在哪里，什么时候，怎么样及多少。

领导一个……

如果你是一个……

	理性偏好（T）	感性偏好（F）
理性偏好（T）	• 在你与别人交流时请考虑每个人的感受。 • 在解决问题时不要太具竞争性。 • 试着问自己这个解决方案会如何影响相关的人。	• 不要害怕争论。 • 在讨论负面的东西时，不要感到不适应。 • 回避说“对不起”，不要仅仅为了和谐而去忍受别人的指责和放弃自己的立场。
	理性偏好（T）	**感性偏好（F）**
感性偏好（F）	• 努力与他人建立关系，全面了解他人。 • 记住：问题出现时，人们可能需要支持，而不仅仅是分析。 • 准备面对事实，即使个人要承担批评。	• 不要试着去安慰别人，也不用总是把别人的话当作对自己个人的攻击。 • 记住：建立和保持一个开放的对话关系并不是解决问题所必要的。 • 注意你的一种倾向，即在解决问题时回避与人的冲突和迁就他人。
	趋定偏好（J）	**顺变偏好（P）**
趋定偏好（J）	• 试图提出一个问题而不是给出答案或提供建议。 • 有时要学会放弃，尽管你知道自己是正确的。 • 通过询问我们可能忽视了什么积极地寻求新的建议。	• 了解你的开放及有更多的意见可能产生更多的愤怒而不是羡慕。 • 帮助他人认识到在交流中除了问题的答案和方向外还有很多其他的内容。 • 记住其他人所说的并不是他们在某一问题上的最后决定，即使他们自己说是这样。
	趋定偏好（J）	**顺变偏好（P）**
顺变偏好（P）	• 避免把人逼到角落里，为别人留点空间。 • 清醒地意识到按你的倾向去组织、决定或控制可能会制造更多的憎恨而不是信服。 • 在得出结论之前要考虑一下别人。	• 确认你们中有人做决定并可能一直跟踪。在解决另外一个问题前结束已解决的一个问题。 • 尽可能完成你的句子。

（王恒译）

第 9 章

冲突处理

"现在，请控制你的情绪！"

冲突有很多形式，并不全是公开的、猛烈的，也有深藏不露的。比如，牵强地点头看似在表示同意，实情却差之千里；有人会用甜蜜的微笑掩饰强烈的痛苦和憎恨；有人会用保持沉默表示拒绝承认对方的存在。长期的对抗只需要一根小小的导火索就可能随时被点燃，酿成一场灾难性的大火。

冲突会带来许多不同的后果：有人认为，冲突带来了丰富的创意和活力，可以推动冲突双方甚至整个组织提升到一个新水平；也有人认为，冲突如同邪恶一样是不可避免的，我们只能坦然面对，祈祷雨过天晴；还有人认为，冲突只会带来破坏和痛苦，应该尽全力避免。

无论你对冲突持什么态度，人们只要在工作中共事，冲突就不可避免。很少有正常人会没事儿跑去挑起争斗，但争斗总是找上门来。人们各自不同的价值观、意见、观点总会产生误解和分歧。我们再努力都不可能避免冲突，即便避得了一时，也避不了一世。

首先，不同性格类型的人对冲突有不同的处理方式。比如，一个人提出一个建议，在另一个人看来就是要开始一场争辩；一个人无心的一句话，在另一个人眼里简直就是抽了他一鞭子；你一个小小的误解在他人眼里可能都是天大的冒犯。

一般而言，人们总是相信某些性格类型的人具有超常的处理冲突的能力。比如理性—趋定偏好（TJ）的人，在面对压力的情况下可能更善于保持客观和冷静；外向偏好（E）的人，因为语言表达的威力，可以在绝大多数情况下畅通无阻；而相对较沉默的内向偏好（I）的人，则可以使白热化的冲突降温。但事实上，任何一种性格类型的人都不具有超凡的冲突处理能力。冲突反倒总是将人们最坏的一面展示出来：TJ 偏好会变得更僵化，相信只有他们自己是正确的而拒绝接受其他任何观点；E 偏好会变得更大声、咄咄逼人（常常是没必要的）；I 偏好则将自己封闭在自己的世界中，拒绝可能解决问题的任何交流。

由于人们在冲突面前的无能，公司往往花费巨资让员工接受“处理冲突”的培训。请注意，并不是所有这类课程都毫无价值或很糟糕。事实上，这些课程为人们提供了深刻而有效的原则，教人们如何处理冲突或从一开始就避免冲突。但现实和这些原则之间往往存在距离，使得这些深刻而有效的原则在现实此起彼伏的冲突漩涡中力不从心。

我们认为，一个没有考虑到性格类型差异的冲突处理办法是注定要失败的。在一个又一个案例中，我们发现性格类型观察法能够提升人们对冲突的认知水平，提高处理冲突的能力，同时也提供了处理冲突和善后的多种方案。

当类似的性格类型相遇

以上我们集中讨论了性格类型相异时可能出现的情况，内向和外向、实感和直觉等。但也有相当一部分冲突是由于性格类型相似引起的。性格类型相似的人在冲突中往往容易过分放大自己的特点，因为在压力状况下，人们会变得过分依赖和运用自己的长处。如果你相信相似的人总会相处好，那就错了。

想想看，两个 E 偏好——都只想说而不想听。他们说话的音量越来越大，而倾听却越来越少。或者两个 J 偏好——都有一套自己的不可动摇的原则。他们对“干净”的定义就完全不同：一方认为整理好了，物品都各归其所，在另一方看来却还是有所不当，或和他想象的不一样。如果双方都认为自己是正确的，就会陷入一场谁都说服不了谁的争辩。如果两个 J 偏好都是内向的，这样的分歧会导致相当长时间的相互躲避；如果两个 J 偏好都是外向的，这样的分歧就会升级为一场相互攻击的“战争”。

有一次我们被邀请给一家公司讲授关于时间管理的课程，发现课程对象竟然百分百全是趋定偏好的。我们的第一反应是如此有条理的一群人为何要学习时间管理？接下来，我们发现原来他们每个人都有一套自己的时间表，谁也不会因为别人而改变自己的时间，所以 40 个经理有 40 张时间表，而且他们每个人都认为自己的时间安排是最重要的。由此，你可以想象局面是如何的混乱。

当然，我们教他们的时间管理五步骤根本就行不通。在这种情况下，较快的一个解决方法就是找一个不同性格类型的人作为调解人，同时倾听两边的理由，然后提出他自己的分析。调解人与他们的类型不一样，即便他的分析不一定能得到认同，但至少可以提供考虑问题的不同角度和一些有用的观点。

理性偏好（T）和感性偏好（F）如何处理冲突

我们首先讨论这一对，因为这两种类型的人处理冲突的方式截然不同。

T 偏好通常希望通过语言交流澄清事情的客观状况，F 偏好则感觉这是不友善的挑衅。记得吗？通常 F 偏好做决定的基础是尽可能地创造和谐。

比如一个 T 偏好问："你这么说是什么意思？" 他这样问只是为了把对方的想法了解得更清楚。但这时，F 偏好通常会防卫性地回答："我也不知道。""你看起来生气了。""这不是要紧的。"

这些回答对 T 偏好了解问题毫无帮助。所以 T 偏好会穷追不舍："你怎么会不知道自己说的是什么意思呢？""我没有生气，我只是想了解你到底想说什么。""当然有关系，这关系到我们是否有一个共同的基础。"

这种回答使 F 偏好更觉得 T 偏好说话很冲，于是干脆答道："你愿意怎么理解是你的事。" T 偏好马上便反驳："请不要情绪化，我真的搞不清楚你的意思。"

看，一场简单的本想澄清事实的沟通，几个回合之后很快就演变成了一场"战争"，而双方此时只能挠着头皮，搞不清楚为什么事情会变成这样。

为了证明 T 偏好和 F 偏好对冲突的不同处理方式，我们找到各种人——夫妻、经理人、各种工作小组，甚至公司的董事。我们将他们分成 T 偏好和 F 偏好两组，请他们分别完成一系列体验式的活动，之后再请他们回答下列问题，并把答案写在纸上：

- 你是如何定义冲突的？
- 在工作中你如何处理冲突？
- 当冲突产生时，你最希望别人做什么？

针对第一个问题，几乎所有的 T 偏好都认为冲突是不可避免的，并可最终带来创造力。他们将冲突定义为"创造的压力"、"两种思想的碰撞"、"相反的能量”。而在 F 偏好看来，冲突永远是不和谐的，应该尽全力避免。他们定义冲突时经常用到“紧张”、“冲动”、“令人不安”等词语。

对第二个问题的回答，T 偏好组告诉我们，在工作中，他们会通过学习、讨论，找出解决问题的策略等方法来处理冲突。而 F 偏好小组则说他们会审视自己的情感，为冲突自责，面对冲突时，他们会有身体上的反应，如出汗、喊叫、哭泣等。

对第三个问题的回答，T 偏好希望 F 偏好不要轻易将冲突带上感情色彩，要实事求是，要将歇斯底里控制在最小限度。而 F 偏好则希望 T 偏好能够考虑别人的情感，尊重别人的感受，因为冲突中双方都会有焦虑和不安。

从以上答案你可以看到两组的巨大差异。许多时候冲突无法缓解正是因为不同的人处理的方式非常不一样。

我们将这些练习给许多人做，夫妻、上司和下属、父母和孩子，总是得出一样的结果。事实上，T 偏好和 F 偏好担心的事情是一样的：都害怕在冲突时失去控制。但他们的角度不一样，T 偏好不愿意将事情过于情绪化，害怕承认他们在冲突中个人身心受到伤害，从而“失去控制”，而 F 则害怕在冲突中情绪失控，对双方关系造成不可弥补的伤害。

无论 T 偏好和 F 偏好是如何表述的，他们对这些问题的回答都反映了他们的性格类型。当他们在讨论后把写下的答案公布出来时，要么会发出紧张的笑声，因为内心的秘密被昭示；要么会突然静默，因为他们不相信人们对同一个问题竟然有如此不同的答案。

我们这样做的目的正是要将这些差异带到舞台中心，让大家正视它们，而这些差异正是解决我们眼下这个课题的基础。最终的解决方法就是性格类型观察法。这就是说，处理冲突的态度和方法无所谓好坏，只有不同。人们只有达成了相互的理解，才可能开阔胸襟，开启解决问题的大门。

一场体育比赛

我们曾经和一群经理在一起，尝试和他们讨论他们之间刚刚发生的一场面对面的冲突，看看到底是怎么回事，从中可以获得怎样的经验教训。当然这里面有受伤的自尊和心灵。其中有一位 ENTJ 类型的经理口才很好，相当热情地向我们介绍了刚刚发生的事情。他说，好像带着一家人来到一场真正的体育比赛现场，有人被击中，过一会儿又有人挨了重重一拳，后来就有人一瘸一拐地离场了……而他们当中的 F 偏好的人非常惊讶，ENTJ 类型竟然会将那样一场涉及许多人情感的冲突看成一场体育比赛。事实上，对于一位 T 偏好的人来说，他可以为弄明白某些事情而非常投入地参加一些争论，但这不等于说他需要将个人感情也带进来。

外向偏好（E）和内向偏好（I）如何处理冲突

你也许知道 E 偏好，他们往往会不自觉地将冲突外显，这样即使冲突不会演变成一场争吵，至少也会变成一场辩论。这种情形往往发生在两个 E 偏好之间，或 E 和 I 两种偏好之间。E 偏好往往不断强调自己要说的，试图用他们丰富的语言影响每一个人。多数 E 偏好相信，只要让他们再多说一句话就可以将事情搞明白（当然他们的一句话往往是一大段话，也有可能变成一场演讲）。而 I 偏好，这时已经忍无可忍，只要多听一句就会发疯。

E 偏好的问题是，他们总是在很短时间里说过多的话，以至于他们自己都记不清到底说了些什么。当知道别人已经对自己的话产生厌烦时，他们会表现出吃惊和不可理解。这种情况至少带来了两个问题：首先是 E 偏好咄咄逼人的言词会引起对方的抗拒和反感；其次因为 E 偏好往往会忘记自己前面说过的话，双方又不得不为此开始辩论以澄清 E 偏好前面说的到底是什么意思，于是又陷入了新一轮的冲突。

如果 E 偏好同时又是 J 偏好，他的言辞往往是具有结论性的。比如，“我喜欢”、“我的回答是‘不’”、“现在就去做”等。对于一个 EJ 偏好来讲，他感觉不到这些话对别人的影响。如果对方是 IP 偏好，则会提出一系列疑问：“你的意思是什么？”“你为什么那么说？”“你真的非常肯定有必要这样做？”而这时候 EJ 又会给出驴唇不对马嘴的答案（因为多数情况下他已经忘了自己前面说过的话了）。这三个回合下来，大家会发现正在讨论的问题已经越来越离谱了。

和 EJ 偏好争论问题时，切记一条铁定的规律：EJ 偏好总有结论的，无论问题本身是什么。

对于 EJ 偏好，下面这个故事是最贴切的描述：有位上校要休假三天，他离开前对手下用他惯用的语调说道：“假如在我休假期间有情况，可以用以下五个词来处理：不行，不行，不行，不行，不行！”说完，他敬个礼转身离开。

对 I 偏好来说，当冲突出现时，他们会陷入沉思——好好想想下一步该怎么做。别暴露自己，别让自己出丑，别说让自己后悔的话。重要的是，要保持冷静、冷静、再冷静！

面对冲突，I 偏好会有很强烈的生理反应。当 E 偏好将冲突变为滔滔不绝的辩论时，I 偏好的内脏好像在打仗——一会儿挨一拳，一会儿肠胃绞在一起，然后全身紧绷……研究证明，I 比 E 更易患上由紧张而引发的溃疡、结肠炎之类的病。通常，E 偏好引发这些病，而 I 偏好则承受这些病。

很明显，当和 E 偏好发生冲突时，I 偏好往往渴望能一个人待会儿。E 偏好在人口总数中占 70%，他们总是试图将冲突外在化，而 I 偏好则恨不得写张条子告诉他们："将你的想法写下来，明天我会答复你。"这看起来有点儿滑稽，但倒不失为 I 偏好处理冲突的一个有效的办法——将想法和意见写下来。

在本章的后面我们会给出一些处理冲突的具体建议。但这里我们想强调的是，当紧张、冲突情况出现时除了大喊大叫之外，还有其他的选择。要让 I 偏好有足够的时间去思考、反省，恐怕这是最有效的办法之一。

一场健康的争论

有些性格类型希望回避争论，希望分歧会自行消失。就拿穆雷为例，他是一个 ESFJ 类型，在部队里工作。他无法忍受同事之间有分歧。穆雷确信一旦争论声音升高，一场全面的人际战争则在所难免。所以遇到这样的场合时，穆雷会拿出藏在抽屉里的杜松子酒，为大家满满地斟上一杯，然后干杯："我们都是专业军人，而且都互相爱护。"大家都满足他的要求，连连干杯，因为同伴们都知道，干完之后，穆雷确信大家会重归于好，然后满意地离开。这样大家可以重新回到之前的争论。

矛盾的信息

我们曾见过 T 和 F 两种偏好的经理，他们负责一间产品展示店。每当我们向 T 偏好询问近况如何时，他总是告诉我们他又责备哪位不遵守指令的员工了，而 F 偏好则总是紧跟着说："是的，每次你发一通批评后，都是我帮你善后，安抚员工。"

实感偏好（S）和直觉偏好（N）如何处理冲突

当这两种类型对同一事物出现两种认知时，事情将变得非常困难。还记得吗，S 偏好和 N 偏好是描述人们如何接受信息并在此基础上做出决策的。

S 偏好接受信息是按照事情发生的真实、具体的细节而来的（这些细节是经得起一再推敲的），而 N 偏好则更关心事物反映的隐喻和意义。这种差异体现在以下一系列“是的，但是……”型的对话中。

S 偏好：“是的，但是你刚才说的是……”

N 偏好：“是的，但我真正的意思是……”

S 偏好：“是的，既然你是这个意思，那你就该说出来。”

N 偏好：“是的，但我觉得没必要向有头脑的人重复显而易见的道理！”

趋定偏好（J）和顺变偏好（P）如何处理冲突

在冲突中，J 偏好和 P 偏好扮演同样重要的角色。J 偏好一旦决定就不会轻易改变主意或再寻找另外的方案，在企业组织中的管理职位上，J 偏好往往占很大比例。这是我们周围充满矛盾和冲突的重要原因之一。

虽然我们已经介绍了 J 偏好和 P 偏好在处理冲突时的一些不同，但是这值得我们再花些时间回顾一下。

我们知道 J 偏好喜欢明确的组织结构和秩序，一旦遇到没有事先通知的变化，他们往往就会表现出愤怒和不满。J 偏好的不满是因为这些变化打乱了他的时间表，哪怕他看起来坐在那儿什么也没在干，那也是他一个计划好的“小憩”。

我们还知道“结论”对 J 偏好很重要。他们的表述往往让人觉得他们非常坚定，几乎没有谈判的余地：“老板这么说，我也这样认为，那就照着办吧。”J 偏好需要一个“正确的结论”，即便有时连他们自己也不知道哪个结论是正确的，那么就为决定而下决定吧，因为他们无法容忍有事情悬而未决。

然而有趣的是，当我们问 J 偏好，特别是 EJ 偏好，为什么在激烈的讨论中他们往往让人看着好像生气了时，他们很吃惊，因为当时他们并没有生气。事实上，EJ 偏好很大声、很投入，立场很坚定，只是为了使别人让步从而尽快得到满意的答案而已。然后这种咄咄逼人、带有恐吓的行为常常得到相反的应答：其他人畏缩地走开了，希望能避免和这个“生气”的人陷入一场争斗。

当 J 偏好对任何谈判都关上大门时，P 偏好的优势就显露出来了。当然，P 偏好对许多事物都有自己的观点，但 P 偏好的真正特点是他们能不断更新，对所有可能的方案都保持着开放性和灵活性。冲突越是紧张，P 偏好就越能够在模糊的可能性和问题本身之间找到链接点。在冲突中，J 偏好将 P 偏好的这些漫无目的的行为看成——说好听点是不可靠，不好听就是完全不着边。

以上现象产生了一系列恶性循环：当 P 偏好不断寻求多种选择时，J 偏好更加坚守自己一开始的立场。所以如果 J 偏好说：“老板这么说，我也这样认为，那就照着办吧。”P 偏好可能回答说：“你确定吗？也许老板的意思是……”当然，J 偏好会坚持他一开始的结论，而 P 偏好忍不住要探讨其他可能性。很快，双方发现他们因为各自的性格而陷入无解的冲突中了，而这一冲突似乎离当初问题的核心越来越远了。

和新老板一起跳舞

我们可以引用上百个真实的案例说明性格类型观察法可以成功地处理冲突。这里我们引用的一个典型案例是世界五百强中名声显赫的一家航天航空企业。我们的工作是在一群高科技工程师中展开的。

以下是故事的背景：前任 CEO 面临退休，董事会开始寻找继任人选。公司的八位富有才华的部门总监（都是工程师）都认为自己很有可能是下一任 CEO。而董事会却认为他们需要一位外部的和公司没有任何生意关系或裙带关系的人士来接任。因为董事会觉得这种选择可以给公司带来新的活力。最后他们选中了一位在候选人名单上名列前茅的有着 30 年军队生涯和良好信誉的退休将军。

得到这个消息，八位优势候选人既震惊又沮丧。但很快，他们就把对董事会的不满指向了新来的 CEO。因为他们无法直接说出对董事会的不满，当然在任何公司内部这种不满都是不宜也不可能被公开表达的。在这种情况下，董事会、新任 CEO、八位部门总监和其他所有的人都知道，尽快回到正常的业务轨道上才是眼下真正应该做的。

不用开会讨论，不用相互传达，八位部门总监形成了一股公然的对抗力量：

落井下石、消极被动、暗中较劲。当然，他们口头上仍然喊着团队合作的口号，但在行动上根本是另外一回事。他们脸上挂着笑容，却对每个决定却都充满抵制。

更糟糕的是，他们没有一位承认自己心怀不满。“我和新来的家伙相处没什么问题，”其中一位告诉我们，“只是他的部队背景让他无法理解商业上的许多问题。”傻瓜都能听出来这不是实话。

当然新任 CEO 也看出来了。他发现他们对他提出的所有一切都持反对态度。他尽量以公事公办的心态来面对，但显然他们是冲他来的。

这位 CEO 曾经听说过性格类型观察法。他想也许有帮助，便将我们请进了公司。我们发现的第一件事情是，尽管他们大都毕业于名牌学府，却没有一个人上过一堂心理学课程，更不用说了解像 MBTI®这样的性格类型测试了。所以听说要做测试，每一位经理，包括新任 CEO 在内都表现出焦虑和担心。他们以为那就是接受精神分析，内心的秘密会被层层剥开，暴露在光天化日之下。

我们做的第一个经典练习是请他们在一张纸上写下自己的名字，然后再请他们用另外一只手写，结果他们都不自觉地笑了，因为用另一只手写真的不容易。这个练习之后我们解释说，来这里是为了发现了他们的性格偏好，正像刚刚他们看到的动作偏好那样，没有好坏，无关智力，只有不同。

经过一天的测试，他们获得了不少见识。最重要的发现是，原来新任 CEO 的性格类型的四个字母和管理团队的类型全部不同。他们八位中有五位 I（内向偏好），三位 E（外向偏好）；五位 N（直觉偏好），三位 S（实感偏好）；六位 T（理性偏好），两位 F（感性偏好）；五位 J（趋定偏好），三位 P（顺变偏好）。所以他们的小组类型是 INTJ，而新任 CEO 的类型是 ESFP。

结果揭晓后，许多事情变得明朗了。他们了解了彼此之间性格类型的自然差异后，原来的怒气开始消退了，开始相互理解了。比如，新任 CEO 喜欢开会讨论，部门总监却多数喜欢坐在办公桌前独自工作，拨弄计算器。CEO 对细节的关注在部门总监看来则太琐碎，管得太细，这些细节完全应该交给他们负责。当 CEO 总是询问更多信息而迟迟不做决定时，在他们看来就是不善决策，缺乏方向感。

也许你会说这个案例中 CEO 的 4 个类型字母与管理团队的 4 个类型字母都相异纯属巧合，因为 4 个字母都不同的发生概率毕竟不高。但这个案例至少可以表明由性格类型不同而带来的沟通上的问题会加剧矛盾冲突。

案例中，是性格差异造成了深刻而复杂的矛盾。董事会选择了公司之外的人当 CEO，对部门总监来说是“外来者”，而性格的不同又加剧了紧张感、压力、不信任等，从而导致了一系列消极对抗的行为。当双方看清并体验了性格类型的差异后，紧张感开始消除，信任开始建立。

另外，我们还设计了一系列活动提高他们对性格差异的认知。我们将他们分成 N 和 S 偏好两组，请他们用 20 秒看同一张投影片，并请他们分别讨论和通报他们所看到的。结果两组巨大的差异让全体都陷入了沉思。四位 S 偏好试图重现他们看到的内容：那是一张有关领导力的投影片，上面有一些不同的色块，有一些数据，还有些和远景有关的词语。他们甚至连颜色都试着做成和投影片一模一样的。而由 5 位 N 偏好组成的那一组则集中分析了投影片传达的内涵和意义。从这个练习中，S 偏好组和 N 偏好组不但认识到了他们之间的不同，更认识到只有将两组的东西合并在一起才是一个更完美的报告，任何单独的一组都不可能做到。

下面是我们设计的其他练习。

- E 偏好和 I 偏好：请两组分别描述他们理想中的周末。结果同样出乎他们的意料。最后，大家了解到 E 偏好喜欢说话是因为他们说话的过程往往就是思考的过程，所以前后不一致是情有可原的。而 I 偏好非常珍视他们的私人空间，不允许别人随意侵扰。
- T 偏好和 F 偏好：这是对冲突影响最大的一对。我们请两组分别对“冲突”定义。T 偏好一组的定义和任何一本字典上的定义没什么区别：“两种不同的力量相遇即发生冲突。”而 F 偏好一组认为这个命题是为提升他们的冲突处理能力而设的，是针对他们目前的情况的，所以他们的答案是：冲突正发生在他们身边，他们应该极力避免。
- J 偏好和 P 偏好组的练习更有意思。将他们分成两组后我们请他们讨论“经济”。我们只给出了这两个字，没有其他更多的提示。P 偏好组明显很迷惑，什么经济？我们了解吗？我们有必要讨论吗？在 5 分钟内他们除了一堆问题，什么也没讨论出来。而 J 偏好组恰好相反，在没有进一步解释的情况下，第一个发言的人就定下了讨论的基调：美国的经济。然后，其他人马上跟进。他们你一言我一语地或同意或反对前面一位发言者的观点，看起来每个人都很确定自己在谈论什么。讨论结束后，J 偏好不需要了解更详细信息就可以讨论的情况让 P 偏好很吃惊；而 P 偏好花了那么长时间竟没有找到一个讨论主题也让 J 偏好很迷惑。

以上每个活动带来的一个个细微而又显著的差别提升了他们每个人的自我认知，同时也打通了他们之间的沟通之路。最大的收获是他们原先针对 CEO 的许多责难被重新定义和理解。比如说，CEO 作为一个外向型的人，他的确倾听了，但他总是习惯说服别人，让别人以为他并没有真正听进去。整个过程中，越多的交流使他们得到越多的认知，他们也就越愿意去除那些原先阻碍工作的绊脚石。最后，他们感觉到至此可以停止争执，开始有效地工作了。

不要想当然

在以上篇幅中我们所谈的东西听起来有很多是常识。是的，它们是常识。但在冲突白热化时，常识往往第一个被抛在脑后，而且人们也并不总是遵守常识。如果你周围都是和你一样的人，你的常识告诉你：世界就是这个样子。但如果你是 I 偏好，“常识”就会告诉你人们并不总是说出他们的想法，一旦他们说了，别人就一定会听。这时，如果出现了一个 E 偏好，他的行为又不符合常规，那他简直就是另类了。你会吃惊地发现真正理解不同观点和行为的价值不是件容易的事。人们可以从智力上甚至心灵深处理解，但真正要做到又是另外一回事。

当你把和你起冲突的对方的性格类型考虑进去时，你会发现解决问题和冲突的时间越长，过程就越艰难，但最后的结果可能越好。其一，你越主动沟通，就越能得到正面的评价。其二，越了解人们不同的性格倾向，我们就越能克服自身的缺点。I 偏好可以指出 E 偏好说得太多、听得太少，而 E 偏好可以指出 I 偏好太过僵硬死板。

另一个解决冲突的障碍是针对“这是谁的问题”的不同回答。T 偏好往往相信是别人的问题，实际上他们只有 50%的时候是对的。F 偏好往往认为这是他们自己的问题，当然他们也只有 50%的概率是对的。

几乎所有人——无论我们的性格类型是什么——很难讲出在冲突中谁对谁错。F 偏好会很快将冲突带上感情色彩，试图拯救每个人；而 T 偏好总是保持客观，拼命分析而并不真正着手解决；E 偏好喜欢高谈阔论，即便那并不是他的问题；而 I 偏好则不轻易说出他们掌握的关键信息或好点子，以至于问题得不到解决。以此类推，万变不离其宗。

冲突处理

如果你是一个……

	外向偏好（E）	内向偏好（I）
外向偏好（E）	• 一方讲的时候，另一方听；然后交换角色。 • 记住对方讲的最后一句话未必就是结论。 • 重复你所听到的，看理解是否正确。	• 要求你的同事安静地听你说。 • 试着将你的第一个念头不经加工就说出来。 • 保证和别人分享你的想法，可能你需要先写下来。
	外向偏好（E）	**内向偏好（I）**
内向偏好（I）	• 避免言辞夸张或啰唆。 • 冷静地说出你想说的，然后给对方一定的时间做出反馈。 • 在纸上写出你的想法，然后和同事讨论。	• 强迫自己发表意见，不要为了避免冲突而沉默。 • 和别人一起谈论解决问题而不是总一个人在脑子里转悠。 • 在冲突中，你的同事的压力不会比你少。
	实感偏好（S）	**直觉偏好（N）**
实感偏好（S）	• 注意你们双方纠缠在太多的事实和细节上。 • 当双方对细节有异议时，先停下弄清细节再继续。 • 在讲话前先明确你所要讲的含义和引申的意思。	• 请尊重必要的事实和细节，因为它们对处理冲突有帮助。 • 帮助你的同事理解隐含在事实和细节背后的意义。 • 不要试图只用“蓝图”来说服对方。
	实感偏好（S）	**直觉偏好（N）**
直觉偏好（N）	• 让你的同事面对现实。 • 抓住讲话的中心含义。 • 避免因过多关注细节而忽略了“蓝图”。	• 应该认识到你们双方都倾向于忽略事实或者为证实自己的观点而歪曲事实。 • 如果对信息的理解有分歧，请停下来先弄清楚再继续。 • 努力保持实事求是、准确性并面对现实。

如果你是一个……

领导一个……

	理性偏好（T）	感性偏好（F）
理性偏好（T）	• 要知道何时应停止分析和争辩。 • 应该了解你们双方都有情绪，一样会因矛盾而产生情感的伤害。 • 请记住即使在争辩中失败也没什么，生活一样会继续。	• 记住并不是所有的批评都是冲着你个人来的。 • 坚持自己的立场并尽量保持客观。 • 避免说太多的“对不起”、“你是对的”。和别人争论没什么大不了的，生活一样会继续。
	理性偏好（T）	**感性偏好（F）**
感性偏好（F）	• 了解你说的任何话都会被认为是针对个人的，即使可能根本不是你的意思。 • 记住该说“对不起”时就明确说出来。 • 在冲突中表现你人性化的一面。	• 直面冲突，敢于面对冲突而不是逃避。 • 不要为了和睦太早妥协。 • 记住冲突可以是积极的经验，从中我们可以不断学习。
	趋定偏好（J）	**顺变偏好（P）**
趋定偏好（J）	• 记住冲突是无法被计划的，但其解决方案可以。 • 提出一个议题，然后再安排一个时间讨论解决。 • 当一个问题没有解决时，不要急于判定这就是最终的结果（因为还可能有其他的可能性）。	• 要意识到你的同事可能比他看起来还要生气。 • 不是每次冲突的结果都是一方输一方赢，可以找到不同的解决之道。 • 采取所谓“打一下就跑开”的策略，暂时将冲突放一放，过些时候再回头来解决。
	趋定偏好（J）	**顺变偏好（P）**
顺变偏好（P）	• 针对问题留有一些从不同方面来讨论的自由空间。 • 重要的是为实现目标找到积极的解决方案，而不是在冲突中“获胜”。 • 帮助你的同事集中精力一次解决一个问题。	• 相互提醒一次讨论只聚焦一个问题。 • 尽量将你的观点表达得清楚明了，少讲无关的话。 • 尝试通过谈判取得双赢的解决办法，或者每次让不同方“赢”得一个议题。

（苏青译）

第 10 章

目标设定

“如果我真的说出来，会有人听吗？”

我们随时随地都会遇到设定目标的问题。它可以是一个非常正规的过程，包括确定目的、制定使命宣言、运用一些工具表格等。另外，设定目标其实存在于我们日常生活的很多层面，例如，列出一个工作清单、制定会议日程表，都是一些目标。目标可以非常简单，就好像“我今天要在 4 点钟离开”，这个目标可以在很大程度上决定当天的其他活动。管理人员以及其他很多人都在不断学习这种能力，以便更有效地设定自己或别人的目标并实现这些目标。

尽管人们如此强调目标，但对目标的理解仍有许多偏颇，甚至会南辕北辙，最终导致团队分裂。这其中的原因不能单纯用是否达成共识来解释。有时候我们会看到领导设定了目标，明确了方向，但实施起来却背离了初衷，到最后不但没有实现最初的设想，还导致了团队的冲突。

这到底是为什么呢？

我们认为这是人与人之间的差异造成的，具体地说，是人与人之间在性格、偏好上的差异造成的。有些下属习惯于遵从命令，“老板就是老板”，他们不会想到别的工作方式，如果有人提出新的想法、对现行体制提出质疑，他们会竭力抗拒，并且还怀疑这些提出意见的人的忠诚度。这样，有些好的想法就会夭折了。

与这一类人相对应的，另一些下属认为命令只意味着一件事：约束。他们不喜欢受时间的约束，喜欢随心所欲。他们喜欢从总体考虑目标而不拘泥于具体的步骤，因此，只要项目整体在框架之内，他们对于具体的期限并不关心。对于这一类下属来说，规规矩矩地行事让他们觉得非常受约束。

领导也面临着同样的困境。有些领导依靠规则生存。他们不会接受折中的想法，实现目标只有正确或错误两条路。他们设定了目标就会遵循相应规则，并且认为他们有责任让别人也遵循规则。对于他们来说，管理就是一条单行道：自上而下。人们要遵循相同的规则实现目标。但是我们知道，并不是所有的人都会遵循规则的，有些人不会遵循任何规则。

还有一类领导正好与之相反，他们想法活跃，下属永远都不知道下一步会发生什么。今天他们的目标可能是增加产量，明天他们的目标可能就成为建一条新的生产线。这样的变化可能会使其员工感到迷惑。

设定目标的挑战在于使组织内所有的人都能朝着相同的方向行进（最好是在同时，请参照第 11 章）。但是为了实现这个目标，我们应该先了解不同性格偏好的人是如何理解“目标”的。

外向偏好（E）和内向偏好（I）如何设定目标

如前所述，E 偏好和 I 偏好的区别在于他们能量的指向不同——E 偏好的能量指向外部，而 I 偏好的能量指向内部。对于 E 偏好来说，目标设定的过程和他们做别的事的过程是一样的——从头说到尾。目标设定是一种集体体验。大家互相分享，不断交流，在这个过程中，目标得到不断调整与完善。讨论结束后，每个人都接受、了解了目标。如果每个人都参与到目标设定的过程中——对于 E 偏好来说，这意味着每个人都说出他们的看法，他们就会投身于实现目标的工作中。

E 偏好的讨论过程中有一个假定——沉默就等于默认。换句话说，对于 E 偏好，只要你出现在决策现场，就意味着你会同意决定。这就把 I 偏好置于一种困境：他们需要一些时间（甚至可能要一个晚上）去思考，但是这样的话，E 偏好会认为他们已经同意了目标。可是，如果偏好 I 即刻表态的话，他们对自己的想法不十分确定，可能会随后改变主意，被人认为善变。

I 偏好所面临的这种困境使 E 偏好与他的距离更远了。为了使每个人都能参与，E 偏好不断表达各种观点。有些 E 偏好甚至站在各方的立场上表述，以使“每个人都能参与”。而对于 I 偏好来说，这确实是增加了他们的参与机会，但只是内心的参与。随着现场发言的增多、声音的提高，他们会更多地思考，并且会自问：“如果我真的说话，会有人听吗？”

对于E偏好来说，还有一个问题：他们需要先说出自己的想法，然后才能确认自己到底是怎么想的。也就是说，E偏好说出的很多话并不意味着他们的真实意思。如果他们知道别人用心倾听他们的想法并准备加以实施，那他们会很吃惊。

设想一下，有一个将军，一天早晨看着窗外说："如果我们把那个沟向后挪6英尺，会怎样？"让他惊奇的是，几小时后，他看到窗外士兵在挖土填坑。他问："他们在干吗？"完全忘记了先前他把自己的想法说了出来。（就好像许多E偏好，他们自己都不听自己说的话。）他手下的军官回答："长官，您说想把那个沟挪一下。"

I偏好像E偏好一样，也希望让大家都参与到目标设定的过程中，使大家对最后的目标有认同感。但是采取的方式不同。他们需要思考，内化吸收，对于他们来说最重要的是内在的体验。I偏好在设定目标时，通常会先起草一个书面的草案，让大家先行思考和准备，作为讨论的基础。对于他们来说，每个到场的人都应该有所准备，经过思考，而不是信口开河。会议结束并不代表目标设定过程的结束。他们需要时间对于会上讨论的结果再次反思，然后形成最后的方案。（对于E偏好来说，会议结束也不是目标设定过程的结束：他们见到别人还会反复地提出新的想法。）

双方分歧的焦点在于：I偏好希望"诉诸文字"，而E偏好需要"说出来"。I偏好需要思考和时间，而E偏好则需要不断地说——双方就好像一条线的两端，在争执过程中，目标变得模糊，而不重要的细节变成了争论的中心。会议的本意被扭曲，大家为细节而争执。

因此有效的目标设定过程应该是这样的：给E偏好表达的机会，给I偏好思考的机会。（我们会在本章后面谈到具体的方法。）

目标的必要性

有目标是一回事，实现目标是另外一回事。让我们来看看帕里斯·N·格伦德宁（Parris N. Glendening），马里兰州州长。据《华盛顿邮报》报道，在20多岁的时候，格伦德宁由于严重的胃出血而不得不遵照医嘱，严格安排他每日的活动，不可以过分劳累。所以从23岁开始，他就每天制定严格的日程表，对从事的每项活动严格权衡、分析，但是这些活动一定是围绕某个目标来进行的。

有人曾经说："如果你不知道去哪里，你怎么能知道怎样去呢？"他对《华盛顿邮报》说："你一定要知道自己想要得到的到底是什么，否则的话，你怎么能知道自己真正取得了什么呢？"

实感偏好（S）和直觉偏好（N）如何设定目标

S 偏好和 N 偏好是关于人们如何搜集信息的偏好——具体的、此时此地的方式（S 偏好）还是抽象的、着眼于未来的方式（N 偏好）。而这正是所有目标设定过程的起点。双方必须有共同的起始概念才能进一步交流。但是，如果在这个过程中，双方对概念的设想不同，就很难达成共识。

让我们看一个例子：实感偏好的萨丽和她的同事直觉偏好的内德在共同讨论一个市场推广活动的计划，其中包括确定参会人数。人数对于其他的相关活动都有影响。例如，需要准备多少椅子，多少咖啡、餐点、礼物，以及相关的费用。内德试图算出一个大概的数字，制定一个总体计划，其中包括多种可选方案。而对于萨丽来说，进行总体的设想是非常困难的。

N 偏好：萨丽，你觉得大概会有多少人到场？

S 偏好：让我算算。芝加哥小组 12 人，密尔沃基小组 6 人，圣路易斯小组 14 人，洛杉矶小组、菲尼克斯小组，还有我们自己这边的人数还不知道。每个地方都可能有 20～25 人。

N 偏好：那么，如果每个人都到的话，大概会有多少人？

S 偏好：我不知道。因为我还不知道其他几组会有多少人，可能还会有些高级主管，现在很难说。

N 偏好：那你能否给我一个大概的数字？

S 偏好：很难。

N 偏好：就是我们大概会有 100 人、200 人或 300 人？

S 偏好：我实在无法回答，现在回答这个问题确实为时过早。

内德已经有点恼怒了。他只想要个大概的数字，为什么萨丽就不能给他呢？拿不到需要的基本信息，他就没办法进行下一步行动。他对萨丽很是不满。

而萨丽对内德也是一样不满。她希望能够提供给内德准确的数字，以防止他被错误的数据误导。她觉得自己的详细分析没有得到应有的赏识。

在组织中，我们会经常碰到萨丽或内德，也时常会听到类似的对话。尽管现在看来这可能挺有意思的，但是对于涉及其中的人来说，这个过程是非常痛苦的，而且会导致工作效率的低下。但是，如果我们了解了 S 偏好和 N 偏好在目标设定过程中的差异，就会明白萨丽与内德之间的分歧了。

S 偏好希望目标是简单的、可实现的。“简单”意味着直接、明了，任何人都可以了解。他们是“KISS”（Keep It Simple, Stupid）方法的倡导者——保持简单，甚至有点愚蠢。在设定目标时也一样。“可实现的”意味着目标要有一定的挑战性，可以激起人们去实现的兴趣，但是又不能有太多挑战。看不到边际的目标——无论多么激动人心——对于 S 偏好来说都是荒唐、没有意义的。可实现的目标意味着 S 偏好可以脚踏实地从一个起点开始着手，然后在过程中不断受到激励，直到实现它。在人群中 S 偏好的比例为 70%，所以目标一定要具有以上特征，才能被人群中的大多数人接受。

对于 N 偏好来说，目标要激动人心，有挑战性，具有清晰的概念框架。目标应该宽广，把组织提升到一个更高的水平——生产力、成就、利润等。无论现在发生了什么，前面总是有机会，而目标的作用就在于打开通往这些机会的大门。对于 N 偏好来说，过于简单、明确的目标是没什么意义的，因为这些东西太显然了，而对于 N 偏好来说，显然的东西正是他们的软肋。在设定目标时，没有必要考虑显然的东西。设定目标就是为了超越当前。因此，即使目标看起来有点遥不可及，也最好去尝试一下，即使失败了，对整个组织也是有益的。N 偏好需要“做着不可能的梦”。

让我们回头再看看萨丽和内德。在上面的对话里，内德希望从萨丽那里得到一个参加人数的估计，对于内德来说，有这样一个大概的数字，他就可以考虑下一步的相应行动，例如，上调或下调服务和设施的数量等。很显然，最后一定会有一个具体人数的，这点对于内德来说是必然的，无须考虑。对于他来说，精确的具体数字根本没有必要。

而萨丽却一定要有精确的数字才能说话。此外，根据以往的经验，由于相应的咖啡、椅子的准备都需要费用，所以一定要有精确的数字来保证足够的供应，但又不至于造成浪费。

萨丽和内德双方本来都有良好的意图（想要搞清楚人数），但是在讨论的过程中却达不成共识。如果他们能够了解到双方的差异，他们就会对于陷入的困境有比较好地了解，并采取相应的措施。在这个过程中，对于 S 偏好来说，他们应该谨记：N 偏好提出的有些请求只需要一个大概的数字，不必一定要提供非常精确的数字。对于 N 偏好来说，他们则应该理解：S 偏好提供的细节信息是他们认为必要的信息，即使 N 偏好看来没有必要。

理性偏好（T）和感性偏好（F）如何设定目标

即使所有人都达成了一致的目标，T 偏好和 F 偏好——在决策中扮演重要角色的人——在很大程度上决定了人们对于实现目标的投入程度。它决定了有的人会说“我喜欢这个目标，我要努力去实现这个目标”，也有人会说“我不喜欢这个目标，我不会全心投入其中的”。所以非常重要的是，我们要了解，对于客观目标的客观投入（T 偏好）与对于主观价值的主观投入（F 偏好）间的差异。

在商业史上有一个案例向我们展示了当 T 偏好占据了主导而 F 偏好被忽视时的情况。1958 年，福特汽车公司希望推出一款令人激动的新车型。在准备阶段，T 偏好主导的设计工程师们设计了一款技术先进、设计创新，充满了时代艺术感的车型。工程师们认为他们的车是针对高端市场人群的一款卓越的新车。

但是没有人充分考虑该车的理性（F 偏好）影响。人们对于一款前端设计与目前流行的车型完全不同的新车会有什么感受？美国人是否会接受一款和其他福特车型非常不同的新车？公司没有充分考虑消费者的感受和感觉因素，他们认为车的优良客观性必然会成为其卖点。

结果，就像我们知道的，这款新车的销售很差。它对于汽车消费者不具有吸引力。人们就是不喜欢。人们宁可购买自己喜欢的车，而不是性能最卓越的车，对于这一点，工程师们无能为力。

如何才能保证人们的全情投入呢？其中重要的是，T 偏好和 F 偏好要达成共识。

对于 T 偏好来说，目标应该是缜密思考的结果。目标一定要体现了“最好”、“最先进”，并且应该最终实现一个良好的结果。他们需要知道目标之后的“什么”和“怎么”：要实现什么？有什么好处？和其他的因素如何协调，对其他因素会有什么影响？一个良好的、让 T 偏好投入的目标必须对这些问题有合理的解答。

对于F偏好来说，目标应该顾及每个人的想法——不仅是那些实现目标的人，还包括其他会受到目标影响的人。F偏好希望每个人都能得到最多，甚至最好。T偏好希望目标能够体现“最先进”的技术，而F偏好则希望，目标能够反映组织或人的想法与精神，一个有效的目标一定要体现一种集体的精神。对于F，重要的问题不是“什么”、“怎么”而是“谁”：谁将受到这个目标的影响，这个目标会影响到生活质量吗？受此影响，人们的生活会更好或者会有什么不同，人类——办公室员工也好，整个世界也好，会不会因此发展到一个新的水平？

除去他们在设定目标方面的差异，T偏好和F偏好实现目标的方法也是很不同的。T偏好即使不是非常同意一个目标，他也会非常投入其中。“我只是和你一起工作，没必要一定喜欢你”。而F偏好则很难接受这种情况。对于他们来说，目标的核心重点就是实现人们之间的和谐，使整个组织成为一个团队。显然，双方都必须采取一些折中：T偏好应该了解，对于F偏好来说，和谐是多么的重要。而F偏好也应该了解，即使人们不都是发自肺腑地喜欢目标，目标也可以实现。尽管有差异，我们还是会有好的结果。

趋定偏好（J）和顺变偏好（P）如何设定目标

除去我们在前面所讲述的，J偏好和P偏好在目标设定方面的差异是最大、最明显的。首先，J偏好和P偏好是我们表现出来的主要特征。如果你是一个J偏好，你的生活方式就是井井有条的，你说话是非常直接、权威的。如果你是一个P偏好，你的生活方式就是灵活随意的，你说话常常是探询式的，在征求别人的意见。由于目标设定实际上是一个决策的过程，所以对于J偏好来说，正中下怀，他们喜欢每一天都把大大小小的目标安排得井井有条。

另外，双方差异很大的一点体现在：P偏好的人愿意根据最新的情况变化而调整目标。对于P偏好来说，这是很正常的，也是令人高兴的一件事——既然情况发生变化了，为什么还要固守陈规呢？遗憾的是，对于J偏好的人来说，这意味着一种失败：没有实现预先的计划。他们会宁可坚持完成一个错误的目标也不能什么也不完成。就算在错误的道路上实现了目标他们也会有成就感。

任何事情都可以成为一个目标。今天的目标可以是筹划周六的公司野餐。

如果到周五，公司有一半的员工因为工作的原因不能去了，而且周六还下大雨，J 偏好仍然希望能够按照计划执行，因为这是公司团队活动的一部分，而且“我们应该投入其中”。对于 P 偏好来说，如果环境变化了，尽管让人失望，也应该相应调整目标。新的因素——人员的缺席、恶劣的天气，足以让他们重新考虑目标，做出取消野餐的决定。对于 P 偏好来说，这和大家是否投入团队建设没有必然联系——这只是人之常情。而 J 偏好会认为这只是 P 偏好不能投入的另外一种表现。

对于 J 偏好来说，他们不需要正规的流程来设定目标。对于他们来说这是很自然的事情。每天醒来就自然有一系列当天要完成的工作单子，到晚上的时候，要把这些事情做完。在团体设定目标时，J 偏好需要把目标做非常明确的界定，参与其中的同事都同意。一旦达成一致，目标设定的过程就结束了，直到下一阶段需要重新评估的时候再讨论。在此之前，目标就是板上钉钉的事，需要全身心投入和努力。

对于 P 偏好来说，目标设定是一个不断展开、不断达成一致的过程。新的目标不断出现。尽管大多数 P 偏好都同意目标是成功的必要条件，但是对于他们来说，目标只是提供了一个指导和方向，需要不断地随着条件变化而重新评估和调整。有趣的是，P 偏好 和 J 偏好的成功率没有很大差异。他们同样可以达到某个高度，只是用的方法不同。

怎样防止 P 偏好的拖延

- 事先把计划交给他们，让他们有时间可以独自思考。“我的计划大概是这样的，你能否今天晚上看一下，明天和我说说你的意见呢？”
- 技巧性地结束对话，对他们提供的意见和想法表示感谢。“非常感谢你的意见。我会考虑这些意见的，我自己恐怕很难想到。”
- 目标一旦设定好就应该非常明确，设定截止日期，以及你对他们行动的要求日期。“我会在 5 月 10 日通知顾客，所以我们一定要在此之前结束我们的计划，否则将影响公司的声誉。”
- 用问题引导他们进行有序的思考。“这个方案不成功的因素有很多，可能是方案本身，也可能是人的因素，又或者是市场原因，还可能是时间问题，你认为呢？”

- 建立经常性的反馈机制，帮助他们理清他们的思路。“我们每周一次，聊一下项目的进展。”

怎样防止 J 偏好过快下结论

- 事先给他们一些新的信息，让他们有时间可以独立思考。“我把我的想法写在旁边了，你能否今天晚上看一下，明天和我说说你的意见呢？”
- 认可他们的贡献，推动进一步的对话。“你的想法非常令人激动。”
- 如果你只是在提出一些想法而不是结论的话，要清楚地对他们表明。如果你只是希望他们提出一些想法而不是结论，也要明确对他们表达。
- 询问关于他们的思考过程。“能不能从头开始和我说一下，你是怎么得到这个结论的？”
- 让他们搜集资料，重新审视自己的思考过程。“我们应该怎么组织这些资料呢？下一次什么时间开会？应该准备些什么？”

结语

物极必反——你的强项发展到极端可能成为你发展的制约。目标设定的过程也是这样的。我们可以看到许多机构和行业中人员类型的相似性。例如，60%的经理人都是 TJ 偏好——客观、责任心强、决断、坚持底线。在公司的环境里，80%的人是 NT 偏好或 SJ 偏好。在行政职位的人更多是 SJ 偏好，而在研究机构或企业管理职位的更多是 NT 偏好而不是 SJ 偏好。

关键是在目标设定的过程中，我们可能会局限于自己的偏好而忽视了我们的非偏好角度，导致设定的目标只反映了一种思路，对于团体里有相反偏好的人来说没有吸引力，导致他们无法投入，或者效率低下。如果不能吸引不同性格的人，那么最好的目标也无法实现。

根据经验，最成功的组织往往能够看到其在类型层面上的盲点，在设定目标的过程中让各种类型的人都参与进来。所以，如果你的群体里有太多 S 偏好，在制定目标时关键要吸收 N 偏好的想法，以增强目标的长远性。而太多 J 偏好在设定目标时最好能吸收 P 偏好的意见，使目标可以适应可能发生的变化。如此等等。

总之，吸收了各种类型人意见的目标更容易成功。

目标设定

如果你是一个……

领导一个……	外向偏好（E）	内向偏好（I）
外向偏好（E）	• 尽量倾听，不要打断。 • 在自我表达之前，重复他们的观点。 • 有意地沉默一下。	• 容忍一些多余的话。 • 不要只以第一印象判断别人。 • 帮助他们理清思路。
	外向偏好（E）	**内向偏好（I）**
内向偏好（I）	• 想办法达成共识。 • 不时地容忍一些沉默。 • 只代表自己说话，给他人表达的机会。	• 鼓励自己多说话。 • 不要想当然地认为沉默就代表默认。 • 练习多说话。
	实感偏好（S）	**直觉偏好（N）**
实感偏好（S）	• 产生一些想法，然后等待 24 小时，重新审视一下。 • 考虑现实——但不作为第一步。 • 不断地吸取经验。	• 强调事实，尽量具体。 • 要耐心，花时间考虑现实。 • 注意你对琐碎而又费时的细节检查所持有的不耐心及不屑一顾的倾向。
	实感偏好（S）	**直觉偏好（N）**
直觉偏好（N）	• 理解每个人设立目标的流程，取人之长。 • 强调策略的具体性。 • 在否认一个目标的现实性之前等待 24 小时，看看是不是真的没可能。	• 尽量花时间考虑计划的具体方面，如时间、费用等。 • 不要花很多时间在概念上，要强调行动。 • 如果已经设立了目标，要等待 24 小时再去看看有没有必要改善。

如果你是一个……

	理性偏好（T）	感性偏好（F）
理性偏好（T）	• 不断提醒自己考虑理性和感性两方面。 • 不时询问这个目标大家是否都认同。 • 花点时间考虑一下目标之外的因素。	• 提醒他人考虑人性因素是非常重要的。 • 提醒大家目标最终是要人来实现的。 • 记住：如果只是让大家很高兴，却没有目标，最终将一事无成。
	理性偏好（T）	**感性偏好（F）**
感性偏好（F）	• 尽量先相互理解大家的差异。 • 认同人在实现目标过程中的重要性。 • 提醒自己：目标很重要，但只有目标并不能代表一切。	• 不断提醒自己：有效的目标需要理性和感性两方面的考虑。 • 尽量用客观、理性的标准考察目标。 • 花一点时间考虑“目标的核心到底是什么”。
	趋定偏好（J）	**顺变偏好（P）**
趋定偏好（J）	• 小心，不要过快地跳到目标。 • 考虑目标的可行性和灵活性。 • 提醒自己设立目标不是一个比速度的过程。	• 要提供指导性的建议，即使没有得到认可。 • 尽量避免大家很快得出结论。 • 提醒大家：设立目标的过程和目标本身一样重要。
	趋定偏好（J）	**顺变偏好（P）**
顺变偏好（P）	• 了解别人可能更注重过程而非结果。 • 如果大家开始不着边际，要提醒他们。 • 即使其他人认为目标比较无聊，也要表现自己的热情。	• 提醒自己，一定要有目标。 • 可以调整你的目标，但是至少给自己24小时来决定。 • 推动自己一定要完成某件事。

（李昕译）

第 11 章

时间管理

“我们没有时间把事情做对，我们只有时间把事情做完。”

说到如何管理时间，那绝对是趋定偏好（J）人的天下。从入学时开始，那些准时交作业，及时完成任务的学生备受宠爱；而那些延误时间的学生，不管他们完成作业的质量如何，往往饱受批评。奖励常常是给予那些准时完成任务的人而非做对事情的人。

这一规律在学术界和职场上同样适用。在中学里，那些顶尖的学生大都属于趋定偏好的，而后进生则总是属于顺变偏好（P）的。后者经常会被这样评价：“他是个聪明的学生但未尽其所能。”课堂的纪律、作业的按时完成赋予了趋定偏好的学生得天独厚的优势，而顺变偏好的学生则更容易在自主安排、相对宽松的学习氛围里脱颖而出。因此，独立学习是顺变偏好的学生的梦想。

现实社会中，航空公司以提供特殊折扣的方式回报那些善于管理时间、提前购票的乘客。银行为那些长期存款的储户提供激励政策。无论是哪种形式的激励，在如今争分夺秒的世界里，你把时间管理得越好，你所得到的回报就越丰厚。即使你是个平庸的人，只要你学会准时完成工作，就有机会发展得更好。

简单地说，这其实是一个趋定偏好的人的小小计谋。时间管理的最主要的问题皆源于趋定偏好与顺变偏好的差异。

这种计谋反映在现实生活中。无论你把钟砸碎或无视时间的存在闲散度日，你最终都将成为时间的奴隶。这一计谋是如此的影响深远以至于在一些心理学理论中，时间被视为权威的象征。那些总是迟到者会被认为是对权威的极度藐视。拖沓会被认为是对制度嗤之以鼻的公然对抗。

然而，趋定偏好的人对于时间和计划的严格把握也可能会付出昂贵的代价。一个顽固的趋定偏好的人会高喊这样的口号："我们没有时间把事情做对。我们只有时间把事情做完。"我们经常身处这样的公司——他们情愿准时提交一份做了一半又没有多大作用的项目计划书，而不愿以延时为代价多花一点时间把事情一次性做好。多少次你对你自己说过，"再多一点时间我就能把事情做得对"，或者"如果我事先知道有这么多工作的话，我会安排更多的时间在这个工作上"。这种做法事实上并没有考虑到由于返工或弥补先前匆忙中遗留的缺陷会带来的经济代价。

理解人们如何在工作中管理时间的问题，趋定及顺变的偏好差异只是其中的一部分影响因素。另外三个维度上的偏好差异同样也会产生影响。要记住的是差异并没有好坏之分。当出现问题的时候，我们更注重的是方法而不是结果。但是也要看到，差异会导致很多矛盾，有时甚至是惹人心烦、代价昂贵的。

接着，我们来看看各种类型偏好是如何对待时间，并最终管理时间的。

什么是时间？

外向偏好（E）：时间是可以被征服并利用的。

内向偏好（I）：时间是一种存在；一种概念。

实感偏好（S）：时间就是现在；除了现在没有其他时间。

直觉偏好（N）：时间是一种可能性；我们总有多做一件事情的时间。

理性偏好（T）：时间是一个研究对象，一种资源。

感性偏好（F）：时间是人与人之间的一种关联。

趋定偏好（J）：时间是可以被计划和控制的。

顺变偏好（P）：时间是可以被适应并允许增加的。

外向偏好（E）和内向偏好（I）如何管理时间

一天总共 24 小时，而工作的时间则更少，因此那些会有效安排时间的人自然收获就多。此时，I 偏好更具优势，因为想一件事情通常比说一件事情节约时间。当要求将信息处理以形成思想和意见的时候，安静的思考是一个有效的途径：你可以在任何时间、任何地点做到这一点，只要你不被外界世界所打扰。E 偏好在形成思想和意见的时候需要与外界接触和相互影响，但往往会因为反复陈述一件事实而浪费很多宝贵的时间。E 偏好不但占用他们自己的时间，还要在交流中获悉他人的反应以致占用其他人的时间，即使这种反应可能只是口头的，或仅仅只是点头微笑而已。不管什么方式，E 偏好需要你的倾听。

在与别人交流思想和意见的时候，E 偏好和 I 偏好的差异同样存在。E 偏好不需要花额外的时间去交流这些事情，因为从形成初始概念直到最终得出结论，他都在不断地与人交流。而 I 偏好虽然高效，但明显缺乏交流。你得到的可能只是冰山一角——别人无法理解你的结论是从何而来的，很多重要的线索都在沉思之后被遗忘。

因此，为了有效地利用时间，E 偏好和 I 偏好都应该在看到自身偏好的同时认识对方的偏好，以便相互促进。例如，I 偏好应该认识到，他们早晚——最好是早点——都要停止思考并开口讲话。不仅如此，当与 E 偏好确定工作进度时，你要为他们的外向预留时间。

E 偏好刚好相反，他们应该认识到，早晚——最好是早点——都要停止说话并开始思考。不仅如此，在与 I 偏好确定工作进度时，你要为他们预留反应和思考的时间。在一个一小时左右的讨论会中安排一次五分钟的短暂休息，一个解决方案也许就会应运而生。I 偏好需要的只是一段调整思路的时间，这会令他们在休息后的半小时里效率大大提高。

实感偏好（S）和直觉偏好（N）如何管理时间

许多问题的产生源于对时间概念的不同理解。对于 S 偏好来说，一分钟就是六十秒，一秒不多也一秒不少。而对于 N 偏好，一分钟取决于你怎么看待它——它比几秒要多，但远比一小时少。总之，对 N 偏好来说，时间是相对的。这两类人在理解对方时都存在困难。S 偏好无法理解的是对方竟然可以忽视事实，而 N 偏好则不能搞懂对方为什么死盯着事实不放。这里有个老生常谈的话题，S 偏好会说：“我想你当时是说一分钟后在那里等吧。”N 偏好回应道：“我没想到你会这样直白地理解我的意思。”

以上是一个相对简单的问题，因此其解决方法也相对简单。当这样的两个人需要相互确定时间时，两者都应该为对方做出让步。只要有可能，S 偏好应该在确定时间节点时为 N 偏好留有一定的余地。“一小时的会议”也许就意味着四十五分钟到九十分钟的任意一个长度；“一小时”只是个大概的数字而已。与此同时，N 偏好要时刻谨记，S 偏好对时间的定义是精确的。

事实是只有将这两种时间概念相结合才能效率最大化，最精确地描绘出时间的原形从而不致让我们掉入时间的陷阱。虽然精确计时是 N 偏好心中永远的痛，但有时候他们还是要学会变得精确。同时，不可否认的是，有时候时间还应该是一个粗略的概念，随着情况的变化增加或减少。

理性偏好（T）和感性偏好（F）如何管理时间

与实际生活中的情况相一致，F 偏好将时间定位于人，而 T 偏好则定位于事。F 偏好在确定一天工作时间时首先明确这一天中哪些人他必须要见。因此，当他遇到一件棘手的事情，比如说要去拜访一位曾和他有不快的顾客或接见一个要投诉他的员工时，他往往会将这件事安排在这一天的最后一刻去完成，或者干脆磨蹭到第二天才去做。

与之相反，T 偏好对待时间时会以事件或事情对全天工作的重要性来确定其先后顺序。虽说 T 偏好在面临棘手问题时不见得比 F 偏好更乐意去做那些事，但他们会把最棘手的事情高高列于第一位去完成。因为他们知道在扫除了这个困难以后，一天的工作会顷刻变得自在和充满成效，以至于在完成剩下的任务时胸有成竹。

然而，这并不表明 F 偏好就注定拖拖拉拉而 T 偏好就永远使命必达。F 倾向于花时间去聆听员工的疾苦，为员工排忧解难，或者做其他人际关系方面的工作。而 T 偏好往往在面对夸奖员工或其他激励员工斗志的工作时显得束手无策。如果整个部门约好每周四晚上打保龄球的话，那么可以相信 T 偏好多数情况下只是碍于他人情面而勉强出席。当然，这还要取决于此人是 ET 偏好还是 IT 偏好。但不管如何，其本质都是一样的：T 偏好总是偏向于那些在工作时间内的、与人交流最少的工作。

不过我们要记住，T 偏好和 F 偏好是相互依存的。T 偏好需要 F 偏好去提醒他们过程与结果其实同样重要。换句话说，如果工作了一天你发现自己一直是孤军奋战时，你的工作效率多半不怎么样。同时，F 偏好需要 T 偏好把他们从没完没了的人情世故中拉回来。一天的工作不仅仅是简单地和人相处然后让每个人都喜欢你，要知道你必须完成点什么事情才行。

趋定偏好（J）和顺变偏好（P）如何管理时间

正如我们先前所说的那样，J 偏好和 P 偏好的比较是研究时间管理问题时最核心、最典型的案例。因为 J 偏好需要控制他们周围的环境，他们自然而然地倾向于控制他们以及别人的时间。而 P 偏好是去了解他们身处的环境，时间只是帮助他们感受的工具而已；他们只需要自己意识到时间的存在即可，并不需要施于他人。对于 P 偏好来说，所有关于时间管理的观念会在他们渴求随机应变时化作一缕青烟飞到九霄云外。

对于 J 偏好来说，制定了时间表后，他很清楚剩下了多少空余时间。

对于 P 偏好而言，所有的时间都是空余的，除了时间表里的以外。

这两种偏好的人需要互补，使时间管理更有效、更多产。J 偏好需要 P 偏好使他们变得不那么僵硬和死板。很显然，一旦走错了方向，J 偏好会为他们的顽固不化而付出沉重代价。在紧急情况下，P 偏好能帮助 J 偏好学会开放思维，以获得创造性的解决方案，并让他们知道准时并非衡量一件工作的唯一标准。

对于 P 偏好来说，需要 J 偏好教会他们在一定的时间范围内把一件事情做完，同时学会抑制住自己想去完善那些已被视为完成了的工作的冲动。因为如果任由 P 偏好自己选择的话，他们会把大量时间花在完善一个方案上，即使确实有所改进，但其所花的时间与产出不成正比。所以 J 偏好可以指点 P 偏好，让其知道制定一个时间表并按时间表行事并非一件令人窒息的事情。

性格气质与时间管理

优势	劣势
实感-趋定偏好（SJ）	
善于时间管理	严格按照计划行事，不会变通
脚踏实地	责任感过强
最现实	不会放松
完成任务能力强	讨厌等待别人

优势	劣势
实感-顺变偏好（SP）	
及时满足需求	精力分散
灵活多变，柔性强	经常改变
处理紧急事情的能力强	时效性差
适应计划的变化	容易被现实击倒
直觉—感性偏好（NF）	
对人及时间很敏感	很难说“不”
可以留给别人充足的时间	不留时间给别人时会有负罪感
依据他人需求安排时间	忽视自身对时间的需求
时间的意义在于寻找人生的目的	在寻找自我价值时浪费时间
直觉—理性偏好（NT）	
时间是概念化的、非个体的	思考就足够了，不用付之实践
时间是一个庞大系统的一部分	时间只存在于脑海中
时间是完成任务的工具	人们的需求会被忽视

看，我叫你当初这么做没错吧！

尽管每个人有自己不同的偏好，但每个人都愉快地在自己的偏好下生活。J 偏好每天做计划，他们会因为所有的事情都按计划进行而欣慰。P 偏好每天走到哪儿算哪儿，随遇而安，他们也同样会因为不断有出乎意料的事发生而享受着生活的乐趣。

感恩节的前几天，我们俩因为如何安排过节发生了争执。我们收到了两个关于感恩节的聚会邀请函，趋定偏好的我主张择其一参加，并回绝另一个。但顺变偏好的珍妮特还拿不定主意干什么，因此恳求我不要马上做决定，拖些时候再说。随着节日的临近，两个人的争执也逐渐白炽化。

就在感恩节前夕，我们接到了电话，得知珍妮特的父亲病重。我们需要放下所有事情，立即赶往密歇根州。因为什么事情都还未计划，我们很快地就出发了。几小时后，我们就已经在去密歇根州的路上了。

途中，珍妮特说：“看，我们还好没有做决定接受哪个邀请，否则，我们还得打电话通知他们变更计划，那事情会变得多麻烦呀。”

我回答：“其实事情没那么复杂。碰到了处理就行了。”

一个新教训

虽然延误总是一件痛苦的事情，但有时候它并非时间管理中最核心的问题。有些人的问题在于他们同时开展太多工作，千头万绪，有时会落得竹篮打水一场空，而偏偏又将最重要的事情忽视了。看看艾伦吧，一个学校的老师，在学校里她整天忙着照顾别人的需求而把自己的需求统统抛于脑后。别人的事总是列在第一位。其他的事情，从吃午饭到备课，都位居其次。（事实上“备课”对于艾伦来说本身就很矛盾，在她看来，学习应该是自发的，无须计划的。）她这样做的结果是：自己身体总是不怎么好，同时老是因为不能及时有序地上交书面材料，包括备课计划、评价、考试成绩等而遭受教务处的斥责。

不过有趣的是，她的学生都非常爱戴她，而这种爱戴让她更有理由这样继续下去。正因为她是如此的直觉化，她冲动地追求着无数种的可能性。艾伦会突然停止一次讨论去帮助一个正在求助的孩子，废寝忘食地去授课，或者聆听学生的家庭问题直至深夜。这么做的后果就是她几乎完全忽视了自己的私人生活。

等她来见我们的时候，艾伦成了一个极其自卑、自认一事无成的人。她的雇主，也就是校方强化了她的这种负面形象，同时她的家庭成员倍感失落和被忽视。当与她在一起时，我们很明显地感觉到她需要更多的私人空间，比如创造机会让她看看书、做做作业，或仅仅是让她回到她的私人生活中去。虽然速度很慢，但我们还是试图逐渐将她拉回到这些事情当中去。（考虑到她的处境，我们挑的这些事都是她相对喜欢做的。她倾向于一口气把这些事情都做完，但很显然这只会导致什么事情都没做完，而且更加剧了她的压力。）最后，我们只从一件事情开始，仅仅一件，为的是让她有一种在规定时间内做完一件事情的成就感。我们决定让她在第一周内读完一本书，而在接下来的两周内完成一次备课计划。

当艾伦开始完成一些事情的时候，她意识到她确实需要学会控制自己的灵感和冲动，要一件事情做完再做另一件事情。

当她开始发现完成一件事情的成就感后，她逐步改变并越来越向好的方向发展。但她内心深处还是有一种处理“紧急事件”的渴求，幸好她同时开始意识到“紧急事件”是会一件接着一件出来的。事实上，艾伦认识到当满足了她自身的需求以后，她才能更好地满足他人的需求。我们无意于将她从 P 转变成 J。我们只是想去慢慢地灌输她这样一个事实，那就是在她的生活中还是需要留给自己一些私人空间。

计划自发性

另一个案例是关于亚瑟的。他对时间的绝对控制不仅惹恼了周围的人，甚至把他自己都逼疯了。任何一件未经计划的事情都会让他的自责与愤怒向洪水一样爆发出来。亚瑟的格言就是拒绝惊喜。如果有人打乱了他安排得妥妥帖帖的一天，那么他就会对你大发雷霆。每个计划都有一个备用计划，有的甚至有几个备用计划。人们对他这些举动的嘲笑只会让他更坚定地这样做下去，他要证明那些嘲讽者的愚蠢。这样一来事情就越来越复杂了，因为参照任何管理标准来说，亚瑟无疑是个成功先生，他被看作一个领袖，并被提升到公司的更高级别承担责任。

当我们初次见到亚瑟的时候，我们尝试着以幽默的方式给他讲道理：“这一切 10 年以后还真的重要吗？”显然他没有被我们逗笑，我们得出的结论是，亚瑟需要通过一个更有计划性的途径来放松自我。像他这样一个极度严格的人，只有在发生诸如心脏病、可怕的意外、离婚或其他生理上或心理上的打击时才能使他认识到他的这种强制性的行为是多么具有毁灭性。

幸运的是，亚瑟通过性格测试知道了他的这种行为到了何种严重的程度。我们要求他去安排一些安静的开放式的活动，比如说赏菊听音乐或其他一些休闲的事情，这使他有时间去放松一会儿，但考虑到他的实际情况，即使这样的放松行为也是通过计划来实行的，就像我们对待艾伦时一样，我们采取了循序渐进的方式，从深呼吸到开放式的消遣活动再到感觉的放任，亚瑟变得不再那么顽固不化。

同样，我们没有想过要把亚瑟从 J 偏好变成 P 偏好，我们也做不到这一点。他永远不可能像艾伦一样冲动，我们只是想让他变得随性一些，但这最好是通过有计划的途径来实现。

困难的使命

“困难的任务我们马上就干，而那些几乎没可能完成的任务，只能拖一下再说。”

——P 管理模型

拖延时间的问题

任何一种类型的人都无法避免拖延时间，这是人类的自然本性。事实就是每种类型的人都有各自拖延时间的习惯。例如，E 偏好在遇到沉思的事情时容易拖延时间，并不是说他们对此感到反感，只是他们更喜欢做些别的事情（如将那些需要静静坐下来思考的事情拿出来跟别人一起探讨）；而 I 偏好则会在打电话、参加社交活动时拖延时间，在他们看来这些活动是多余的（他们情愿把这些时间花在思考上）。

其他六种类型的人同样有拖延时间不愿做的事情：

- S 偏好不愿去展望未来而拖延时间；他们情愿去缴纳账单，输入一些即时数据或者其他一些实实在在的活动。
- N 偏好不愿处理当前的问题而拖延时间；他们情愿去想象一个完工后的工程是什么样子的，猜想明天会发生些什么事或想着创造一个能提高生产力的新系统。
- T 偏好不愿去处理工作中人际关系方面的事情而拖延时间，如化解人与人之间的紧张关系或解决员工的个人问题时；他们情愿端坐在电脑前，对于一份新的市场计划书进行深入的讨论，或者做一些其他的分析工作。
- F 偏好不愿直接面对办公室里的负面事件而拖延时间，如批评某人的工作或通知坏消息时；他们情愿花时间在团队精神建设上，让每个人知道他们能从工作中得到些什么，或其他一些能提高工作效率的事情。
- J 偏好不愿放松或做其他任何分散其工作精力的事情而拖延时间；他们情愿按计划行事，一丝不苟，或者参与一些能帮助他们更快完成任务的活动。
- P 偏好讨厌一切按部就班而拖延时间；他们情愿有多种选择的机会，找到多种解决问题的方法和任何一个创新的方式。

我们必须认识到除了懒惰以外还有很多事情会导致延误。将不得不做的事情推后也是一种拖延的方式。认识到这点会让我们对那些因为兴奋于某事而推迟了别的事情的人多一份理解。

适应还是控制

当与时间相关的问题浮出水面时，你需要知道自己是控制时间还是适应时间？单单这么一个意识就能决定在面临压力时你会被压倒还是会化压力为动力。例如，当你马上就要错过一个重要会议或者至少你会迟到很长时间的时候，你正深陷于交通堵塞、被困在机场或处理一件家庭突发事件时，如果你是一个J偏好，在面临会议迟到时会令你丧失处理事情的能力。J偏好并不善于另辟蹊径，他们往往会对周围的人大发雷霆、失去理智，让事情变得更糟。简单地说，J偏好对于“计划外的情况”掌控不佳。

如果你知道自己是怎么样的人，当紧急事情发生时你会更容易调节自我，你能找到其他的方式，发现另一个出口或重新安排会议时间。可能你所能做的最有用的一件事情就是干脆不去参加会议并告诉自己去不去参加这个会议在一个月以后看来根本没什么区别。

让我们从P偏好的角度重放会议迟到这一片段，当知道自己已不能及时参加会议时你会有很多反应方式。最极端的情形你会说：“感谢上帝，我根本就没准备好参加这个会议，我就待在这儿利用这段空出来的时间看看HBO的电视剧。”事实上你甚至不会让人知道你的新计划，这很清楚地表明了P偏好的随机应变。虽然，这并不是一个非常具有建设性意义的方式。但是，当你得知自己随机应变的本性时你在处理紧急事情时会更加游刃有余。例如，一个简短的电话就可以决定会议要不要召开或被改期。

我们讲讲另外一个关于农民的故事，这个农民显然是一个P偏好。一天他计划去油漆篱笆，于是他去仓库取油漆，就在路上他发现割草机上的刀片需要打磨。他把刀片拆了下来并放在了磨床上，此时他又意识到他的打磨工具箱需要清理，当他刚从工具箱里拿出一个工具时突然发现他在五金商店里订的一套接口还没到货。他打电话给五金商店，获悉东西已经在商店了，于是他赶往城里取货。在城里他又碰到了一个老朋友，然后他们决定去喝杯咖啡，然后……很快到了吃晚饭和睡觉的时间，篱笆、割草机刀片、工具箱每一件事情都有始无终。这是一个典型的 P 偏好的做事的困局。

因此，如果 P 偏好能够更好地控制时间而对新情况少一些适应，J 偏好对于变化的情况多一些适应而少一些对周围事情的控制的话，这两种人都能够更有效地利用时间。

时间空格

这里有一个能使 J 偏好变得灵活一些的便捷方法。J 偏好经常为事情安排一个紧凑的时间表，其中包括自由活动，而时间表里很少有空格。比如，他们会计划一个午睡，然后是休闲阅读，接着再是其他什么活动。J 偏好会深深地沉浸在他们所谈的东西里，但时间一到，他们就能把书放下。

在两个活动的间隙安排一个时间空格，这就让 J 偏好可以灵活掌握，以安排一些需要的活动。这样的时间空格不但使人耳目一新，同时又是灵活性增强的重要标志。从长远的角度来看，人们可以减少紧张和压力，因为是人在控制时间表，而不是相反。

关于时间的三个要点

从上面的叙述中，你可以看到通过性格测试的方式来管理时间，会使问题变得相对简单，因为正如我们先前所说的那样，问题的关键在于处理好 J 偏好与 P 偏好之间的差异，当然其他的类型偏好同样扮演着很重要的角色。例如，S 偏好对于时间的理解与 N 偏好的相对时间概念还是有相当区别的。而最终所有关于进度、期限、生产力等问题都集中在一个人是 J 偏好还是 P 偏好上。

以下是需要记住的三个要点：

- 人们在做他们不喜欢的事情时容易拖延时间，当一个人不断地推迟一件他必须完成的工作时，我们就可以知道他需要额外的帮助和支持。
- 每个人都有控制时间或适应时间的需要，很多时间管理的问题都可以通过让控制型的多点适应性或让适应型的多点控制性的方法来解决。
- 不要去试图改变别人，适应型的人永远不会变成控制型的人，反之亦然。然而，他们是可以相互适应的。当他们这样做的时候，请支持他们；当他们固执己见时，请尊重他们的区别。

类型偏好和时间管理	
外向偏好（E） • 需要外部的推力，也容易被外界打扰。 • 需要他人的合作。 • 会占用他人的时间。 • 会在思考和做出反应上拖拉，耽搁时间。	内向偏好（I） • 做事时会完全沉浸于自己的思路，而忘记外界规定的时限。 • 更愿意独自工作。 • 容易被别人的安排牵着鼻子走。 • 在社交活动方面被动，易耽搁时间。
实感偏好（S） • 总是关注当前和现在的状况。 • “时间”即“当前”。 • 总认为自己不是做得太多了，就是做得太少了。 • 在想象和对未来幻想方面缺乏主动，易耽搁时间。	直觉偏好（N） • 总是关注以后和未来的状况。 • 把时间看成无期限的。 • 总认为自己还能做得更多。 • 真正要求立足于当前状况思考时就会很不情愿，易耽搁时间。
理性偏好（T） • 客观地看待时间。 • 陈述事情时总是按照应该的、必要的逻辑来组织措辞并总结。 • 讲话比较简明扼要（特别是 TT）。 • 不愿意在人际交往上花工夫，会耽搁时间。	感性偏好（F） • 认为时间总是相对的。 • 陈述事情时会依据对方需求来组织措辞。 • 讲话有点啰嗦，容易跑题（特别是 EF）。 • 不愿意卷入冲突，在处理冲突时拖拖拉拉，易耽搁时间。
趋定偏好（J） • 总是将要做的事情列表，往往会忽略列表之外的事。 • 不想没有计划就做事，认为最后一秒还在冲刺是完不成任务的。 • 希望他们自己（或者至少有人）是在控制之内的。 • 管理时间。 • 阅读关于时间管理的书籍，并按书中建议去行动。 • 工作第一，娱乐第二。 • 不太情愿花时间在休闲和娱乐上，易耽搁时间。	顺变偏好（P） • 做事前会列出一些选择，然后剔除那些“强人所难”的做法，喜欢顺其自然的做法。 • 总是在最后一刻开始冲刺，并相信任务总会完成。 • 不赞成去控制事情。 • 适应时间。 • 购买关于时间管理的书籍，然后思考书中的建议应如何运用。 • 寓娱乐于工作。 • 不愿意完成艰苦的任务，会显得拖拖拉拉。

（贾璐译）

第 12 章

聘用和解雇

"我们怎么才能彼此信任，不会把对方的工作搞砸呢？"

在选择能胜任某项工作的恰当人选时，我们通常会从各个方面去考虑。我们说，将性格类型不同的人聚合在一起，就像给生活加点调味料，但通常我们更喜欢和性格类型相同的人在一起。因为在工作、娱乐时，甚至在教堂里，相同偏好的人在一起，总能比较和谐轻松。

事实上，无论是由各个部门分别招聘，还是集中由人力资源部门统一招聘，大多数被录用的人员都与负责招聘的经理有相似之处。而高层领导对目标决策（理性）和结构、日程和顺序（趋定）一般又都有相同的偏好。在一个由利润和生产力驱动的企业里，TJ 偏好是很有优势的。而其他类型的员工，则无论能力与工作如何，迟早都会离开这样的企业。

看看下面的情况：

- Otto Kroeger 公司和日本雇佣中心以及美国北卡罗来纳州创新领导中心统计的数据表明，全世界有 60%的经理都是 TJ 偏好。
- 数据还显示，公司上层中有 80%的人员是 NT 偏好和 SJ 偏好。但在一般员工中，NT 偏好和 SJ 偏好只占 50%。在一个组织中，越是高层，这样的百分比就会越高。我们曾在某些公司看到 NT 偏好和 SJ 偏好占高层人员的 90%以上。

尽管如此，上面这两种情况也并不能说明其他类型（如 NF 偏好）在管理层中作用不大。事实上，在大公司和政府部门的管理岗位上，你可以看到所有 16 种性格类型。但大多数人与上面提到的统计数字还是相吻合的。但我们认为，为了提高成效，会有越来越多的公司需要将 F 偏好和 P 偏好提升到高层领导岗位上去。

目前这种相同性格类型组合的情况有利有弊。利是，当“人以群分”时，往往工作效率较高。弊是，当相同性格类型的人意见有分歧时，很难弄清楚分歧的原因，常常导致无端指责。这是因为当你生气时你个人的情绪会有所流露，你也很难控制别人的情绪。在这两种情况下，你都无法弄明白你的怒气究竟因何而起，你也就更加困惑。

比如一个办公室里，多数人都是SJ偏好，他们对待事物的观点往往是“黑白分明”——事情要么是对的，要么是错的。当两个SJ偏好存在意见分歧，一个认为是黑的，另一个认为是白的时，除了论资排辈、越吵声音越大、越来越固执以外，很难找到事情的转机。有时候，连分歧的缘由都变得不重要了——双方到底是在为具体的分歧而争执，还是为彼此在对方身上看到了自己而有所反应呢？这往往很难判定。最后的结果只能是产能降低了。

我们不妨将这种情况与多种性格类型聚合在一起工作的情况比较一下。结果表明，差异性产生创造力。如果差异得到尊重、接受和认同，同时保持开放的沟通，那么执行某项任务的人员的差异性越大，最后的结果就会越好。显然，由于存在观点的分歧，完成任务的时间会被延长，但这可以使更多的人投身到为取得最终结果而努力当中（因为更多的人有机会影响整个过程），并获得强烈的自豪感。

大多数经理可能都做过下面的管理培训练习：在一次空难之后，一组人在海上（或沙漠里、月球上）幸存了下来。剩下的东西只有一瓶伏特加、一面小镜子和一块奶酪。你的任务是根据这些物品对生存的重要性将其排序。

在这个练习中，每个经理都必须独立排序。然后，经理们分组，就重要性顺序进行讨论，达成共识。这个过程与实际的团队决策相似——你带着你的观点、知识来参加会议，做出反馈，最后与大家一起做出集体决策。

这个培训练习最后的得分通常是按照一些“专家”标准评定的。那些成员知识涵盖面最宽的小组（例如，小组中有人以前是野战士兵，堪称沙漠生存专家，也有人是会计师，从未在野外度过一个夜晚，但他们互相尊重彼此间的差异性，能够进行开诚布公的沟通），结果往往是最好的。

多年来，我们已经进行过多次这样的性格类型练习，总会得到相同的结果。例如，一个J偏好占主导的小组往往能很快做出决策，但其决策是通过简单多数做出的，它排除了决策过程中的其他可能性。决策的过程通常是“5人赞成，

4 人反对，通过”。而根本不考虑持反对意见的其他 4 个人可能是正确的，尽管他们也充分、有效地表达了意见。

一切照旧

在招聘时，尽管“逆向思维”和尊重差异是类型观察的一部分，但即便对那些赞成类型观察的人而言也是说起来容易做起来难。有一个相关案例，说的是华盛顿市外的一个人力资源咨询集团。这家著名的集团在类型观察方面有着几十年的经验。不久前，他们需要招聘人来替换一位任职 30 多年的资深员工，这位资深员工曾被赋予雇用其继任者的充分自由和最终决定权。

她没有使用 MBTI®或其他任何工具进行筛选，而是根据她的直觉决定雇用继任者。新人被雇用后，我们给她做了 MBTI®测试，发觉这个新人与这位资深员工恰好是同一种性格类型。

她们都对这一发现感到惊讶，因为她们觉得彼此的区别太大了，但我们并不惊讶。因为在我们所有人的内心深处，都更愿意接受与我们相似的人。

这个只注重结果的评判过程不允许其他可能性的存在。“事实总是残酷的，” J 偏好说，“少数服从多数。” 结果，这个小组中将近一半的人（P 偏好）会很沮丧，以后也不愿意再提出他们的想法了。

对于 P 偏好占主导的小组来说，问题是相反的。他们花了很多时间提出各种可能方案，却不能在给定的时间内取得一致意见。小组里的 J 偏好倍感挫折，整个小组最终没有完成任务。

E、I 或其他性格类型偏好在决策过程中都有他们自己的行为风格。关键是当任何组织或过程被一种或两种偏好驱动时，惯性思维是不可避免的，创造性将受到限制，有效的方案将被扼杀。

这并不是说一个“物以类聚、人以群分”的组织就注定要失败。领导都属于同一类型的公司中，非常成功的例子也很多。关键是如果你认识到所在组织中不同性格类型的集中程度，你就会意识到这种集中程度的优势。反过来，你也可以认识到其潜在的劣势（盲点），即欠缺创造性和生产力。所以，“性格类型观察法”成了一个可以平衡优势和劣势的有价值的工具。

这样的工具在以后几年里将更加重要。职场中代表各种背景、生活方式和价值观的人越来越多：单身的、已婚的、离婚的、独身的、同性恋；年轻人和老年人；英语是母语的人和英语是第二（或第三）语言的人；高中辍学的人和拥有多个学位的人……诸如此类的其他情况。我们总是有着如此的多样性，这已经成为规律。

伴随这种多样性而来的是对每一件事情的各种看法。比如对于准时性，并不是每个人都有相同的认识。工作风格的差异也会越来越多。一个单身父亲（母亲）对“全职工作”意义的认识，和有孩子的已婚人士的认识是不一样的。一个 60 岁的员工与一个 30 岁的员工处理突发旅行日程安排的方式也是不一样的。

所有这些都会影响人力资源部门工作人员的工作内容，他们往往是 ISTJ 类型的居多，这是公司里占主导地位的类型。ISTJ 类型有优势，也有缺陷。优势包括，在处理棘手的人事问题时，他们是客观、公正的。（人力资源部门的工作人员在处理棘手的人事问题时，他们必须是一只什么都盛得下的桶。）他们的内向特征使得他们可以高度保密，这一点在人事领域显然是很重要的。

同时，这些优势也变成了缺陷的原因。人力资源部门的人常常被看成冷漠、苛刻、严格的人。他们的趋定偏好的特征使他们看上去在对待员工需求方面没有耐心，不够灵活。他们那种不带个人感情色彩的工作方式会导致沟通困难或使士气受挫。

E 偏好和 I 偏好

有时候，组织系统会把人提升到与他们不匹配的位置上去。以我们所知道的一个内向的人为例，他在公司工作的时间超过了其他同事，成了一个资产规模数亿美元组织的公共关系部门主管。升到高位后，他管理着 12 位负责向公众宣传公司使命的性格外向的专业人士。

问题出来了，12 位性格外向的人在性格内向的人的管理下工作，他们与以往一样努力，但他们的努力几乎得不到认可。并不是这个内向的人对下属的工作不满意。只是他从没有表达过他的满意。

银行平衡表盈余的案例

毫无疑问，公司里各类人的比例比较平衡时，会出现很好的情况。一家世界性大银行纽约总部的顾客服务部门便是这样一个再好不过的例子。

当时，这个部门正在计划为期 3 天的年度休闲活动，这是对全体 90 名员工的出色表现进行的一项传统奖励。其中有一天被安排为学习研讨会。

在那一天的研讨会上，每个人都参加了 MBTI®测试，此次研讨会的中心议题就是自我认知和性格类型的共性及差异性。当天晚上，小组决定将每个人的姓名和性格类型印制成一份组织结构图（见图 12-1）并分发到整个部门。图中略去了个人姓名。

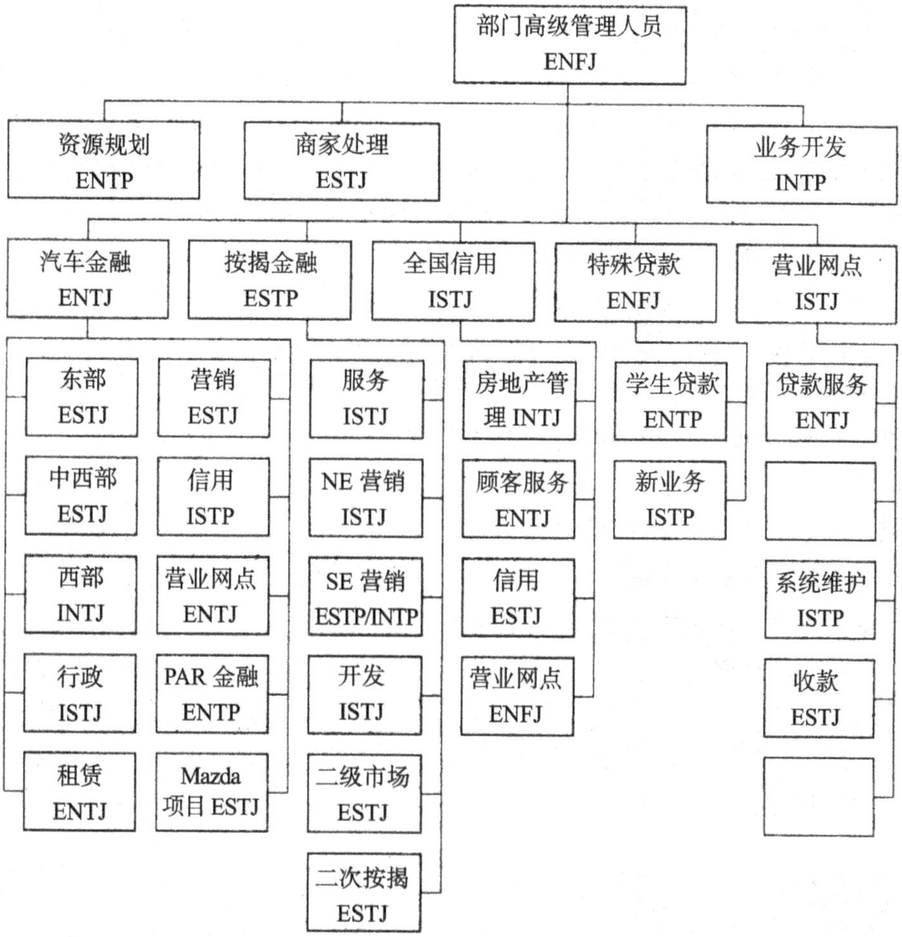

备注：空白框表示制作图表时空缺的职位。

图 12-1 组织结构图

这个小组引起我们注意的是，大多数人都是 TJ 偏好，这是银行的代表性性格类型，但也有一些显著的例外。比如最高层的老板就是一个 ENFJ 类型，通常这不属于银行系统的典型类型。他的副手是一位女性，是 ENTP 类型——也不是那种适合对细节要求很高的高级管理人员的助手角色的人。

另外，这里所显示的每个部门主管的性格类型也比这个级别的常见情形更加具有多样性（例如，在一个 TJ 偏好的公司里，通常部门经理一个是 ENFJ 类型，另一个是 ESTP 类型）。

特别要注意的是，由一个 ESTP 类型的领导的按揭金融部门，其员工基本上都是 J 偏好。在这次研讨活动中，小组成员对领导的批评是，当需要他的指导时，他很少及时出现。他的"稳坐钓鱼台"式的工作风格让团队成员很沮丧。（除了两个 P 偏好，他们发现领导的风格与自己很相似，所以很喜欢。）随后，小组开始理解和欣赏彼此间的差异，小组发现领导希望他们能做好自己的事；他不希望时时监视他们。在一个很好的 J 偏好的风格中，一旦员工了解了规则，他们就会觉得获得了解放。

所以，开始的时候是敌对和沮丧，结束的时候就已经获得了自由和授权。

活动结束之后，大家还在经常使用许多学到的知识和技能。该部门的员工大多分散在各地，不在同一处工作，于是许多人都使用类型观察法通过电话或传真进行沟通和交流。当 ENTJ 类型听到 INTJ 类型在电话的另一头说："我知道你的意思了，请直接告诉我，你要我什么时候完成它。" E 偏好明白谈话已经结束，该挂电话了。但在他了解性格类型之前，这样的通话极有可能陷入一个典型的 E 偏好的谈话套路中——如果说一次是好的，那么说两次就更好了，再说一次就可以保证能获得成功。如果真是这样的话，I 偏好可能早就想挂电话了。

需要指出的是，这个性格多彩而又平衡的团队不是由人力资源部有远见的经理招聘来的。其构成纯属偶然。部门领导（ENFJ 类型）是银行 CEO 的好朋友。同样，他的下属经理都是他从以前的工作中带过来的。所以，这个组织的高层会存在这么多种性格类型。

停下来，注视，倾听

前面提到，E 偏好喜欢打破沉默，那样可能很适合聚会或约会，但没必要在求职面试中也这样。一个 ESTJ 类型的顾客告诉我们，在一次求职面试

中，他见到了一位 I 偏好的高层经理。当这位高层管理人员坐下来并开始听他讲话时，他却在东拉西扯。谈话中偶有停顿时，如果面试考官没有快速回应的话，他就会重复自己的所长：性格外向。面试时，他想到了性格类型培训，他想：“我一直在说话，却没有给对方反馈或回应的机会。这次面试一定让我搞砸了。”

所以，他停止了喋喋不休，并对面试考官说：“你可能想考虑一会儿。”于是，情况立刻发生了改观。他得到了这份工作。

我们还要指出，在上述那个性格类型多样化的团队里，大家的工作都极其出色。这个部门对整个银行年收入的贡献非常大。参考他们在豪华假日场所三天的活动可以清楚地看到，这个团队是管理层的宠儿，他们很受尊重，得到了很多奖励。

问题的关键是，这个成功的团队与银行领域里常见的典型的人事配置是相悖的——典型的银行环境是性格类型相似的人聚集在一起。这就突出了多样性的重要。常规的人事工作——外部招聘和内部提升，都可能会使这个团队里有更多的 STJ 偏好。正如我们前面所说，这种由性格类型相似的人组成的团队可能会因为其表面上的成功、缺乏对新情况的应变能力而一败涂地。要记住类型观察的“十诫”之二：性格的力量走到极端则物极必反。

生活 ABC

现在越来越多的求职者在简历中除了表明教育水平和职业资格之外，还有一些附加的字母。例如，一个保险推销员的简历中可能会这样写：“约翰·史密斯，MBA，CLU，INTJ 类型。”我们看到，四个字母所表示的性格类型偏好已经成了求职申请、大学入学申请、征友征婚私人广告的基本内容。

当然，性格类型多样化只是答案的一部分。事实上，这个银行客服部门一直都是多样化的。随“性格类型观察法”而产生的理解将这个团队中潜在的“负债”变成了“资产”。

你可能认为，理想的组织应由 16 种不同性格偏好的人组成，但这样的组合既不必要，也不是最有效的。事实上，这样的组合往往对提高效率不利。问题在于，成员会很难就大多数问题达成一致意见，导致无法采取下一步行动。

我们要强调的是，过分的多样化也会成为一种“负债”。

这里的关键是，要将恰当的性格类型聚集在一起，并保证他们之间能有效沟通。无论我们是相似的还是不同的，如果我们有共同语言作为理解的基础，就可以在任何情况下生存。

几句提醒

在个人生活和职业生活中，我们不仅要相信和实践性格类型观察法，还要充分意识到完全根据应聘者的性格类型描述来进行招聘的危害性。

因为 MBTI®并不能衡量人的技能和能力，它只能衡量一个人的性格类型偏好。因此，一个懂得性格类型观察理论的人力资源主管也许能很正确地解释这个模型（例如，某个具体的职位很适合 ENFP 类型），但不一定能招到最适合这个职位的人选。我们从不主张将一个心理学工具（如 MBTI®）当作聘用员工的唯一标准来使用。将性格类型作为聘用或解雇决策的基础，在伦理道德上，甚至在法律上，都是不恰当的。在美国，公司和用人单位必须确定人力资源部门可以使用什么工具或进行什么测试，但没有适当的资质就进行心理测试也会引起法律上的纠纷。这种资质通常是由州级政府决定的，每个州都设有自己的标准。最后，使用性格类型来解雇（或不聘用或提升）某个员工，也可能会被当作歧视。越来越多的法律条文对这个问题都有重点论述。

但所有这些都并不意味着人力资源部门不能将“性格观察”作为一个有效的工具加以使用。如果人力资源部门选择一个或多个工具作为招聘过程的一部分，其中可以包括 MBTI®，但它最多只是证明其他测量结果和结论的一个基础。关于性格类型的研究始终强调，任何性格类型都有在任何工作中取得成功的潜力。某些职位上的某些性格类型的员工可能需更努力地工作，但他们同样可以卓有成效。（因此，伊莎贝尔・布格里斯・迈尔斯警告说，你不能对一个人说“你是一个 ISTJ 类型，所以你千万不要去当牧师”，也不能对他下其他类似的限制性的断言。）

人事工作中的底线是，你为一个职位寻找的绝不是一种性格类型，而是一个人。

玩好发给你的牌

一般我们假设有很多种选择：你可以从众多候选人中挑挑拣拣，找出最佳人选，可现实生活并非如此简单。经理们被从外部招聘进来；公司被买进卖出，就像玩牌一样进行交易。大多数老板会续用公司原有的员工，大多数员工也会随着公司的合并而有了新老板。

在这种情况下，你怎样才能最好地利用你得到的员工呢？这里的目标，就是军事上所说的资源配置。在生意场上，这就意味着最充分地利用每一个人，我们把它称为“全体参与”模型。要做到这点，要求每个人对组织的工作目标有明确的认识，这就需要回答如下四个问题：

- 对于要做的事，谁最擅长？
- 谁喜欢尝试不同的事？
- 什么事还没做好？
- 我们如何分配才能产生最高的满意度？

这代表了一个逐渐递减的满意度模型：开始时让人们选择他们最理想的任务——一个萝卜一个坑，然后让每个人都有机会自我发挥。最后我们尝试合理地平均分配任何公司都可能面对的烦琐细节。

这个模型也包含了性格类型的理念。它并不试图改变哪个人。它发挥每个人的才干，并试图更多地根据个人兴趣而不是人力资源部门的兴趣，对其才干进行排列配置。

我们看到，这个“全体参与”模型在我们所任职的俄克拉荷马州政府部门中取得了特别显著的效果。高级别的管理人员是一个性格内向的人，很不喜欢他职务中外向的成分——如参加 Rotary 俱乐部和其他社区组织，让公众了解政府部门的使命。

有趣的是，他的副手是一个性格外向的人，喜欢前面提到的那些事务，但她的职责范围不包含上述事务；相反，她要处理很多案头工作，常常被淹没在文山会海之中。另外两个重要员工分管财务和人力资源开发部门，他们也不喜欢其职责范围内的工作。一个是 ENF 偏好，却拥有财务方面的学位。（ENF 偏好通常不适合财务和工程，但他们可能会修读这些领域的学位，因为他们希望能延续其心目中英雄的职业道路，这些英雄可能是父母、老师以及其他在他们生活中有影响的人。）负责人力资源的员工是一个 ISTJ 类型，他倒很想在财务部门工作（可能更适合）。

作为顾问，我们提议，为什么这些人不可以相互调换一下，让他们做自己爱做的工作，换句话说，在人事规范以外调换工作。他们的回答很直接，也很有代表性："这样违反人事规范，而且，以前从来没有先例。我们怎么才能彼此信任，不会把对方的工作搞砸呢？"例如，性格内向的老板担心性格外向的副手会成为众人注目的焦点并沽名钓誉。事实上，这种担心也是有道理的。

我们花了些时间来权衡利弊，并且做了进一步的确认，所有相关人员都是高度负责的，从而推断这是一个可行的模型。最后我们成功地根据各人的性格和兴趣，重新安排了他们的工作职责，没有遵循传统的人事规范。

人员和职务真的可以调整吗？我们认为是的。事物的发展和我们的学业追求，可以让我们对最初的职业选择进行重新定位。因此，一个称职的、拥有 MBA 学位且追求个人兴趣的性格外向的会计，加上其 20 年的成长经历和社区活动体验，他完全具备从事多种职业的技能。换句话说，尽管他非常适合那份工作，但任何人都不应认为自己被"锁定"在了某个特定的工作中。对于负责为具体的工作寻找适当人选的经理来说，可能性有多少，要看一个人的思路是否足够灵活，是否能够识别每个员工的潜能。

在解雇的队列中

让我们做一个基本假设：没有人觉得解雇别人是一件快乐的事。解雇别人让人感到不愉快且有压力。所以，我们现在更多的是通过书面形式来做这件事。臭名昭著的"粉红纸条"（解雇通知书）把我们从中解脱出来。

有些性格类型观察专家认为，T 偏好比较擅长解雇人，比较容易应对解雇过程。但经验告诉我们，事实并非如此。尽管 T 偏好可能比较有逻辑头脑、善于分析，可能会降低自己卷入这个过程的程度，但他们仍然会受到必须传达坏消息这一痛苦现实的折磨。

无论有多艰难，性格偏好在解雇行为实际发生的过程中都扮演着一个戏剧性的角色。

让我们来看一下 E 偏好和 I 偏好。E 偏好常常需要对着他人预演一遍解雇说辞。在真正传达解雇信息时，他可能会用 20 分钟的时间来说 5 分钟内就可以说清楚的信息。他会多加一些寒暄，谈谈天气、昨晚的球赛，诸如此类。等一切都说完之后，E 偏好很想与同事、朋友、陌生人交流交流工作中的烦恼事，一同回味痛苦的体验。

I 偏好则不同，他也深受解雇这一事实的痛苦折磨，但这种痛苦只投影在内心里，他可能会写下在“辞退谈话”中要提到的一些要点。在实际过程中，他说的话可能比原先打算要说的少，长时间的沉默会使双方都感到很尴尬、不舒服。他也会在内心回味痛苦体验，几个小时、几天甚至几个星期。内心的折磨会使 I 偏好比 E 偏好痛苦得多。

我们再来看看 T 偏好和 F 偏好。T 偏好考虑问题比较客观，在解雇过程中可能会被认为非常冷漠，尽管这与事实相去甚远。由于与“情感”相处极不自在，T 偏好往往表现得很冷峻。在艰难时刻，无论出现什么情况，T 偏好都必须保持理性。无论有多真实、多深刻的情感，这种情感在整个过程中都没有任何位置。因此我们不应该谴责 T 偏好。一个 IT 偏好会把沮丧和痛苦压抑在心里；一个 ET 偏好则会把沮丧和痛苦倾倒在周围任何一个人身上。

不过，在所有性格类型中，F 偏好用恰当的方式来完成整个解雇过程的能力最差。F 偏好几乎总会设身处地替别人着想——“如果我得到这个消息，我会怎么想？”试图回答这个问题的意念会让 F 偏好失去分寸，即使这个被解雇的人是“罪有应得”，F 偏好也会责备自己，甚至是本能的：“公司到底做了什么，才使这个人出了问题？”

F 偏好的不适感是如此强烈，以至于他无论如何也说不出“你被解雇了”这几个字。查理就是一个再好不过的例子，他是一名 ENFJ 类型的高级经理，正面临着解雇看门人萨姆的任务。查理已经对萨姆说过 3 次“你被解雇了”。但每一次说完，萨姆第二天又来上班了。问题出在哪里呢？查理每次讲到解雇时，总是太谨慎，结果萨姆以为查理根本不想赶他走。

你可以想象一下每次的情形。

查理说：“萨姆，我以后可能不能每天都看见你了。事不过三啊。你知道，现今哪里都有很大的变化。你要想提高自己的话，就得经常挪挪地方。这就是生活。”而且，说这些话之前，查理都要让萨姆喝杯咖啡，闲谈萨姆的家人以及昨晚的新闻。谈话温情而友好。萨姆没有意识到应该卷铺盖走人，一点儿也不奇怪。

我们看到同样的事情在我们自己的组织中发生。我们曾经雇用了一位 ESTJ

类型，因为我们觉得公司里 NFP 偏好太多了。(我们并没有实践我们现在所提倡的：以性格类型为主要根据来聘用人员。我们已经从这种错误中学到了东西。)

尽管这个人的各种证书很吸引人，但她的技能、能力和事业心却不怎么样。我们是 F 偏好的雇主，现在必须面对要让她走人的现实。

在第一个月，我们的处理方法有可能导致我们自己被解雇——偶尔到办公室里去一下、上班迟到、找理由到别的地方去，甚至将一次工作旅行拖延成一个为期两周的假期。我们都在想方设法回避现实！但最后的时间到了。奥托鼓足勇气去面对该被解雇的人，并且预演了解雇说辞，设定了一个解雇的具体时间：星期二下午 3:00。到预定日期那天下午 2:55 的时候，珍妮特走进奥托的办公室说道："也许我们都太草率了。也许我们还没有考虑其他可能的方案。我们可不可以再给她两个星期，让她证明自己呢？"奥托就要同意了，但最后还是理智占了上风。事情已经发生，本应该快速、有效地解决掉，可却要多花宝贵的两个月时间去处理。

为了突出办公室里的 T 偏好和 F 偏好之间的差异，从而使这种差异变得突出并得到重视，我们采用了一个练习，这个练习产生了戏剧性的效果。我们将全体员工分成 T 偏好和 F 偏好两个小组，让每个小组讨论制定在有裁员需要时解员工工的原则。(我们有时会碰到问题。有的公司里 F 偏好的数量特别少，以至于无法分成两个小组。但如果现场有 3 个或更多个 F 偏好，这个练习就是很有意义的。)每个小组在一张白纸上写下各自的答案，然后悬挂起来展示，供讨论时用。

T 偏好的解雇原则里不可避免地包含了一个不针对个人的公司政策，例如，"最后聘用的，最先解雇"。他们还制定了一个包括各种衡量生产能力标准的列表——每周销售量、每小时处理的表格数、工作进度等。在列表中排列最靠前的人，职位最稳定；排列靠后的人先离开。

而 F 偏好的解雇原则里包含了诸如家庭需求、员工家庭总收入和家庭人口、抚养小孩的需要、可雇用性、服务年限、年龄等。F 的解雇原则中通常也会将公司政策和产能包含在内，但往往不是主导的。(与之相似，T 偏好的解雇原则通常也会考虑资历和员工的个人需求，但这些只是要加以考虑的额外因素)。F 偏好往往希望解雇原则是以每个员工的个体情况为基础的，能减缓不利因素的严重程度，而 T 偏好则倾向于制定适用于普遍情况的政策和原则。

每个小组陈述各自的观点之后，进行了讨论，讨论总是有启发意义的。在这个过程中，双方都了解了对方的观点的必要性。他们很少会完全同意一整套原则，但这种交流观点的练习可以促使双方合作制定出一个对所有的人（包括公司）都更有益的政策。

人力资源部门的三个诀窍

1. 逆向思维。统计数据告诉我们，在招聘过程中，人们总是录用相同类型的人，人们总喜欢聘用与自己相类似的人，而不是与自己不一样的人。所以人力资源部门有责任进行逆向思维，从不同角度考虑一下每种不同的情况：性别、种族、年龄、学术造诣、性格类型等。换句话说，如果你在为一个全部员工都是白人男性的组织招聘人员，你就需要在黑人女性候选人中选择。这样的差异性加上对“性格观察”的了解，一定会产生更好的效果。
2. 了解公司。人力资源部门应该了解其公司需要和期望聘用什么样的人。人力资源部门还应该经常检查组织的人事配置，确保结果和预期始终吻合。举例来说，一个公司有雇用少数民族和女性的相关政策，但人力资源部门从来都不知道有这个政策，因而也从没有将这个政策的执行情况向总部做过汇报。结果，录用的候选人始终都是白人男性。同样的情况也会出现在对性格倾向和其他任何事情的预期上。
3. 注意到盲点的存在。同样，人力资源部门应该了解公司中的各种性格类型的盲点在哪里。E 偏好是不是太少了，以至于这个世界总是听不到你的好消息？I 偏好是不是太少了，以至于所有的人都在说，却没有人在听？不要以为把人招进来就万事大吉了，人力资源部门的人员要好好地看一看，这个人是怎样成为组织中的一员的。

聘用和解雇

如果你是一个……

领导一个……	外向偏好（E）	内向偏好（I）
外向偏好（E）	• 在面试过程中，要让双方都有时间述说和倾听。 • 欣赏短时间的沉默。 • 将自己与别人区别开来——不要试图克隆你自己。	• 允许有点时间和空间进行深思和反省。 • 尽管你不那么需要倾听或述说，但别人可能需要。 • 第一句话只是个开头，后面可能还有很多。
	外向偏好（E）	**内向偏好（I）**
内向偏好（I）	• 留下较长的时间供思考，不要匆忙地打破沉默。 • 听听大部分时间都是谁在讲话。 • 考虑 1 天或 2 天后再开一次会。	• 紧张的情况是很正常的。要记住，长时间的沉默会加强谈话内容。 • 迫使你和他人进行更多的交流。 • 保持自己与别人的联系。
	实感偏好（S）	**直觉偏好（N）**
实感偏好（S）	• 考虑对细节是否关注太多或太少。 • 迫使双方谈论具体工作的影响以及相关的经验。 • 将你个人的偏好与别人的区分开来，尽管它们可能是相似的。	• 脚踏实地——事实、细节等都是有用的，而且可以建立信心。 • 记住，技能和以前的经验可以帮助你应付当前的难题。 • 认识到预测 1 个月后的影响对对方也许是无意义的。
	实感偏好（S）	**直觉偏好（N）**
直觉偏好（N）	• 清楚事实和细节，但要强调总体概况。 • 确保将眼前的问题与以后的问题联系起来。 • 记住：未知的东西可能是极有意思的，充满各种可能性。	• 记住，陈述并再次陈述什么是最重要的。 • 深入强调事实、细节和切实的东西。 • 制定战略是激动人心的，但必须与现实联系起来。

如果你是一个……

	理性偏好（T）	感性偏好（F）
理性偏好（T）	• 记住情感因素是很重要的。 • 试着想象自己如果是候选人：你需要考虑过程中的哪部分？ • 尽快找到要点。	• 保持直截了当和客观。 • 意识到强烈的反应可能是你自己的问题，而不是别人的。 • 不要敏感。
	理性偏好（T）	**感性偏好（F）**
感性偏好（F）	• 尽量讲积极的东西。 • 要知道直截了当尽管有时候是受欢迎的，但也会激起强烈的反应。 • 记住“加一勺糖有助于把药吃下去”。	• 记住避免消极或过分积极，过犹不及。 • 要传达坏消息时，最好先和别人预演一下。 • 记住：即使你觉得自己已经很直率和敢于挑战别人，其实你也还可以做得更多一点。
	趋定偏好（J）	**顺变偏好（P）**
趋定偏好（J）	• 积极反驳或辩护。 • 记住：产生一个结果不一定总是意味着同意。 • 考虑各种观点。	• 记住：无论你觉得自己有多直接，你都可能还不够直接。 • 记住：最终结果比选项更重要。 • 记住：决策是好东西——它可以让事情继续发展。
	趋定偏好（J）	**顺变偏好（P）**
顺变偏好（P）	• 接受不同的方案和相应的争论，不要变得防备性十足。 • 意识到自己声音中的愤怒和不满，即使你陈述的是事实。 • 记住稍微有一点“从众”是有帮助的。	• 避免穷追猛打。 • 记住，太多的选项尽管有趣，却可能使观点模糊。 • 确认某些决策是最后决策，不可更改。

（黄健译）

第 13 章

职业道德

“为什么我们花这么多工作时间来讨论一个并不存在的问题？”

提起“职业道德”，很多人都觉得这是一个老生常谈又不愿意深入讨论的话题。只要一提到这个词，商业圈里就有人说：“唉，别又是讲老板的不好。”或者说：“为什么我们花这么多工作时间来讨论一个并不存在的问题？”

每个人好像都在谈职业道德，如性别歧视和种族歧视等，但是并没有人真正重视它。不是说所有人都是不符合职业道德的（都是种族主义者或性别歧视者），但至少可以说几乎每个人在日常工作中都会碰到这些问题。

我们不必讨论那些令社会反感的事情，如回扣、窃听等。这里，我们更多要讨论的是看似聪明的一些日常活动。不妨举一些例子：比如，你让秘书对来电话的人说“他不在办公室”，而实际上你是在的；比如，你过分修饰自己的简历；比如，你总是想方设法多报销餐费；比如，你知道老板不在就故意上班迟到，等等。这种例子在日常生活和工作中俯拾即是。

没必要争论这些事情的是非曲直，因为这不是本书的讨论范畴。但是，我们相信每个人的性格偏好在他的职业发展中都会发挥重要的作用。每种性格偏好都有其独特的价值观体系。不是说哪种价值观比另一种价值观更符合职业道德，它们在对职业道德问题上的看法是大相径庭的。性格类型观察能够提供一面透镜，通过它，你能够看到每种类型的职业道德标准。如果你能够理解这些标准的不同，那将有力地帮助你区分出你自己和同事、上司以及下属在职业道德方面的态度和思路。

职业道德、伦理规范、价值观、诚实正直

职业道德到底是什么？肯定没有简单的答案。它是一套综合的思想，包括道德、伦理规范、价值观和诚实正直的准则。在讨论职业道德问题时，上述每一个词都会谈到，并且它们之间一定是相互影响的。

- 道德（Ethics），这个词来自希腊语中的“ethos”，原意是“特征”或“道德状态”，这里是指日常生活工作中你的职业道德判断标准。
- 伦理规范，是指社会流传下来的习惯。根据日常生活设定你的伦理准则，并以此发展一套价值体系。
- 价值观是你对社会习惯的个人解释。
- 诚实正直代表着你的价值观和职业道德的一致性以及相应的责任。

一方面，有一套基于社会道德准则（同意和反对某些事情）的价值体系；另一方面，人们用该体系来为日常工作和生活建立行为标准。碰到问题时，你的处理方式体现了你诚实正直的准则。除非有诚实正直的准则做后盾，否则职业道德什么都不是。

上面说的好像有些抽象。上面介绍的概念都是相互关联并且带有强烈的主观色彩的。这正说明了一点：每种性格类型的人都会用不同的方式解释职业道德、伦理规范、价值观和诚实正直的准则。当然每种性格类型的人都认为他们的解释是正确的。

这些问题为什么如此重要？难道我们不谈这些事，就不能工作和生活了吗？也许可以照常工作和生活，但用不了多久，你就一定会碰到一两个有关职业道德的问题。

让我们看一看周围发生了什么事。报纸上到处都是数额达几十亿美元的腐败案件，而且一个比一个令人震惊。涉及其中的人不仅仅是高官，还包括房地产经纪人、转包商和很多中层官员。

另一个问题是我们越来越跟不上技术的发展。计算机和通信系统能使大量数据闪电般地运算和传输。这些数据造成的影响可以达到数十亿美元。有些所谓的聪明人甚至可以利用复印机和一瓶修改液来篡改收据、信件和简历。一项新技术的诞生就好像对职业道德的一次考验。

此外，还有一个原因，就是趋于复杂的工作场所，以及越来越多元化的员

工队伍给每个人带来了新的职业道德难题。就拿孕妇在电脑前工作这件事来说，有资料显示电脑辐射会造成流产或小儿先天性缺陷。但并没有足够的证据表明，怀孕数据的输入员应该下岗、转岗，还是继续在电脑前工作？同样，是不是应该将安全规则印成西班牙语、韩语或者其他语种让所有员工都能理解？是不是所有人在紧急情况下都要说母语？25 年以前，以说英语的男性白人为主体的公司从未碰到过类似的问题。

尽管事情变得越来越复杂，但有一个观念却变得越来越清晰，那就是，单一的职业道德标准是没有的。

不同的公司也存在着职业道德的多样性。就像每个个体都有不同的职业道德标准一样，不同的企业也有不同的职业道德标准。以 ISTJ 类型为主导的企业和以 ENFP 类型为主导的企业就有不同职业道德标准。每个组织都会打上其职业道德和文化的标签，诸如保守的、自由主义的、追求进步革新的、年轻的或者沉稳的等。它们都代表着某种职业道德文化。

近年来，组织职业道德（相比个人职业道德而言）已由宗教和家庭领域转移到了法律领域。过去，我们习惯于依赖牧师或受尊敬的人帮我们处理这些日常烦恼，而现在我们却求助于律师、陪审团和法官，并把他们作为解释职业道德问题的权威。因此，一份夸大其词的简历不仅是职业道德问题，而且是一个涉及是否承担欺骗等法律责任的问题。（这些员工会因此而被辞退。）同时，律师的出现也带来了一大堆职业道德问题。

不同的性格偏好如何看待职业道德

在我们讨论性格类型观察是如何处理工作中的职业道德问题之前，我们先很快速浏览一下八种性格偏好是如何看待职业道德的。

- 外向偏好（E）注重外部世界，因此他们把职业道德看作涉及很多人的外部活动。E 偏好，特别是 EJ 偏好，有很强的欲望来控制每个人的职业道德行为，即使有些人不在其管辖范围内。
- 内向偏好（I）也有很强的控制欲，但与 E 偏好恰恰相反，他们仅仅是控制自己，也许包括他们的直系亲属。对 I 偏好来说，职业道德是一种内部导向的活动。他们的座右铭是“让自己更真实”。
- 实感偏好（S）对待职业道德问题是严肃的，是要立即解决的。无论对错，他们都会围绕职业道德问题展开一些认真而细致的活动，并且越快解决越好。

- 直觉偏好（N）认为职业道德是真理和准则这个庞大系统中的一部分。职业道德是相关联的，职业道德问题的处理必须考虑到它的前后联系。
- 理性偏好（T）认为职业道德是必须要遵守的准则，是客观存在的。一旦违反，必须惩罚。它是不考虑情感因素的。
- 感性偏好（F）认为职业道德是人类情感交流的成果。他们根据自己的价值观做出对或错的决定。
- 趋定偏好（J）认为职业道德是泾渭分明的，非黑即白。职业道德标准一旦确定，是不容商量的。
- 顺变偏好（P）总是对职业道德表示怀疑，甚至怀疑他们已确信的职业道德标准。

显然，解释职业道德时也要综合考虑不同性格偏好的组合。例如，ESTJ 类型的职业道德标准是“结果决定一切过程的正当性”。这综合了四种性格偏好的特征：外向的、直接的、客观的和决定的。我们认为杜鲁门是 ESTJ 类型，他只有轰炸日本而没有其他选择。他相信“为了正当目的”，轰炸是他正当的选择。

真理、美丽、隐形眼镜

当我们慢慢变老的时候，不仅我们的头发会变得花白，对职业道德的认识也渐渐趋于丰富和复杂，不再像年轻时那么简单了。职业道德（有点像真理、美丽、隐形眼镜）不仅成了每个人的主观看法，而且越来越带有个人的性格色彩。一件事对 ISTJ 类型可能是不符合职业道德的，但在 ENFP 类型看来可能就是情有可原的。

性格类型分析的视角是多种多样的，下面是四种气质类型对某种职业道德情形所持有的不同观点。

- NF 偏好，如果他们认为你不能接受无情的事实，他们会看着你善意地撒谎。（“你真的很适合这份工作，但是根据公司政策，我们还是选了其他人。”）
- NT 偏好从不撒谎，他们会直截了当地告诉你他们想让你听到的真实情况。(“有很多应聘者来竞争这份工作。”)

- SJ 偏好的职业道德观念是基于公司政策的。(“这份工作要求具有两年工作经验，而你的工作经验只有 18 个月。”)
- SP 偏好的回答是根据当时的情况而定的，很难预料。(回答完上面任何一种，然后说：“如果我们在你的简历上添些内容，明天再递交上去，可能还有一线希望。”)

每种回答都表明他想尽力处理好这件事情，也反映了他的性格类型偏好。

两个基本观点

不管你是什么类型，有两个基本观点支配着我们的职业道德行为。

1. 只有你自己对你的职业道德行为负责。
2. 你对他人的职业道德行为的看法更多地反映了你自己的价值观，而不一定是当事人的价值观。

这两点看上去简单明了，但在实际生活中，就变得不那么清晰了。如果这世上只有你一个人，那就没有任何职业道德问题了。当第二个人出现并带来了不同价值观时，问题就来了。不知不觉中，你要纠正那些不符合你的职业道德观的行为。找别人的职业道德问题总比找自己的更容易。

由此，你可以得出结论：世上没有对与错，像员工的谎言、欺骗或偷盗都仅仅是你们对职业道德的不同看法而已，但这并不是我们的本意。社会中的事情当然有对与错，只是对与错的界限不是很明显，这当中不仅仅有 16 种性格类型（特别是类型之间的差异）的因素，还有道德、文化、宗教、阶级、个人背景等因素。

比如一个军官和一个基督教徒，虽然两人都是 ISTJ 类型，但他们对待暴力的态度是完全不同的。军官认为他唯一的职责是遵守杀敌的命令，而基督教徒唯一的职责是做事要有良心，避免伤害他人。这两个人确实反映了他们的性格类型，他们都是负责任的，而且都相信要做应做的事，但他们的不同信仰形成了他们不同的责任感。

再举一个生活中的例子来说明相同性格类型的两个人是如何得出两种不同的结论的。两个 ENTJ 类型在同一间办公室工作。玛丽是一个单亲妈妈，她有一个孩子，目前日托。苏是一个事业型女性，已婚，但还没有计划生孩子。

她们的老板认为员工应该做一天工付一天薪水，除非生病或死亡，每天早上 9 点到下午 5 点都必须要工作。然而玛丽总是遇到种种抚养孩子的问题，她没办法，不得不因为这些问题而旷工或迟到。为了保住这份工作，她总是为她的缺席编各种谎言。不管是对或错，玛丽相信撒谎是善意的。而苏则认为撒谎是错误的。

苏面临的困境出现了，她是站在玛丽一边，还是站在老板一边呢？或者她根本就视而不见？（尽管她认为撒谎是错误的。）

为了从职业道德上解决这种困境，我们通过性格类型观察来回顾一下两个基本观点。

- 第一个观点，只有你自己对你的职业道德行为负责。在这个案例中，苏本人对她的行为负责。她意识到她的工作角色既不是警察，也不是监控同事行为，但她仍然觉得必须就这事做些什么。苏是个典型的 EJ 偏好，她希望在与别人的互动中找到解决方案，但最终的问题是应该采取什么行动？
- 要决定采取什么样的正确行动，苏肯定要面对第二个观点：她所面临的问题是因为玛丽的行为，还是更多地源于苏自己的价值观？因为作为 ENTJ 类型，她有一种控制自己和周边发生的一切的倾向。

就第二个观点，苏可以从多方面思考自己的看法是如何产生的。例如，她可能会问自己："在这件事上，是我管人的欲望强大，还是因玛丽休息而我在工作，心里有些不平衡？""我因她屡屡违反公司规定而愤愤不平？""我是嫉妒玛丽有孩子，而我却因为事业而耽误了生小孩？"如果苏觉得是这些问题使她陷入困境，那她应随它去，不采取任何行动。

我们假设苏认认真真地考虑了这些问题，并且觉得关键不是自己而是玛丽不诚实。那苏必须有一个鲜明的立场，不是站在玛丽一边就是站在老板一边。假如她不这样做，不仅她本人是不道德的，而且她也纵容了错误的行为。简单来说，她也违背了其诚实的原则。我们认为那也是不道德的。

扣安全带

有这样一个场景：你刚刚过了省界，高速公路的标牌上写着"法律的要求：请使用安全带，违者罚款 300 美元"。坐在你旁边的人却没有扣安全带。

下面是四种不同性格类型的反应。

NF 偏好："扣好安全带，要不我给你扣上。我可不想失去你。"

NT 偏好："这个标牌很讨厌。我觉得它侵犯了我的隐私权。难道你不觉得你在车里做什么是你自己的事情吗？"

SJ 偏好："如果你不扣好安全带，我就立刻停车。这是法律。"

SP 偏好："我敢打赌从挡风玻璃窗飞出去将是耸人听闻的事件。"

整顿你的"房子"

我们可以通过另外一种方式考虑上面这个故事，让我们用"房子"做一次类比。我们的性格就像一幢房子，里面有很多房间，我们的性格也由不同部分组成。

例如，房子是由基本生活单元——厨房、起居室、客厅、卧室、餐厅和洗澡间组成的。我们每天生活在这些房间里，一部分是可以展示给别人看的，另一部分则是十分隐秘的。"房子"代表着你四个字母的性格类型。别人可以通过你性格类型中的显性部分了解你。就像描述一幢房子一样："三间卧室的红砖房子，角落里有白色的篱笆，大型落地窗，另外还有一个客厅"。你的性格类型也可以用类似的描述作为开始，如果你是 ENFP 类型，则可以描述为："热心、外向、随意，想什么就说什么"。

然而，主要生活空间却并不代表整幢房子。房子可以有阁楼和地下室，这些空间里有一些服务设施，如保险盒、热水器、珍贵的大学纪念品和传家宝等。这些地方都是有特别需要时才去的，如取保险丝、拿冬天的衣服，或者寻找美好的回忆等。当然，阁楼—地下室区域也有一些令人讨厌的东西，如蟑螂、老鼠、蜘蛛网、废弃的家具之类。

在我们的性格中，"阁楼—地下室"指的是四个非偏好的功能。像上面描述的热心、外向的 ENFP 类型，它的"阁楼—地下室"就是 ISTJ 类型——沉思的、现实的、客观的、有组织的。

当然，对 ISTJ 类型来说，ENFP 类型的"阁楼—地下室"看上去无伤大雅，因为那恰是 ISTJ 类型的主要性格特征。但是对 ENFP 类型来说，同样的 ISTJ 类型的特征就显得可怕了，因为那些特征对 ENFP 类型来说是很难控制的、不舒服的。简而言之，它们不是 ENFP 类型的主要层面。（想象你自己整天生活在堆满旧物的阁楼和地下室里舒服吗？）

这与职业道德有什么关系呢？当我们遇到一个职业道德问题时，首要任务就是要了解这件事情是与房子的主体相关，还是与房子的“阁楼—地下室”相关。如果与主体相关，那就必须解决，因为它关系到你周围的生活，也许是你的组织或社区。但如果它仅仅是你堆在“阁楼—地下室”里的东西，那么你的关心和行动则有其他目的，可能会对自己和参与的人造成极大的伤害。

来看下面的案例，在同一间小办公室的两位同事，ESFP 类型的詹妮弗和 ISTJ 类型的诺琳。几乎是从诺琳出现那天起，她们俩就吵个没完。诺琳似乎非常不能忍受詹妮弗的工作习惯，并总是毫不迟疑地告诉老板有关詹妮弗最近的恶习——迟到、用公司电话打长途、抱怨她的工作。总之，詹妮弗对公司毫无益处。随着时间的推移，诺琳对詹妮弗的监视（有人说是关注）甚至穿插到了她本人的时间和工作当中。很明显，ISTJ 类型控制他人的欲望远比自己努力工作要高，这恰是 TJ 偏好的缺点。

工作，就是在一定期限内必须完成任务。她们的老板并不关心朝九晚五之间她们的工作方式，而只是关注她们的任务有没有及时完成。如果你在上午 11 点到下午 7 点之间甚至周末，能有效地完成工作，老板也是可以接受的。也许老板并不愿意这样，但他对詹妮弗至少能完成工作表示很满意。同样詹妮弗也发现她这种工作方式跟她“享受生活每一分钟”的生活方式很相配。

但是，这种非正常的工作习惯对时刻关注詹妮弗行动的诺琳就不能接受了。詹妮弗开始怀疑诺琳，甚至做一些事情来激怒诺琳。于是，两人的生产力都下降了，并出现了你来我往的指责与谩骂。

碰到这样的问题，首先我们要试着区分什么是这件事真正的职业道德标准，什么是矛盾双方个人的问题。换句话说，我们要试着区分房子主体和“阁楼—地下室”。最后，我们得出的结论是：诺琳对詹妮弗的很多不满都基于她自己的价值观——员工应该在规定的时间里工作并要严格遵守公司规定。而这与詹妮弗的实际行为关系不大。她俩性格类型的不同无疑被演绎成了是非，进而成了一个职业道德问题。

诺琳曾经在很多制度严格的公司工作过，在那些公司，即使只有一点小过错也要被惩罚。她觉得这些经历塑造了她的个性，因而她想把那些东西也强加在别人身上。但这和整件事没有什么关系。我们认为诺琳问题的根源在于她的“阁楼—地下室”部分，而不在于她的主体。

但也不是说不应该批评詹妮弗。她的一些行为，如用公司电话打长途、老板不在时她没有工作却撒谎说在工作，应该受到谴责。换句话说，尽管那些是她性格中的主体，但是违背了公司规定，就是应该受到处罚的。

只要区分开真正的职业道德和带有个人性格类型的观点，我们就能够面对詹妮弗来解决这个问题。在处理所有詹妮弗的问题时，很可能会有点郁闷。詹妮弗可能有些不满，因为她在规定的期限内完成了任务，她的办公时间也是合理的——这就是她的核心点。这一点冲淡了她不诚实和歪曲事实的一面。

上面我们曾提到，职业道德是旁观者眼里的。而“房子”类比理论指出我们对他人的职业道德问题的观点很大程度上反映的是我们自己的价值观。辨别真正的组织利益和不相关的个人价值观的不同，在处理职业道德问题时是非常重要的一步。

区分职业道德问题

让我们看看另外一个刚好是研究性格类型的人圈内的例子。几年前，一个名叫格拉迪斯的 ENFJ 类型的女性到心理协会（APT）投诉她的同事沃特——一位 ENFJ 类型，原因是沃特不合职业道德的行为。格拉迪斯认为沃特贬低了某些性格类型，并对类型之间的差异进行了攻击。这种攻击和贬低发生在沃特和其伙伴一起进行的培训中。根据公司的规定，格拉迪斯第二天就找沃特谈了那件事，指出沃特有些话太离谱了。

沃特解释说他的话很幽默、很自在，同时，学员的评估也说明他们接受这样的风格。但他的回答显然令人不满意，格拉迪斯便将这件事写信投诉到了 APT 职业道德委员会。在信中，格拉迪斯引用了她在沃特培训中记的笔记。她的记录尽管很丰富，但不一定准确：实际情况是，她归结的沃特所谓不符职业道德的表述实际上是由沃特的培训助理做出的。

这并不是说格拉迪斯对这件事予以关注是不合适的。但它点出了其中各种因素及其相互关系，包括价值观的影响程度，我们对某件事情的态度和对所看到的情况的反应。

不难发现，人的因素在工作中会导致很多问题。A 指责 B 有不正当行为，并准备了大量的证据，包括像“我记下了她所说的话，所以我不会忘掉”的事实。而这些东西实际上都受到了 A 自身的价值观影响，涉及 A 的职业经历、工作的责任心及他不喜欢 B 在工作中那种咄咄逼人的行为风格。A 的价值观对其在某事件的态度上起着推波助澜的作用，甚至会使该事件完全公开，升级成为众人皆知的新闻，这时也大大毁坏了 B 的名誉。

A 的说法也需有一定的合理性，但将个人价值观与对职业道德问题的合理关注混淆在一起时就增加了问题的复杂性，使问题在解决的过程中很难顾及所有人的价值取向。这样就形成了双输的局面。

理想的情形是每个人都能退一步，思考并审视他在评估一个职业道德问题时是否带有个人偏见。然而，说起来容易，做起来难。当我们卷入某场职业道德纠纷时，不可能区分出哪些是个人的、哪些是专业的、哪些是与组织相关的、哪些是真正的职业道德问题。实际上所有这一切都堆砌成了职业道德的小山丘。

考虑职业道德问题的 16 种方式

如果有人找你帮忙处理另一个人的职业道德问题，你一定要帮助他区分出隐藏在问题背后的各种各样的性格类型因素。经验告诉我们，在处理任何一个职业道德问题时，使用性格中四个维度的偏好来处理是很有帮助的。不管你手头上的职业道德问题是大是小，这些要素都能帮助相关的人更加客观地考虑事情。

危险：置之不理

职业道德问题有时候很容易厘清——只消分辨哪种做法属于置之不理，哪种是能够引发积极行动的讨论。这样就免得浪费时间，做无用功。

所以，当鲍勃在咖啡间走近你，透露销售部门新发现了一个虚报旅行发票的好办法，每周可达几千美元时，你的第一反应是他为何要告诉你这个。是出于嫉妒——他也想参与其中？是担心现金流失会影响他所在的部门甚至他的工作？是因为销售部产品线没有进展而与他们过不去？是他参与了这项阴谋，又出于负罪感透露给你？或者他觉得此事令人愤慨，必须制止？抑或出于上面的多种考虑，才促使他透露给你？重要的是，搞清楚他说这些的动机是什么。尤其要搞清楚，他究竟是想看到这个问题得以解决，还是仅仅因为性格外向才这么说。如果你认定，鲍勃不过是想聊点儿八卦，那就为自己省下了几小时甚至几天的时间，不必费心去解决问题。

要想知道这条关键信息，最简单的方法就是直截了当地发问。例如："你真的很想让此事得到解决，还只是因为外向才侃侃而谈？"一种相对间接的方法则是问鲍勃："你认为我们需要为此做什么？"他若答："我不在乎。这不关我事。"或者"我担心它会影响到你的年终奖，所以希望看到它被制止。"那你就能从中得到些暗示，知道是否要为此劳神。

如果鲍勃是个内向偏好的人，他可能会先问个略显无害的问题"嘿，有空吗"，然后才开始透露这个职业道德问题。接着可能是一些谨慎的描述，包括他在这件事上的立场。内向偏好的人很可能已经权衡了各种考虑，也想清楚了行动步骤。他也许只是想征询你的意见。

当然，内向的鲍勃也可能一言不发，为此事愁眉不展、厌恶作呕。即便你想问他为何事烦心，但直到他提起此事，你显然都无法回应。关键在于，内向偏好的人可以把深感困扰的职业道德问题深藏于心，直到相信能得到回应才会有所透露。内向偏好的人可能会在什么事情都没有发生时就设想全程对话或行动过程，然后假设此事已经解决。所以既然鲍勃肯开口，其实他需要你有所回应。

你的作用在于，帮助他确信自己行为的合理性，帮助他确信其遣词造句只会强化己方立场，而不会让自己或任何人尴尬。问一些澄清立场的问题便能让内向偏好的人得到他们所渴求的关注："你确定这就是你想做的吗？""你觉得老板会在意这个吗？""你觉得琼斯和史密斯会在这件事上支持你吗？"内向偏好的人常常能从一种略显异常的观点中窥知局势——这并非有意为之，而是出于本能。

解决职业道德问题的三个步骤

解决职业道德问题有三个步骤：

1. 聆听和领会。仔细聆听别人说的话，自己尽量不要过多发表意见。给自己许下承诺——至少 24 小时内不考虑采取行动。
2. 寻找源头。查阅 16 种偏好组合对职业道德问题的不同描述，然后询问自己的性格类型可能会对听到的话和你的反应产生怎样的影响。

3．做些什么。请尽快决定它是不是职业道德问题，需不需要采取行动（也许并不像原先那样严重，但需要制定长期的行动计划）。你要对问题的解决提供支持或负责把问题解决掉。如果不这样做，那会浪费你或他人宝贵的时间。

总之，通过性格类型视角来观察一个职业道德问题有三个非常简单的道理。第一，只有你对自己的职业道德行为负责，记住这一点非常重要。不管你的关注程度如何，不管你认为这件事情错得多么离谱，如果别人没有准备响应你，你就不能简单地改变他人的基本行为。第二，当有职业道德问题时，你的是非观念更多地表达了你自己的看法，而不一定是其他人的。你对他人不良行为的指责多数是你基于自己的价值观与理念。第三，你的职业道德观念是你的性格类型长期发展的结果。职业道德会跟着性格一起发展。在你人生过去的某一阶段可以接受的职业道德标准现在却似乎很难接受了，或者你可能很愿意尝试过去你从没有考虑过的想法。

正如你所见，至少存在两种职业道德标准：你自己的和他人的。类型观察不会消除这些差异，它将给你一个更客观的方法找到处理问题的有效途径。

自我管理、性格类型和职业道德	
外向偏好（E） • 力劝自己聆听投诉职业道德问题的人。 • 不要与他人争论或力图胜过他人。 • 评论时尽量做到认真而准确，避免圆滑和草率。	内向偏好（I） • 要敢于说。 • 通过言行，感谢他人的关心。 • 不要让他人的问题成为自己的一部分。
实感偏好（S） • 谈话要注意细节。 • 确认自己的关注是可以达到的，是可以做的，是真实的。 • 确定手头上的事情在你的掌控下是可以解决的。	直觉偏好（N） • 要看到大环境。 • 提问："将来这会是什么样？""可能的结果是什么样的？" • 记住，直觉型是世界上最棒的推论者，常能给那些没指望的事注入新的观点。
理性偏好（T） • 帮助他人实实在在地区分是谁的问题。 • 帮助他人客观地看待和处理问题。 • 关注合理的行动与正当而主观的回应之间的区别。	感性偏好（F） • 注意不是从他人的困境中解救他人或把那看作自己的问题。 • 在与己无关的方面花些功夫，如此，你可以是个好的聆听者。 • 指出不合职业道德的情况是如何由他人的行为和价值观造成的。
趋定偏好（J） • 定义和终止一个问题…… • 要注意快速解决问题。 • 制定一个有时间限定的行动计划。	顺变偏好（P） • 不要催促他人很快行动，因为行动之后他们可能会很难过。 • 帮助他人看到不同方案。 • 明白自己何时应该退让。

（李贯军译）

第 14 章

压力管理

“现在，就是现在，我们不能束手无策。”

如果到目前为止你对类型观察法还所知不多，那你至少应该认识到一种类型的兴奋点对另一类型而言却是压力。比如，你的老板热情洋溢地漫谈他最新项目的前景时，你却可能正在深切忧虑该项目是否能如期完成。同样，你在工作中喜欢边想边做，却极可能令你的老板担心你是否真的清楚你正在做的事情。总之，有些事情对你来说可能是鼓舞和激励，但对他人却是苦恼和压力。

类型观察法让我们对压力有了更深入的认识，它不光对提高利润和生产力非常关键，对保持员工在身体和情感上的健康也相当重要。毋庸置疑，一个人承受的压力越大，就越容易受溃疡、冠心病等疾病的困扰。（特定的压力并不必然导致某种特定的疾病，但是会降低抵抗力。）反过来，人们越是清楚自己的性格偏好，就越能够预防和驾驭压力。

类型和压力练习

可以用类型观察法来简单地测量一下你平时的压力因素。首先，需要简单分析一下你如何分配每天的时间。根据自己的风格，你可以选择与别人一起进行头脑风暴，也可以自己独立整理出在自己典型的一天中所做的所有不同的事情——那都是些什么事？你特别关注哪些人？

接下来，你可以将清单上的每一项都归入相应的四个维度上的八种偏好。例如：

- 有多少时间用于外向偏好（E）活动：参加会议，接电话，与公众会面，处理外部世界的各种要求。

- 有多少时间用于内向偏好（I）活动：闭门工作，反省和沉思，阅读。
- 有多少时间用于实感偏好（S）活动：关注细节，与具体的事务打交道，如付账单。
- 有多少时间用于直觉偏好（N）活动：制定战略，充分想象，审视全局，解读事物的含义或意义。
- 有多少时间用于理性偏好（T）活动：客观地考虑冲突，分析不同行动之间的因果关系，保持对任务的关注。
- 有多少时间用于感性偏好（F）活动：保持对人们的激励，致力于使工作场所令人更愉快，调解人们之间的矛盾，关注他人所担心的事情。
- 有多少时间用于趋定偏好（J）活动：如期完成任务，竭力避免分心的事务，专注于自己的计划，组织安排他人。
- 有多少时间用于顺变偏好（P）活动：对不期而至的人和事做出响应，处理娱乐、消遣等让人分心的事务，灵活处理各种情形。

最后，你可以对自己典型的一天的类型有一个大致的判断。也许你会发现，自己一天的活动类型在很大程度上是ENFP类型的：接一连串的电话，参加会议，代表公司参加社区活动，鼓舞身边的人，随心所欲地处理周边的事。

如果你是一个ENFP类型，那么这是完美的、令人兴奋的一天。但是对于其他15种类型的人而言，这就是令人恼火、精疲力竭的一天。对ENFP类型的反向类型——ISTJ类型而言，理想的一天应该是这样的：在组织内部单独工作，关注每一个细节，分析哪些事情亟待完成，尽量避免卷入他人的事务中，及时完成工作。

即便对与ENFP类型差异甚微的类型，如ENFJ类型，ENFP类型偏好的活动也有相当的压力。ENFJ类型通常按照制定好的计划和时间表工作，如果一天中充满不测之事，对他们而言就是不舒服的。如果是INFP类型，则会因为得不停地关注他人的事务而耗尽心力。

我们发现，你在组织中的地位越高，就越难以自如地支配自己一天的时间。因为身边的人占用了你的时间，控制了你的日程表，还会向你提出意料之外的要求。在这些情况下，你的责任感连同自大心理会不断给你带来那些你并不偏爱的工作活动。

压力因素与对象

压力是不可避免的，而且并非所有的压力都是坏事。事实上，有些压力能使我们保持警觉并积极准备。压力常被比作一个凸形曲线：从低点向顶点移动时，给予我们的更多的是鞭策；而到达顶点时，压力会使我们感到失控；当压力减退时，我们可能失去防备意识或者麻痹大意。所以，一定的压力是不可避免和健康的。

另一个基本事实是，对某种性格类型的人造成压力的人或事可能使其他类型的人得到放松。轻音乐也许会使有些员工心情轻松从而更有效地工作，但对另一些员工来说，轻音乐则无异于用手指甲摩擦玻璃形成的噪声。

不仅音乐，从个人习惯（抖脚、咬指甲、步伐速度）到个人风格（穿着、举止习气、讲话模式），到不同偏好显示出的种种行为等，很多自然存在于我们每个人身上的东西都可能对他人形成巨大的压力。

当然，我们尚未提及诸如人际关系、个人理财、世界危机、股票市场和交货时间等更宏观的压力因素。这些压力源每天都在不同程度上影响着我们，甚至让我们彻夜无眠。

需要注意的是，严重的压力很少是仅由一两个因素造成的。绝大多数案例中都存在着积累效应：个人问题、工作争端以及对周围世界的担忧，这些问题互相缠绕、互相影响，压力也在这当中不断增大。当然，使你最终不堪重负的可能只是一件非常琐碎的事。这就是众所周知的压断象背的一根稻草。

不同类型的人产生压力的方式不同，解读和应对压力的方式也不同。有的人喜欢不停地谈论，和朋友，和邻居，甚至和陌生人；有的人则喜欢深思熟虑各种可能的解决办法。有的人着手迎头痛击压力源；有的人则喜欢回避，宁愿自己想象压力源已经不存在了。有的人把压力解读为具体某个人对自己的人身攻击；有的人则视压力为人生的法则之一，正如死亡和税收，谁也不能幸免。

万事皆在改变

毫无疑问，人们在面临工作场所中的压力时，通常会先变得更糟，然后才会变得更好。工作场所本身，以及其中的方方面面似乎都在变化之中。有人预测，由于少数民族、女性及有特殊需求者在劳动力中的占比越来越高，因此而带来潜在人际将日益增加。日益加剧的全球竞争与不断枯竭的资源意味着，几乎所有组织都需要在增产的同时减员、节能。公司被收购或出售、兼并、破产、淘汰。新技术颠覆了各行各业，加快了工作节奏和人们的沟通方式。以前看起来坚不可摧的组织，如今似乎正在我们眼前变得摇摇欲坠。

这一切都可能造成压力。

作为适应性很强的生物，理论上我们是可以兵来将挡、水来土掩的。但坏消息是，工作场所中占主导地位的领导力类型——理性—趋定偏好，恰恰是那种最无力应对变化的类型。而且这种类型的人具有极强的控制欲，如果不能掌控所有人、所有事，他就会认为管理存在缺陷。然而，如今的各项工作内在相关、全球联动，掌控一切显得越来越不可能实现。此处的一丝火花，足以令彼处燃起熊熊大火。不难想象，这种局面会给大家带来多少压力。

没有放之四海而皆准的方法

具有讽刺意味的是，我们引进了不少计划来减少组织内的压力，但这些计划本身竟也成了压力源。一般我们在制定或设计这些计划的时候，并没有考虑到性格偏好。结果，对某种类型的人而言，这些计划不仅没有减轻压力，反而使压力变得更严重。比方说，一个难堪重负的 ISTJ 类型也许会被要求参加养生法练习，通过锻炼身体帮助他释放压力。但实际上，这样的做法只不过是在他原本拥挤不堪的日程表上又增加了一个事项而已。或者，他会被要求放下工作去放松一下，但这恐怕是最令 ISTJ 类型讨厌的事情了。（的确，如果这么做符合其本性，首先他不会感觉到压力，而且也许早已经计划好了。）不是 ISTJ 类型，不会放慢节奏和放松自己，只是因为类似的活动必须被证实是有积极意义的。后面，我们会了解到，正如有特定的方法来管理各种类型的人们的压力一样，也有适用于理性-趋定偏好（TJ）的人的减压方法。

也许你以前填写过许多问卷，你可以试着识别哪些因素给你带来压力并测量受压程度。问卷通常包括 30 个左右的项目，从死亡、离婚、致命的疾病到晨报每天有没有准时送到等。每个项目都有一个量值，量值越高，该项目造成的压力就越大。当你将所有的分数相加之后，就能判断出自己是一切正常，还是很快便可能因压力过大而影响健康。

但是，知道了这些又怎么样呢？这些信息的确重要，可是如果对性格差异（并非指个人的价值观、年龄、信仰以及类似的东西）没有基本的了解，你可能对如何使用这些信息感到一头雾水，无从下手。如果你是一个 ISTJ 类型，你可能会说："不错，个人的家庭问题也许是个压力源，但这与工作场所可毫不相干。"但是，如果你是一个 ENFP 类型，你可能会这样反应；"除非我和太太解决了这个问题，否则恐怕我什么事也干不了。"对工作中那些可怕的消息，内向偏好（I）的人对谁都不会讲，他们还会为自己的坚定沉着而暗自骄傲，外向偏好（E）的人则可能在当天就找人倾诉。

类型与压力

在一一描述八种偏好的人如何应对压力之前，让我们先指出一些常随压力而至的现象。首先，正如一句古老的格言所指出的那样：等到深陷在鳄鱼嘴前，才知道最初的目的是要放干沼泽。换句话说，压力常常蹑手蹑脚地走近我们，直到我们泥足深陷才突然意识到眼下的处境是如何的不堪重负。随后，压力就像滚雪球一样迅速增大，除非我们找到制止这种势头的办法，否则，很快事情就会变得不可收拾。

生活中总有些事情与我们的控制相关。有些情况我们是可以掌握的，而另一些情况我们却完全无法控制。但是否感到压力则取决于我们能否理智地认识到，哪些事情我们可以控制而哪些我们不能。解决与同事的紧张关系，应该从控制自己的行为、工作习惯和工作责任着手。把怒火发泄在同事身上或试图改变他人，都是于事无补的，甚至会增加压力。你可以控制你自己，这可以使你的压力保持在一定的限度内，但你无法控制他人。正如遭遇交通堵塞一样，你可以选择行车路线，也可以打开收音机或深呼吸，但是你的怒火和压力并不能使高峰时段的交通堵塞有丝毫改变。

通常的情形是生活驱动着我们，或者我们感觉是生活使我们非得按照自己的非偏好行事。比如你是一个实感偏好（S）的人，但常会被迫去思考将来的机会或者制定战略计划。如果你必须大量地依靠非偏好来生活或者工作，那么你的定位就已经错了。也许你责任心强，有些事你能成功完成，但你必须面对超常的压力。

综上所述，压力会在下面四种情况下影响我们：（1）当我们对压力掉以轻心的时候；（2）当我们对事情感到失控时；（3）当我们企图控制我们自己或他人生活中的不可控因素时；（4）当我们被迫使用自己的非偏好功能时。

总之，应对压力的一个基本原理就是了解不同类型的人是如何解读并应对压力的。

每一种偏好如何导致压力和应对压力

常言道，有备无患。就压力而言，的确如此。以下，我们对每种偏好所做的描述，都可能帮助你更有效地避免或应对各种压力情形。

外向偏好（E）与内向偏好（I） 首先，因为在工作场所 **E 偏好**比 **I 偏好**更受欢迎，所以 **I 偏好**总是倾向于"背叛"自己，放弃他们本性的偏好而按照外向型的标准工作和生活。因此，白天工作时他们表现得外向，晚上回到家里则希望能好好充充电（然而，多数情况下却继续被家人和朋友困扰）。一旦知道这些健谈的家伙原来都是披着外向外衣的 **I 偏好**，同事们就会觉得很震惊。对 **I 偏好**而言，这是一种生存技巧，但是须付出承受压力甚至情绪问题的高昂代价。的确，**I 偏好**比 **E 偏好**更容易受种种与压力相关的疾病困扰。

实感偏好（S）与直觉偏好（N） 当 **S 偏好**花费太多时间对未知世界进行理论性思考并将不确定性抽象化时，他们就是在自寻压力。**S 偏好**需要实实在在地感觉或者做些什么，而不能沉溺于梦想王国中。他们常用的口号是"少一点空想，多一点行动"。因此，**S 偏好**减压的一大利器就是：干起来！对 **N 偏好**而言，则恰恰相反。太多细节、账单和限制会导致他们的焦虑上升。

理性偏好（T）和感性偏好（F） 通常，我们认为对 **T 偏好**而言，解雇一个人或者在工作人际冲突中保持客观是一件容易的事。但事实上，**T 偏好**并不比 **F 偏好**受的罪少。争论越多，他们越忧虑。这两种偏好的人的一个较大的不同点是，面对压力，**T 偏好**会正面出击解决问题，从而回到正常的轨道上来，而 **F 偏好**则不惜一切代价回避问题，希望问题能自行消失。

对于偏好清晰的 **T 偏好**而言，压力主要来自那些影响其保持客观性的事情上，情感的大量表露就意味着失控。欢乐、焦虑、亲切、友爱或愤怒，任何公开表露的情感都只会增加他们的压力。你一定听说过 **T 偏好**的经典话语："现在，就是现在，我们不能束手无策。""所有的人都保持冷静。""这种时候需要的是理性的思考，而不是情绪化的言行。"这些都是 **T 偏好**为了避免卷入人际冲突所做的努力。他们会说："当你遇到麻烦的时候，我必须保持冷静和镇定才能最大限度地帮助你。"毫无疑问，**T 偏好**与 **F 偏好**一样有着各种各样的情感，但是他们只会在一定的时间和地点表露出来。任何事情，一旦过于情绪化，都会给 **T 偏好**带来压力。

F 偏好的压力来自过快、过度地卷入人际对峙中，而且不得不自己解决这些问题。当他们陷入与别人的冲突时，会表现出呼吸不正常、头脑不清醒、冷漠，以至逃避。比如一个 **F 偏好**在喝咖啡的时候听说某位同事的婚姻出现了问题。他会一下子介入其中，就像这是他自己的事情一样。但也许过一会儿，当他仔细琢磨这件事之后，他就能意识到自己既不应该陷入其中，也没有时间去处理它。于是，他觉得有必要回避该同事，甚至在走廊碰到时也要远远躲开。哪怕面对面撞上了，他也会显得严肃而不感兴趣，以免被扯进不必要的麻烦之中。而事实上，他的同事根本就没打算向他寻求帮助，所以也为他行为的突然改变而一头雾水。

今天你像变了一个人

时常会有人这样讲你，通常是那些感到你有压力、不安，希望以此能与你深入交流的人。有位朋友告诉我们这样一个故事。

我曾经每个月要为在一个政府机构工作的自己和十几位顾问填写大量的报表以确保我们能按时领取薪资。资料准备工作是大量的，而且还得精确无误，否则财务部门会拒收，使大家不能准时领到支票。作为一个 **ENF 偏好**，我喜欢做这个工作，因为它是在帮大家的忙，为大家服务。但在每个月填写表格的那段时间，关在一个没有窗户的办公室里，我转变成了另一个人。大家都回避我，而我却还没意识到。

终于有一天，一位同事对我说："今天你像变了个人。"我马上表现得很愤怒，指出我为大家服务非常辛苦。当进一步探究此事时，我清楚地意识到这些工作原本不是我偏好的，而是在我的 EN **偏好**性格的对应面——单独工作、处理细节、没有任何创意的空间。

后来，通过调换工作环境，找人帮忙，中间多休息几次，我便能在每个月的这些工作中回到"原来的自己"。尽管工作本身绝不会变得有趣，但至少我不再感到那么有压力，而且对别人的态度也大有好转。

趋定偏好（J）和顺变偏好（P）当J偏好失去控制或得不到结论时，他们会感受到压力，同时也会对别人施加压力。如果让他们悠闲地进行头脑风暴而无意付诸实施，则无异于向他们发送压力的请柬。对J偏好来说，如果一天都充满了“救火”行动、惊奇不断、马不停蹄地干那些未列入计划的突发事件，那真是让人无法忍受的。自然，在这样的过程中他们也免不了有令他人生气的行为，这就使J偏好的压力影响了整个工作氛围。

问题是，一旦处于压力环境下，J偏好便会更加努力地试图控制那些本无法控制的人和事，表现出他对别人也对自己的责备、愤怒和失望。这时，如果他们能够抛开导致压力的突发事件而完成另一件直截了当的事情，对他而言，将是非常有助益的。然而，说起来容易做起来难。简言之，J偏好应该明白：“这件事情不是我能够控制的，所以，我要把它放在一边，先去完成我喜欢的、擅长的工作。”如此，J偏好就迈出了减轻压力的重要一步。

对P偏好来说，压力与工作中的例行公事或不断减少的可选方案成正比。密密麻麻的日程表会使他们压力倍增，一份简单的待完成工作的清单是他们的沉重负担。

P偏好可以和J偏好一样多产，但P偏好更喜欢寻求新方法来完成任务，最起码也要有点变化。正如分散的、无组织的工作场所让J偏好头痛一样，如果事情看起来过于严格而缺少变通的空间，P偏好也会头疼欲裂。

绝大多数令P偏好倍感压力的事情却会让J偏好满意或者心情愉悦。伊莎贝尔·布里格斯·迈尔斯是个相当顺变偏好的人，而她的丈夫却是个相当明显的趋定偏好。有一次，她问丈夫一个问题：“当你完成一项工作后，整理对你来说：（1）必须马上做；（2）可以稍后再做。她丈夫回答道：“还需要第三个选择，（3）乐在其中。”P偏好很难想象第三个选择“乐在其中”。但整理这种事对P偏好来说，如果不得不做的话，他们会感到相当大的压力。相反，如果工作完成后没人进行整理或收尾，J偏好就会感觉到相当大的压力。如果不得不自己做，他们会做，但是他们更愿意让身边的人来完成，当然，这些人可能会觉得很痛苦。

如果能够按自己的节奏行事并且可以尝试各种选择，P偏好的工作效率会很高。如果事情过于例行公事，他们就需要偶尔地休息一下，做点别的什么事情，或者至少要让他们来制定这些程序或常规。任何可以将经验转化为创新或差异的事情都会刺激P偏好提高效率。

面对失去

很明显，最开始你所感受到的失去便是极严重的紧张压力源。但是，在我们咨询工作中发现类型偏好在决定紧张压力源的同时也起着作用。比如，E 偏好会告诉我们，他们紧张和压力是出于孤独，因为一下子少了一个可以沟通和交往的人。他们担心会长时间独处。而 I 偏好则会为单身后又要出去交往新朋友、约会和回到浅薄的社交圈而感到紧张和不安。他们害怕花太多时间"在外"与人交往。

重压下，行为走向极端

有时候，生活会变得不堪重负，以至于我们的行为也大为改变。这种改变，在别人看来是显而易见的，在我们自己却毫不察觉。就像我们变成了"某人"，但糟糕的是，这个"某人"并不适合我们。如果一个 E 偏好嗓门又大又沙哑，没人会觉得奇怪。但如果是 I 偏好，每个人都会侧目视之。简单地说，当我们压力太大时，我们的行为会走向糟糕那一面。

为什么会这样呢？当发生了太多足以产生压力的事情时，如失业、重病、经济问题等，我们就会被压力消耗，以至于我们常用的应对机制也不够用了。于是，我们开始醉酒、失眠，或者采取其他可以伤害自己的行为。渐渐地，我们的外在行为发生了很大的改变。比如一个爱好交际、活泼、富于想象力的 ENFP 类型就可能变得沉默寡言、斤斤计较。换句话说，他可能变成一个 ISTJ 类型的最坏版本。

要理解这种行为突然大幅转变的现象，就必须分析其背后的原因。这些原因可能是必然的、明显的，也可能是偶发的、隐形性的，却在一天或一周内反复多次出现。

我们大多数人都有一种倾向，看到一位朋友需要帮助，就会积极上前了解和分析对方的心病，这没错。但糟糕的是，我们常常方法不对头，好心办错事。乐于助人是一回事儿，但是如果交流不适合对方，结果反倒越帮越忙了。比如你可能劈头就问："哪儿出问题了？""怎么回事？"这样的问话可能会使你的朋友变得自我保护起来。如果你这样鲁莽切入，无异于自找麻烦。

告诉他们你对其行为的观察可能效果会更好些。比如说："我也许帮不了你，但是我觉得你今天特别安静。""你好像不能按照计划完成工作？"这样一来，你指出了他们不同以往的行为，却并没有暗示哪里出了问题。我们不敢保证这种单纯的方式不会引起自卫性的反应，但是它能够更精巧、更不唐突地打破僵局。如果反应不错的话，你可以接着说："如果你有什么事情想跟我谈，告诉我好了。"

打破僵局后，让他们独自想一想你所说的话也许更好。作为一个同事，而不是一个心理专家，你已经做了你所能做也应该做的事情。

应对压力的四个秘诀

因为压力来临的方式是如此多变和不期而至，所以你越了解自己，就能越好地应对它们。在认识了 16 种性格类型可能遭遇的各种压力问题之后，我们发现下面这些具体的技巧很有帮助。

1. 了解你偏好的优势。也许你觉得这点太基本也太普通，但是别忘了，当你面对压力时，你很容易忘记自己是谁，属于什么类型。当然，关键的不是记起代表你类型的四个字母，而是每个偏好的优势。比方说，如果你是一个 **J 偏好**，那么你应该知道自己需要的是结论、控制和组织。你也应该知道自己对偶发状态和不确定性的忍耐力是相对较低的。因此，压力减轻的程度与你可以决定的事情的多少是成正比的。你可以制定一个计划，或者至少列一个清单来帮助自己——核对压力源，要尽可能避免含糊其辞。

   当然，这是建立在你判断偏好明显的基础上的。如果你只有轻微的趋定偏好，对不确定性和模糊性的忍耐力还可以的话，那么你的压力可能来自不知道何时做何事。当面临选择的时候，你无法做出选择。虽然这不同于"决心不做决定"，但是你显得缺乏决心，事情难获进展，压力也在不断增强。你会因为自己的悬而不决受到惩罚，期望你指引方向的人也会倍感失望，每一个人包括你自己都会责备你的优柔寡断。现在你也许会说，缺乏决断的轻微"趋定偏好"似乎很像明显"顺变偏好"。但事情并非如此。显然，**P 偏好**并不寻求自己或他人快速做出决定，而且，他们的优势就是能想出备选方案和途径。他们甚至以不确定性为乐，却会由于被迫快速做出许多决定或眼睁睁地看着某个可能的解决方案仅仅因为被“趋定偏好”贴上“完成”标签就被放弃而心情沉重。有趣的是，倒是轻微“顺变偏好”常常会陷于轻微“趋定偏好”那样的困难和尴尬境地。

其他六种偏好都会产生类似的情况。清晰的偏好给你满足感和方向感，同时也会降低你对非偏好活动的忍受限度；而轻微的偏好给你更多选择，也容易让你不知走向何处去。

2．寻求奖赏。对偏好不明显的人而言，最好的选择之一就是追随工作场所的大流而动。有四个偏好常常与社会标准相冲突：内向偏好（I）、女性的理性偏好（T）、男性的感性偏好（F）和顺变偏好（P）。巨大的压力企图迫使他们向相反的方向改变。无论是在学校、家庭还是工作中，奖赏总被他人获得。如果你也属于其中某个类型偏好，你会发现你越能在工作中按照对立偏好行事，生活就越轻松而且奖赏也越令人满意。如果理性偏好的女性能够强调她们感性的一面，或者感性偏好的男性能够强调他们的思考要件，他们就会发现自己更容易被接受。总之，越了解你自己，就能越好地管理你自己。

但不是每个人都能努力实现这种转化的。有着清晰偏好的人，比如说强烈内向偏好，行为相对更为确定而且很少触及他们非偏好的一面。对强烈理性偏好的女性、感性偏好的男性而言，亦是如此。偏好不很清晰的人反而能更好地唤醒自己的非偏好。

我们并非建议你成为另一个人。不过，如果你能够在偏好间灵活行事，而非逆势而为，那么你就能从适应工作场所的支配性行为风格中受益匪浅。

这是我的晚会，我想哭就哭

如果没意识到类型差异，有时好心帮人也会出差错。来看一下谢丽尔的故事，她是一个 INTP 类型，某个大城市的电视台新闻部主任。感恩节后她搬到了这座城市，开始了这份新的工作。不久她便忙得不可开交，工作和生活都是如此。装修新住所，结识新朋友，构建新的工作团队，以及在工作中确立自己的专业形象等。很快谢丽尔就变得不耐烦，对同事也显得生硬，并不断地躲避各种社会活动，为了使自己有多一点儿独处的时间。她的那些外向的下属觉得谢丽尔需要一个疯狂的圣诞聚会，这样可以让她觉得大家对她的欢迎。然而，当天晚会的惊喜却导致谢丽尔大哭一晚——她的压力已经到了极点，一方面她需要有自己的时间，同时又希望被大家接受和欣赏，但夹在中间使她濒临崩溃。谢丽尔和同事们对此事都有负罪感，也宽恕了对方。是类型观察帮助大家更多地理解了对方。

3. 维持偏好的平衡。第三个秘诀就是在利用你的偏好和锻炼非偏好之间维持一个健康的平衡。譬如说，当 E **偏好**自然而然地将压力诉诸外界——说个不停，也听取别人的意见时，别人也会调整自己的做法，比如说不做回应，甚至避免成为其诉求对象。这样一来，E **偏好**就再也听不到别人的反馈意见了。

   进而，E **偏好**会突然意识到孤独和被拒绝，从而加深了压力的沉重感。E **偏好**被迫转向 I 偏好，学着在 E **偏好**和 I **偏好**之间维持一个健康的平衡。如果在其 E 偏好之外，他们还能够对相关的事情及影响以及别人的反馈进行反省和沉思，那么事情就会有更好的结果。维持平衡的偏好使 E **偏好**有机会先将实感和趋定与自己的内心世界进行审查，然后再回到自己首选的外向行为去，从而确保压力处于可控范围内。

4. 承认冲突是不可避免的。作为生活的一部分，每个人都会受到冲突的压迫。这是无法回避的现实。当然，不同类型的人，处理冲突的方式不同，应对压力的套路也不同。例如，E **偏好**越是坚持谈论某个冲突，I **偏好**就越是拒不开口。反过来，如果 I **偏好**负荷过重并且向别人倾倒自己的压力，到了一定的程度，E **偏好**反倒会变得难受，慌忙避开。总之，每种类型的人都可能将冲突推向极点。其形式可以是一个人的偏好的表现（E **偏好**开始大声地快速交谈），也可以是非偏好的流露（I **偏好**开始无休无止地唠叨）。

最完美的是，我们每一个人都充分了解我们的偏好，而且在冲突的某个时点，我们会说：“现在压力已经到了会使我说出一些后悔的话或者做出一些后悔的事，我得暂时停一下，把问题留到明天再解决。我们到时候再谈。”有时候，三思而行的确会有更好的结果。

八种性格偏好的解压指南

当压力不断增大时，下面的解压指南（见表 14-1）可以当作你的一个很好的参考。请注意，“拓展行动”是一把双刃剑。就像锻炼身体一样，伸展活动可以使身体更柔韧，但是伸展过度也会造成严重的疼痛和不舒服，甚至拉伤。过度的拓展行动也会产生压力。那么何为过度？这一点就因人而异了，必须根据各人的具体情况跟踪和掌握。

表 14-1 八种性格偏好的解压指南

	所需要的	拓展活动
外向偏好（E）	一个表达、交谈和分享的机会	记日记；集中的反省时间
内向偏好（I）	一个书写、反省和调节的机会	即席讨论，分享个人的事情
实感偏好（S）	仔细描述具体的事务；试验性活动	音乐冥想或者想象、讨论未知世界
直觉偏好（N）	根据自己的想象设计；联系经验与知识	体验感觉世界；做些具体的工作，哪怕是校对或簿记
理性偏好（T）	分析事情，对抗和挑战	体会无权力感和失控感；探索非话语世界
感性偏好（F）	肯定和正面的奖励；快乐的学习氛围	客观分析并坚守其结论，即使这与本人的价值观不符
趋定偏好（J）	日程表、计划等	不时地不按日程表行事，看看结果是否积极
顺变偏好（P）	变通的空间；即使事情没完成或未如期完成，也能有所奖赏；自定进度，自我决定	按时实现计划而不做改变，不做无关的、偏离方向的行动

（柯敏坚译）

第 15 章 性格类型在销售中的运用

"让我向你介绍一下割草人俱乐部。"

让我们从最基本的概念开始吧：16 种性格类型的人都能成为出色的推销员，16 种性格类型的人都能成为出色的采购员。

我们可以通过类型观察理解推销的艺术。推销是一种人际间的活动，它成功的秘诀就在于对自我的认识和观察对方的能力。我们已经讲过的多种交流技巧都可以在推销时派上用场。如果你知道何时应该听、何时应该说、何时进攻、何时让步，你就会赢得顾客的信任。

值得一提的是，我们这里讲的不仅仅是推销商品和服务，它包括日常生活中的一切"推销"过程：向老板推销建议，向下属推销工作积极性，向子女推销对生活的热情态度，我们每碰到一个人都会推销自己。本章讲述的概念和理论适用于任何一种推销过程。

推销和传教

推销和传教有许多相似之处。在传教过程中，第一个被说服的人正是传教士本人。他首先要说服自己，他给予的东西正是对方所需或想要的。如果推销员意识到这一点，就接近完美了。

有些类型的人具备传教士的天赋。比如，ENFJ 类型在推销方面要胜过其他人一筹。他们身上的四种天性使他们成为公司的销售明星。

为什么？让我们来分析一下这四种偏好所表现出的天性。

- 显而易见，感性偏好的人在推销方面有他们的优势。他们天生就能设身处地替他人着想，又具备让人无法抗拒的说服力。他们在推销的时候首先关注的不是产品而是顾客。

- 直觉**偏好**的人能够发现潜在的机会，他们工作热情高涨，富有感染力，解决问题的方法别具一格。
- 外向**偏好**的人合群、敢作敢为。通常，如果推销员性格外向，他的顾客也会变得外向起来。不久双方就会打得火热。
- 趋定偏好的人在交易时目的明确、时间观念强，给顾客以值得信赖的印象。

只要分析一下从事不同职业的人的性格取向，我们不难发现，ENFJ 从事的工作总涉及一定的推销，譬如说牧师。心理类型应用中心认为牧师是典型的 ENFJ 类型。一些具备高超推销能力的名人，如比利・葛培理（Billy Graham）和马丁・路德・金等，都是 ENFJ 类型。他们凭借对人类需求的了解和迷人的个人魅力，成功地向大众推销他们的激进思想。

另一个体现推销能力的职业是教师，而教师本身就是伟大的推销员。他们不仅要向学生推销一门学科的知识，还要向他们推销不缺勤和努力学习的重要性。有位博士研究生曾做过一个调查，让教师和管理人员挑选出最出色的教师，结果发现，ENFJ 类型是公认的最优秀教师。

ENFJ 和 ISTP 是截然相反的两种类型。ISTP 类型的四种特点都和推销工作格格不入。他们要想成为推销高手，要付出的努力比其他类型要多很多。

我们讲过，所有 16 种类型的人都可以成为出色的推销员。即使你是 ENFJ 类型，也不能保证你会喜欢从事推销工作，更不用说成为推销好手了。即使你是 ISTP 类型，也不是说你将是个一事无成的推销员。推销是两个人之间复杂的相互作用的过程，性格并不是唯一的成功因素。或许这就是推销工作让人爱恨交加的原因吧。不过，掌握了类型观察方法，我们就会得到一些优势。

开口啊！

有一次，我们替一个公司培训员工打电话的技巧，目的是让他们征询顾客的意见。我们很吃惊地发现，一位性格很内向的员工打电话时不停地点头，却一句话也不讲。电话那一边的人终于不耐烦了，生气地说："你有没有在听我说话啊？"可这位员工还是使劲地点头。我们不得不向他举起一个牌子，上面写着"他看不见你"。这位内向偏好的员工看到了牌子，这才开口。

八种性格偏好在推销时的表现

外向偏好（E）的人　天生伶牙俐齿，坚持不懈，进取心强，能够说服每个可能的顾客。他们不停在聚会上、超市里、俱乐部等处搜寻猎物，不会轻易错过任何一个机会。我们在前面讲过，外向偏好的人会使3/4的人产生共鸣，别人的共鸣越强烈，外向偏好的人就越有干劲。这样一来，买卖双方就互相激励。你哪怕只是稍微表示一下赞许，外向偏好的推销员就会带给十倍的赞许。他们不停地提出“你看出它的好处了吧”等问题让你回答，让你跟上他的思路，从而熟练地操纵着整个推销过程。

外向偏好的人的优点也正是他们的缺点。他们讲话太多，重复太多。如果你对他们的说辞无动于衷，他们肯定会再重复一遍，他们会提高嗓门，加快语速，给人一种强买强卖的感觉。想要减少这种感觉，外向偏好的人可以少说多听，但这明显不是他们的强项。对于外向偏好的人，最糟糕的情况莫过于顾客没有做出预想的反应。当外向偏好的人认识到自己没能打动顾客时，他们还是不停地说啊说，不给顾客开口讲话的机会。如果顾客还是不作回答，外向偏好的人就会变得情绪低沉，不是退缩下来，就是和顾客争吵一通。

内向偏好（I）的人　善于聆听，无论是遇到外向偏好还是内向偏好的顾客，都有用武之地。例如，外向偏好的顾客会说：“我的确需要一个，它使用方便吗？”推销员只要点点头就能达成这笔交易。而内向偏好的顾客会比较喜欢内向偏好的推销员提供的距离感，让他们有机会思量一番后再做定夺。一旦内向偏好的推销员真的开了口，他们会实事求是地讲，虽然只有寥寥数语，却经过深思熟虑，显示出极大的自信。

但是，内向偏好的人看上去冷淡疏远，他们寡言少语，可能会漏掉重要的信息或产品的关键卖点。从外表上看他们缺乏热情，无法激发顾客的兴趣。他们难以证明自己对产品的信心。如果说外向偏好的人有些强买强卖，内向偏好的人则有些缩手缩脚。

实感偏好（S）的人　喜欢实实在在的推销过程，对于他们来说，推销就是以一定的价格换得商品或服务。在会见顾客时，实感偏好的人经常会带上详细的产品技术性能数据，真可谓武装到了牙齿。他们急于同顾客分享这些技术数据，有时候会让顾客吃不消。例如，一个实感偏好的汽车推销员会提供包括标价、喇叭等细节信息。

当然，并不是每个顾客都需要这么详细的资料。实感偏好的推销员提供的详细资料会使顾客不知所措，并掩盖了顾客的真正需要。有时候，他们简短的就事论事的回答方式也会收到不好的效果。例如，顾客问："这车有五级变速吗？"实感偏好的推销员简单地回答道："没有"。顾客并不一定真的关心车的变速箱，而是想知道这种车型有哪些配置。直觉型的顾客尤其不喜欢实感偏好的推销员不厌其详的介绍，这只会让他们越来越摸不着头脑。

直觉偏好（N）的人　能够创造机会和可能性，这是他们的一大财富。直觉型的人一般都充满热情并能感染别人。他们独具慧眼，可以看到别人看不到的东西。如果看到一大堆废旧轮胎，直觉偏好的人能够想到化废为宝的妙招：用作码头上的防撞器、秋千甚至花盆。

显然，这样的创造力会激怒买主。例如，你揣着一笔钱走进商店，计划以某一价格购买某件商品。突然，有人热心地向你介绍其他商品。（"哦，你想买割草机，那你也应当考虑一下这个修剪器和施肥器。既然你有这么多空闲时间，那就该买一套草坪上的桌椅。"）诚然，这样可以增加销售额，但也会打消顾客的购买欲。直觉偏好人不是马上成交，而是沉浸在更宏大的推销计划中（"我向你介绍我们的割草人俱乐部，成为会员后，可以获得积分，下次买我们的商品可以打折"）。有时候，他们的热情过于高涨，以至于冲昏了头脑，非常夸张地介绍产品（"有了这台割草机，你用不着经常剪，而且它绝对不需要保养"）。运气好的话，这样做只会吓跑顾客，运气不好的话，会被人告上法庭。

理性偏好（T）的人　在推销过程中，总是保持善于分析、富有逻辑，他们能为买每个东西提供合理的理由。如果你为买一个自己不需要的东西寻找一个理由，那么去求教一个理性偏好的人，他决不会让你失望的。如果某份权威性的报刊上刊登了关于某种商品的文章，**理性偏好**的人几乎一定会把文章里的内容告诉你，甚至会把文章拿给你。理性偏好的人推销时强调产品的质量。他们会说：如果你后退一步，客观地打量这个产品，你会明白，它绝对结实耐用。虽然你不太中意它的外观，但长期使用后，你肯定会喜欢上它的高质量。对**理性偏好**的人来说，品牌和民族忠诚度都不如质量重要。（"我也知道应该鼓励你买国货，但是在国货的质量赶上这个产品之前，我还是要向你推荐这个进口货。"）

八种偏好类型中，**理性偏好**的人看起来最冷漠、最傲慢。他们觉得，既然我给你讲清楚了，你怎么还犹豫不决？如果你不同意我的话，不要只是说“好像不大对”。**理性偏好**的人无法想象，有的人根本就不喜欢某个商品，不管它有多好。有时候，对于理性偏好的推销员，在争论中获胜比卖出东西更重要。

感性偏好（F）的人　能成为出色的推销员。他们善于站在对方的立场上考虑问题。他们会问自己：“要是我买了这件商品，会有怎样的感受？”**感性偏好**的人把顾客的需要视作第一位。“顾客永远正确”是**感性偏好**的人的口号。因为天生善于换位思考，他们从头至尾都和顾客保持良好的关系。哪怕顾客发现自己需要的是别的东西或希望更多的时间考虑，**感性偏好**的人都会积极地满足顾客的要求，无论他们最后买什么，什么时候做出决定。顾客甚至会因为没有从他们那里购买而感到抱歉。

这样一来，顾客的需要主导了推销过程，所以销售额会下降。**感性偏好**的人的感情支配他们的行动，他们会允许顾客赊账（“我看得出你需要它。拿去吧，回头再付钱”），给顾客一些赠品（“我的老板肯定会发火的，但是把这些也拿去吧”），甚至替顾客买下来（“我听说你在找这种东西，所以冒昧地替你买了”）。**感性偏好**的推销员特别想帮助别人，赚钱对他来说只是点缀的东西。**感性偏好**的人的最大的缺点在于他们把一切都过于私人化。每当一笔生意没做成，他们的工作热情和效率会受到很大的影响。

趋定偏好（J）的人　做一切事情都井井有条，有支配欲。他们语言表达清晰，能给予顾客确切的回答，而且能引导犹豫不决的顾客。在整个推销过程中，**趋定偏好**的人时间观念强，让自己和顾客的注意力都聚集在成交上。他的引导使顾客觉得放心。（“他显然知道他在说些什么。我终于找到了可以信赖的人。”）

但是**趋定偏好**的人缺乏灵活性，他们受不了顾客的优柔寡断。因为相信自己是正确的，他们好与人争论，对顾客尖酸刻薄。他们不大懂得变通，因而对顾客自己的观点不理不睬，最后失去一笔交易。最糟的情况是，**趋定偏好**的推销员显得胆大妄为、急于成交，令人讨厌。

顺变偏好（P）的人　给推销带来无限多的可能性。无论你想要什么，**顺变偏好**的人都能帮你找到，即使找不到完全一样的，也能找到几乎一样的。他们天生善于提问题和详细说明，所以能轻而易举地让顾客做出购买的决定。他们不控制交易的进程，而是跟着顾客的节奏走。（“这东西挺贵的，用不着急着做决定。”）**顺变偏好**的人非常灵活。在他们看来，顾客该买的时候总会买的。

即使这次没买，下次也可能会买。

自然，这些特点也会影响推销的效率。**顺变偏好**的人不急于成交，可能难于达到销售指标。因为他们喜欢提问题，会使寻求建议的顾客因为得不到建议而觉得灰心。**顺变偏好**的人做事不太有条理，会减弱顾客对他们的信心。另外，顺变偏好的人做事有些拖拖拉拉，约会时会迟到，经常把一桩好买卖奉送给足智多谋的竞争对手。

要分辨一个推销员是趋定偏好的还是顺变偏好的，可以做下面的测试：问问他某件商品的使用方法和他的意见。顺变偏好的人会澄清你的问题，会反问你一个问题，并对回答进行限定。而趋定偏好的人会干脆地告诉你他们的意见。所以，如果你问一个服务生："今天有什么推荐的？"如果这个服务生是顺变偏好的，他会说："这要看你喜欢什么。如果你喜欢吃鱼，有两三道菜非常美味。还有一道蛋奶火腿蛋糕也不错。许多人都喜欢汉堡包。不过，这要看你想吃什么。"顺变偏好的服务生会毫不迟疑地回答："鲑鱼"。

"咝咝声"和"牛排"

如果你曾干过推销，那你一定知道"咝咝声"和"牛排"的区别。前者把你引向店铺或陈列馆，但不一定买东西，而后者则是产品本身。

让我们用轿车打个比方。"咝咝声"包括大肆的宣传、广告、推荐、店址等，它们诱导你考虑购买某种轿车。"牛排"则指车子本身，包括它的设计、结构、安全设施、颜色和价格等实实在在的东西。

要想成功地售出商品，"咝咝声"和"牛排"缺一不可。你必须利用"咝咝声"把人们吸引过来，然后把"牛排"——令他们满意的商品——卖给他们。但是你首先要制造出"咝咝声"，否则顾客是不会认真考虑"牛排"的。

每种类型中的四个字母在推销过程中都很重要，它们起到不同的作用。其中两个代表"咝咝声"，另两个代表"牛排"。

"咝咝声"：E-I 偏好和 J-P 偏好

性格类型的第一个和最后一个字母——外向或内向和趋定或顺变是性格中最社会性的方面，它们形成推销员和顾客相互间的第一印象。如果一个顾客急于透露很多信息，可以判断他是个外向**偏好**的人。如果他只是默默地听推销员的话而不做出任何反应，可以判断他是个内向偏好的人。如果你是个外向偏好的人，你可能会热心过头或同顾客发生争论。内向偏好的推销员则需要深吸一口气，提起勇气，并显得轻松自如。趋定偏好的推销员需要给予顾客一些额外的时间，允许双方讨论一些和成交无关的问题。顺变偏好的推销员应该把注意力集中在一两件备选的商品上，促使顾客下决心。

在推销中，这些社会性的性格偏好最有可能制造麻烦。它们可以在片刻间减弱或加深顾客的戒心，引发和顾客的争论，侵犯顾客的心理领地，使推销员显得过分热心而咄咄逼人，或者过于矜持冷淡。但是，如果你能够意识到这些，你就可以避免这些危险，把顾客从大门引向收银台。换句话来说，这些性格偏好代表了“嗞嗞声”，它们吸引顾客，让他们产生兴趣。

“牛排”：S-N 偏好和 T-F 偏好

当顾客开始考虑产品本身的时候，这两组性格偏好就起到更大的作用。如果推销员运用得当，就可以达成交易。

对 **E-I 偏好**和 **J-P 偏好**而言，如果推销员和顾客有相同的偏好，那是一个优点。但是对于 **S-N 偏好**和 **T-F 偏好**而言，相反的偏好却能够吸引顾客。实感偏好的推销员可以让直觉**偏好**的顾客集中注意实实在在的细节，而直觉**偏好**的推销员可以向实感偏好的的顾客提供一系列可能性。理性偏好的推销员可以帮助感性偏好的顾客考虑某件商品的客观成本和特性，而感性偏好的推销员可以帮助理性偏好的顾客考虑该商品所能带来的回报和满足感。

的确，实感偏好的推销员还是会用一堆细节把顾客淹没，直觉偏好的推销员会注意一些对顾客不重要的因素。理性偏好的推销员会热衷于逻辑性争论，忽略顾客的个人需要。感性偏好的推销员钟爱那些“感觉好”的产品，对顾客的客观性需要视而不见。

关键之处在于要理解，要想做成一笔生意，既需要“嗞嗞声”又需要“牛排”。但是作为推销员，你的工作与产品没太大关系，你主要是要迅速揣摩出顾客是外向偏好的还是内向偏好的，是趋定偏好的还是顺变偏好的，然后利用这个信息推销产品。

运用类型观察达成交易

尽管“嗞嗞声”和“牛排”很重要，但对顾客进行心理分析远没有理解你自己更关键。一般人都知道，只有分析清楚顾客的心理，才能在交易中占到上风。但是，如果你不清楚自己的类型，无论怎么分析顾客也没有什么用处。

下面是一些推销时要考虑的具体事情。

如果你是外向偏好的人

有些外向偏好的人会喋喋不休，从天气说到爱好，让别的外向偏好的人都难以忍受。你也许会讨好别人，但也可能令人无法忍受。如果你想说话，请给顾客开口的机会。顾客讲话时，一定要认真听。在发表自己的见解前，可以先重复一下对方的话。

善于倾听对你来说至关重要。哪怕是非常外向的顾客也希望有时间静静地想一想。如果顾客说:“谢谢，我只是看看。需要什么的话，我会喊你的。”那么你应当让他自己转。外向偏好的推销员经常会跟着顾客，不时提供一些看似有用的信息。他们以为这样会帮助顾客，但殊不知这种“帮忙”会使顾客产生戒心。

如果你是内向偏好的人

因为顾客希望自己得到重视，所以你一开始就要用语言表示出对顾客的兴趣，甚至谈论一些琐碎的话题。虽只是寥寥几句话，却可以让顾客知道你乐于帮助他。即使声称“我只是随便转转”的顾客也希望知道你在哪儿，需要你帮助的时候找得到你。

内向偏好的人应当大胆地把他们认为自然而然的事说出来。比方说，当顾客进门时，应当向他表示欢迎。许多内向型的推销员都认为，顾客进到店里来，是因为他想买某个东西，他能够自己挑选，他需要帮助时会开口的。内向偏好的顾客逛商店时的确如此。但是作为推销员，无论顾客叫没叫你，你应当表现出关心，积极给予帮助，这样的话，做成交易的可能性会大许多。

如果你是实感偏好的人

你的特点是特别关注产品的实用性和实实在在的细节。如果顾客好像已经了解这些知识，你可以提供一些具体细节之外的帮助，这样做会让顾客多一个角度考虑。如果顾客已经多方面考虑过了，但是缺乏对产品的详细了解，你的具体详细的介绍刚好可以发挥作用。

对于你来说，认真听取顾客的想法也是很关键的。只有认真听了，你才能提供顾客真正需要的信息，才不会劈头盖脸地大讲一通产品的细节特点。你可以时不时地征询顾客的意见："你想知道它怎么运行的吗？""我会告诉你什么会对你有帮助。"从顾客的答复中，你可以确定下一步该做什么。

如果你是直觉偏好的人

你大致了解产品和它的优点，但是缺乏详细的知识，如果你仅依赖生产商提供的规格图，虽说也不错，但是当你面对某些打破砂锅问到底的顾客时，你的知识就不够了。你可以说："请看这张规格图，让我重点介绍几个特点吧。"这样，不仅说明你对产品的细节感兴趣，而且表明你工作准备充分。

当然，碰到对技术规格着迷的人，你大可利用你的直觉优势，让他看到产品的无形特点，包括声誉、历史、保值性和公司的稳定性。

如果你是理性偏好的人

你总是在想为何这个产品是一流的。通过逻辑思维，你就能明白某个顾客买某件商品的原因。你的推理经常天衣无缝，你的信心会扩散到顾客身上。

但是，你要明白，并非一切都是符合逻辑的。如果无法满足顾客的需要，一切推理都是徒劳无益的。即使顾客同意你的推理，但是如果他把你的信心看成傲慢，你就很难做成交易。如果你坚持自己的逻辑，很可能和顾客为某件商品的优点争个面红耳赤，顾客当然不会乖乖地掏腰包了。

虽然你的逻辑相当有价值，但是你必须和顾客的想法合拍。你可以问一些开放式的问题，了解他们的需要和兴趣，例如："你觉得这个怎么样？""你还想知道些什么？""它和你想象的一样吗？"这样，你可以合理地运用你的逻辑分析能力，而不至于强加于人。

如果你是个感性偏好的人

你的关心备至给顾客带来满足。你希望既达成交易又能让顾客高兴，但是这两个目的有时像鱼和熊掌一样无法兼得。例如，你的顾客喜欢一件东西，但你认为并不合适，这时候，你会很为难。再者，你和顾客的目的会同你的老板的目标发生冲突。你会自言自语："我知道她买不起，但是她穿上真漂亮。我给她打个额外的折扣吧。”这绝对是个高尚的举动，但未必是个明智的决定。

你应该把自己的关心和顾客与雇主的利益区分开。你的工作不是救助顾客或拯救世界，而是卖东西，让顾客觉得自己很棒非常重要，但同时也要顾及公司的政策。你不可过分同情顾客，而应该保持冷静和客观。听到顾客的担忧时，你要意识到这不是你的问题，你也不必负责解决它们。你善于帮助别人，这的确很好，但是注意不要超出合理的尺度。

如果你是趋定偏好的人

你的强项在于达成交易，促使顾客做出决定并付款。你的果断之中体现着自信，可以激励犹豫不决的顾客下决心，给予所有的购买者一种感觉：自己买对了。但是，由于你喜欢在时机还未成熟之际固执地把你的判断硬塞给顾客，因此可能会失去顾客。如果你口气过于强硬，急于成交，会使顾客觉得自己像二等公民，跟你发生争吵，于是气呼呼地说：“应该我说了算吧！”。

你喜欢提供答案，但尽量不要这么做，而是问一些开放式的问题（见我们给理性偏好的人提供的建议）。提醒自己要耐心、善于变通、积极对顾客的需要做出回应。尽管要做到这些不容易，但是如果你给了顾客一定的思考空间，生意一定能成功。

如果你是顺变偏好的人

你总是听取顾客的需要，并适时提供一些建议。你表现得很热心，使顾客觉得得到了尊重。你看得出顾客是想买东西还是随便逛逛，知道顾客要买什么还是需要更多的信息。但是如果不小心，你还是会竹篮打水一场空。因为你一味地忙着介绍产品、提供建议，一切都顺其自然，即使一个果断的顾客也会犹豫起来。你失去了一笔交易，只是因为你太过灵活。

你应该集中介绍对成交最为重要的方面。如果你要介绍其他产品，不管你知道多少，千万不要超过两个。努力使双方讨论的内容停留在可能卖出的物品上，要勇于抓住时机敦促顾客做出决定，你可以说：“我觉得这件蛮合适你”或“那我给你包好吧”。

成交

总之，想要成为一个销售明星（或者一个精明的消费者），关键在于对自己的认识。如果你了解自己的优点和缺点，能够监督自己在推销过程中的思想和行为，你就能够控制局面，并圆满地做成一笔交易。

性格类型在销售中的运用

如果你是一个……

领导一个……	外向偏好（E）	内向偏好（I）
外向偏好（E）	• 保持安静，让顾客讲话；提出问题，以发现其需求。 • 顾客推销自己的想法时，不要打断他。 • 开口前再考虑一下，不需要讲的不要讲。	• 记住，顾客也需要讲话，要发现顾客的需要。 • 要敢于重复。 要微笑、点头，动作幅度要更大些。
	外向偏好（E）	内向偏好（I）
内向偏好（I）	• 最重要的一点：留给顾客一些空间。 • 记住：尽管你想说话，但是要尊重顾客喜欢安静的需要。 • 保持安静，显示出对顾客的关心，会增加顾客对你的信任度。	• 虽然你们双方都喜欢安静，你应该采取主动。 • 不要以为双方不用对话顾客就会买东西，你应该询问顾客想买些什么。 • 想象一下，如果你是顾客会希望推销员做什么，并照此办理。
	实感偏好（S）	直觉偏好（N）
实感偏好（S）	• 提醒自己，顾客具备产品的基本知识。 • 准备向顾客介绍产品的实用特点。 • 切记很可能顾客已经查阅过产品的详细资料。	• 不要添油加醋。 • 预先了解产品的三个技术指标。 • 泛泛而谈只会使顾客觉得更困惑。
	实感偏好（S）	直觉偏好（N）
直觉偏好（N）	• 太多的具体介绍会让顾客觉得窒息。 • 介绍产品的三个大的特点。 • 你的顾客希望得到鼓励，喜欢令他兴奋的话题。	• 介绍产品的用途和实用性。 • 顾客可能对产品的潜在含义感兴趣，而对产品的具体情况无所谓。 • 不要被引向无关的话题。时刻牢记自己的任务是卖出当前的商品。

如果你是一个……

领导一个……	理性偏好（T）	感性偏好（F）
理性偏好（T）	• 不要和顾客争论产品的优缺点。 • 要维护顾客的自尊心。 • 努力和顾客建立起友好的私人关系，这有助于目前和日后的交易。	• 顾客信任你时，更愿意成交。 • 顾客拒绝你的产品或推销并不是拒绝你。 • 告诉顾客购买产品是合乎逻辑的。
	理性偏好（T）	**感性偏好（F）**
感性偏好（F）	• 记住，你的顾客对待一切都比较情感化。 • 向他解释买这件东西对他本人的好处。 • 当顾客喜欢或信任你时，更愿意成交。	• 尽管你们聊得很投机，但要记住你的工作是销售商品。 • 要敢于阐述你的观点。 • 应当从顾客的需要、价值观和欲望出发，而不是你的。
	趋定偏好（J）	**顺变偏好（P）**
趋定偏好（J）	• 承认顾客是对的，尽管你怀疑他是错的。 • 有时候，你无须提供建议。 • 提醒顾客："你可以再考虑几分钟，不要忽略了其他选择。"	• 建议顾客："你可以再考虑几分钟，不要忽略了其他选择。" • 顾客可能喜欢你的灵活性，但也可能喜欢你提供一些指导和建议。 • 成交时，顾客觉得如释重负；如果你再提供额外的数据和选择，他会变得焦虑。
	趋定偏好（J）	**顺变偏好（P）**
顺变偏好（P）	• 向顾客提议："你再仔细考虑一下我们看过的几个款式，好吗？" • 虽然顾客喜欢你的指导，但是不要过于强求。 • 你觉得自己的指导很中肯，但有时顾客会觉得受到了威逼。	• 向顾客提议："你再仔细考虑一下我们看过的几个款式，好吗？" • 当顾客摇摆不定时，可以排除一些选择，提供一些指导和建议。 • 如果顾客犹豫不决，留出时间，让他理清思路。

（高军译）

第 16 章

性格类型观察朝九晚五

问：“这本书是关于什么的？”
答：“大概 250 页吧。”

现在你已经非常清楚什么是工作中的类型观察了，但实际上这只触及了它的一些皮毛。而在另一本书《性格类型漫谈》中，我们详细描述了类型观察在生活中的作用，它不仅对我们的朋友、恋人和夫妻之间的关系非常有用，同时，对教育、处理父母与孩子之间的关系同样有着极为重要的意义。

“物以类聚，人以群分”。人一旦有选择权，总是对同类型的人产生吸引力。不管是招聘、社交或加入某个组织，人们倾向于接受与自己相似的人。根据我们的经验，除了婚姻和子女教育有些例外，这几乎适用于任何人群。

表 16-1～表 16-5 中的数据真实地反映了企业员工的状况。有些员工的类型很自然地与其上级很相似，或者他们正刻意地接近其上级的类型。我们对来自几百家公司的两万多人实施了 MBTI®并采集了这些数据。他们代表了公司的各个层面，从新员工到首席执行官。这些公司既包括世界 500 强也有新开张的夫妻店，涵盖了银行、食品加工、保险、财务、法律、生产制造、媒体、高科技、政府及军队等各个行业。

有一种说法认为公司、军队及政府中的人员情况极其不同。我们的数据证明了这种说法是错误的。从类型学的角度来看，四星上将、高级公务员和首席执行官是很相近的，中将、政府部门主管与企业的中层经理非常相似。这三种不同行业里的低层员工也极其相似。事实上，我们曾考虑过就不同的团体提出不同的类型报告，最后发现他们互相之间的差别微乎其微。

如果真有什么区别的话，应该是与性别有关。女性在军队和政府机关比在企业里的运气要好些。我们发现在军队和政府机关里女性在高层所占的百分比要高些，而这些女性多为感性偏好（F）。总之，这三种不同行业里的人大多是理性—趋定偏好（TJ），因此男性比女性更多。

新员工

在组织架构的最底层广泛分布着这 16 种类型。你可以看到，当一个人逐步踏上他成功阶梯的时候，情形就不同了。理性偏好（T）和趋定偏好（J）将成为领导，他们会创造一个以生产为导向的、有效的奖励系统，在这一系统中，目标、时间进度、计划和最后期限比创造力、变革和战略计划更重要。

表 16-1　新员工类型分布

新员工（人数 1 320 人）			
ISTJ 19%	ISFJ 8%	INFJ 1%	INTJ 3%
ISTP 8%	ISFP 9%	INFP 5%	INTP 2%
ESTP 5%	ESFP 5%	ENFP 5%	ENTP 2%
ESTJ 16%	ESFJ 8%	ENFJ 2%	ENTJ 2%

中层经理

当一个人向成功迈进的时候，性格类型的趋向更为明显。可以看到，感性偏好（F）和顺变偏好（P）的人逐渐减少，他们或者还是待在公司的底层，或者离开公司选择其他的职业。在底层人员中有 58% 是理性偏好（T），在中层经理中有 86% 是理性偏好。ISTJ 类型（带有外向理性的内向实感偏好）这一群体尤其突出，而且他们还会朝更高的职位发展。

表 16-2 中层经理类型分市

中层经理（人数 4 789 人）			
ISTJ 29.6%	ISFJ 2.6%	INFJ 1.5%	INTJ 10.1%
ISTP 4.2%	ISFP 1.0%	INFP 1.4%	INTP 3.2%
ESTP 3.3%	ESFP 1.1%	ENFP 1.3%	ENTP 6.0%
ESTJ 19.9%	ESFJ 2.8%	ENFJ 1.8%	ENTJ 9.9%

高层经理

组织金字塔的高端类型分布在这里趋于集中。高层经理，如分公司经理、部门经理、副经理等，93%是理性偏好（T），外向偏好（E）和实感偏好（S）较多一点，占了 56%。

表 16-3 高层经理类型分布

高层经理（人数 5 300 人）			
ISTJ 20.7%	ISFJ 1.7%	INFJ 0.6%	INTJ 11.2%
ISTP 3.9%	ISFP 0.1%	INFP 0.6%	INTP 5.5%
ESTP 2.8%	ESFP 0.2%	ENFP 1.3%	ENTP 8.1%
ESTJ 22.8%	ESFJ 1.6%	ENFJ 1.1%	ENTJ 17.7%

高级行政官

组织中的最高领导人几乎清一色的是理性-趋定偏好（TJ），其中理性偏好（T）占了 95%，趋定偏好（J）达到了 87%。美国民众大部分是实感偏好（S），占了总人口的 2/3，在高级行政官群体中也呈现了相同的比例。外向偏好（E）和内向偏好（I）的人几乎各占一半，略微偏内向。非常有趣的是，INTJ 类型和 ISTJ 类型的数量与他们在整个人口中的数量大相径庭。现在来看看 ISFP 类型。他们在底层工作人员中占了 9%，比在整个人群中的比例略高。而在高层职位中几乎见不到 ISFP 类型。他们去哪了？如果是女性的话，那么她们大多被排除在工作行列之外，男性则可能自谋出路，且通常在服务性行业，如美容师、主厨、护工、牙医助理等。

表 16-4 高级行政官类型分布

高级行政官（人数 2 245 人）			
ISTJ 32.1%	ISFJ 0.5%	INFJ 0.2%	INTJ 15.8%
ISTP 2.5%	ISFP 0.1%	INFP 0.4%	INTP 1.3%
ESTP 1.0%	ESFP 1.0%	ENFP 0.8%	ENTP 5.3%
ESTJ 28.0%	ESFJ 0.9%	ENFJ 0.7%	ENTJ 9.4%

培训师和教师

我们把培训师和教师独立出来是想说明他们和接受培训的人有很大的不同，在性格类型上几乎完全相反。如果他们还在公司就职的话，大多是直觉—感性偏好（NF）和实感-感性偏好（SF）。他们中感性偏好（F）的人几乎是高级行政人员的 11 倍。总之，这群人大部分是外向偏好（E）（占 73%）、直觉偏好（N）（71%）、感性偏好（F）（58%）和顺变偏好（P）（43%），他们为大部分 ISTJ 类型的员工设计并实施培训课程。

表 16-5 培训师和教师类型分布

培训师和教师（人数 2 951 人）			
ISTJ 6.0%	ISFJ 2.5%	INFJ 3.0%	INTJ 8.0%
ISTP 1.0%	ISFP 0.5%	INFP 4.0%	INTP 2.0%

续表

培训师和教师（人数 2 951 人）			
ESTP 1.0%	ESFP 2.5%	ENFP 25.0%	ENTP 7.0%
ESTJ 8.0%	ESFJ 7.5%	ENFJ 8.0%	ENTJ 14.0%

职业指导：接受这份工作并热爱它

类型观察在帮助个人寻求个人职业发展时显现出的功能是无与伦比的。MBTI®和许多著名的职业指导测评工具如 KUDER（职业兴趣调查），STRONG（兴趣目录）等有很高的相关性，证明了特定的类型确实在某些岗位中表现得相当出色。

必须铭记在心的是，MBTI®测试的是性格偏好，而不是技能。任何类型做出一定的努力后都能做好任何工作。当然，也有天生是否合适的问题，对自己的性格了解得越多，你在选择职业时就更自信。通过类型观察我们已帮助成千上万人找到了职业归宿并使其职业生涯发展顺畅。这当中有高中生、面临中年危机的人，也有在退休后寻找职业的人。让我们印象非常深刻的是对自己天生的偏好了解得越多，原先可能会被忽视的众多就职机会也会成为可能，从而拓宽了就业机会。

在选择工作和职业的时候，大多数人会受周围的人或环境的影响。这些影响使我们失去了许多极好的职业发展方向和方法。高中生从他们的父母和不专业的职业顾问那里得到很多“大家都……”之类的建议，这便是很好的例子。人到中年后才会渐渐发现自己天生的优势和技能，而以前则一直被埋没了。这就是“大家常做的”和“我真正想做的”之间的一场拔河比赛。从很多例子中可以看出，成功的关键是提高自我意识。尝试使用类型观察吧。没有比这能更好地帮助你认识“你是谁”、“你在哪”和“你想去哪里”。

很难一一列举通过类型观察来做职业指导的成功案例。为人们津津乐道的是一个叫约翰的年轻大学生的故事。约翰一心想成为工程师。这是他父亲的事业，作为长子，父亲很希望子承父业。约翰是一个 ISTP 类型，他非常聪明并有着很强的解决问题的能力，他只对工程方面的课程感兴趣，但让他花几年时间在大学里学习那些看上去与他毫不相干的理论基础课程，他则没有丝毫兴趣。这种深奥的课程丝毫不能激起他的兴趣，相反，实际动手给他带来了迅速的满足。他对工程中实用性的一面非常感兴趣，但第一年的大学生活并没有让他在这方面得到发展。

大学生活的第一年快结束的时候，约翰决定退学，这使他父亲非常沮丧、失望和愤怒。由此他也陷入了自责的状态中。对这个极其有天赋的年轻人，学校也没有提供更多的帮助。

我们用类型观察帮助约翰和他父亲认识到他们两个都没错。他们只是属于不同的类型而已。约翰的父亲是实感-趋定偏好（SJ），信奉传统、方向明确和安定的生活，并坚信大学是通往目标的必经之路。约翰是实感-顺变偏好（SP），这种类型的人倾向于顺其自然的生活方式，认为如果需要的话，随时随地可以重新拾起大学的学业。目前约翰不想让他的双手闲着，而想动手做些实实在在的实践项目。认识到互相之间的差异之后，双方达成一致，同意约翰暂时不修这些理论课程，在家里的支持下参与一些自己真正喜欢的工程项目。

贝弗莉的故事又一次验证了职业指导的作用。贝弗莉 39 岁，是一个非常有天赋的 INTJ 类型（带有外向理性的内向直觉偏好），她在整个职业生涯中不停地更换工作。每次她都很快得到升迁，但每次她都认为她周围的人无能、僵化并对他们失去耐心，于是每次都愤愤而去，认为她的工作没有得到赏识。而她的前同事们都认为这个女人太傲慢。最后贝弗莉自己不可避免地陷入深深的沮丧之中。

使用了性格类型进行分析之后，我们发现贝弗莉是她这种类型的真实写照：独立、思路快，是非常出色的系统设计师。当然，她对细节，以及去实施自己设计的系统却丝毫没有耐心，也不懂为什么别人不愿接纳她的想法。就像她自己所说的："公司看到了我的才华，所以他们提升我；我知道我的想法是好的、可行的。我知道公司该怎么做。为什么其他人都跟不上呢？"

问题是以 INTJ 类型为人处世的方式，她很少顾及别人的需求，也不知道怎么向同事们兜售自己的想法。我们帮助她认识到她的行为是非常典型的 INTJ 类型，和其他每个类型一样，都有相应的优势，也有薄弱点，不应因此有负疚感。解决问题的关键是将她的洞察力、管理能力同人的因素结合起来。这样，贝弗莉变得比以前有耐心且收敛了孤傲，她意识到别人虽然有反对意见，但仍会给予合作，她有义务倾听并尊重别人的反对意见。

发展中，贝弗莉仍然有些反复，但已学会倾听别人的不同见解。她意识到许多行为只是她这一类型的自然反应。她学会了怎样建设性地与他人交流自己的反对意见。

正是由于清楚地了解了自己的典型性格，才使很多人免于走入就业的死胡同。不管你是想换工作，还是想更轻松地工作，先通过“类型显微镜”来判断情形。例如，当考虑某一特定的工作或职位时，你应该考虑：

- 哪些职责需要外向偏好（E）性格——与公众打交道、接听电话、参加各类会议、处理公共关系等。
- 哪些职责需要内向偏好（I）性格——独自工作，不需要与同事或外界有很多接触。

怎样使外向的人不事事外向

- 建议他们自己问自己一些问题。
- 用言语提醒自己转换一下角色，从说话者转为聆听者。
- 在开会时注意及时地互动。

- 哪些职责需要实感偏好（S）能力——处理有形的、直接的问题，运用实际的技能。
- 哪些职责需要直觉偏好（N）能力——整体考虑一个项目或系统，找出各个想法、项目和人群间的关联。
- 哪些职责需要理性偏好（T）能力——需要做客观、公正的决策，仔细分析真正需要处理的事情，不在乎别人的想法和感受。
- 哪些职责需要感性偏好（F）能力——包括与人交往的动力，做决定时以人为本，以集体和谐为重。
- 哪些职责需要趋定偏好（J）能力——按时完成任务，准时、有计划、可依赖。
- 哪些职责需要顺变偏好（P）能力——随机应变，倾向于应急，随时处理突发事件。

显然很少有一份工作能完美地与你的性格结合起来。但是这并不意味着你就不适合这一份工作。但是匹配程度越高，你的压力感越少，你每天的工作满意度就越高。

怎样使内向的人不把自己孤立起来

- 建议他们向别人提问，并对别人的解释加入自己的注解。
- 用言语提醒自己转换一下角色，从聆听者转为说话者。
- 在开会时注意及时地互动。

有一点我们曾经提过，没有类型观察，人们也能成功地完成任何工作。不过类型观察赋予我们洞察力，帮助我们提高成功的概率。

职业培训：避免不得其所

在美国，企业每年花几十亿美元来发展专业人员——培训、继续教育、职业发展等。虽然这对每个人来讲都是很有价值的，但并不是每个人都会对所有形式的培训都感兴趣。以战略思路或中长期规划相关的培训为例，直觉—理性偏好（NT）的人对此极为感兴趣，然而实感-趋定偏好（SJ）的人更感兴趣的是怎样更有效地计划每一天。关键是：不同类型的人需要不同的学习活动来使自己成长。打个比方，如果你想把一个圆形的人放进一个方形的培训课程里，这个人注定会失败。这种错误的做法必定使这位员工在工作中得不到有效地学习。最后，领导的好心最终只会削弱员工的动力和责任心。

我们作为专业的培训师，已经用 MBTI®培训了上万人，尤其是在注重实感—理性—趋定偏好（STJ）的企业中，我们的经验是：随时从学员那里得到反馈信息，不断地完善对培训课程的设计。15 年来我们一直不断地完善它，根据学员的反馈改进我们的培训方式。尽管我们是很强的直觉—感性偏好（NF），倾向于强调关注自我和互动学习，很多实感偏好（S）的学员认为他们所接受的培训是实用的、逻辑性强的、可以马上付诸实施的。

这其实强调了类型观察第一课关于培训的内容：培训师不能假设每个人都是和你一样的。事实上，正相反。如果你是一名培训师，而且很喜欢你的工作，那么很有可能你的性格类型和参加你的培训课程的大部分人是很不相同的。

大部分人参加的培训是由直觉偏好（N）的人设计的，尽管他们在整个过程中尽量使用实际的词语，但他们更注重策略和远景目标，而不是操作细节和实际经验。培训部门大多都是 NFP 偏好 和 NTP 偏好，他们为大多数是 SJ 偏好的培训学员设计课程。如果你看一下前面的各种类型表，会发现培训师的类型和参加培训的中高层经理们往往是截然相反的。此外，设计培训课程的时候，培训师从同事中而不是从参加者中寻求反馈意见。其结果是测试通常是在友善的氛围中实施的，尽管事实上不合格，反馈很有可能是较肯定的。有时直觉偏好（N）人的比较傲慢，通常不会容忍对课程设计的质疑，由于实感偏好（S）的人对抽象的东西没有耐心，他们不会努力地去沟通以便产生更好的培训产品。

那么，这两个截然不同的世界如何融合呢？

我们坚信职业发展的一个重要起点是收集信息，你是实感偏好（S）还是直觉偏好（N）？

对于初学者来说，实感偏好（S）和直觉偏好（N）的人学习方式是截然不同的。实感偏好（S）的人希望看到培训的实际用处，撇开理论的东西，使其简单实用，以达到最低期望值。直觉偏好（N）的人希望一开始就能看到远大的前景。他们喜欢用“为什么”和“什么理由”等问题来挑战培训师，例如：“这有什么意义？”“能派什么用场？”“这其中的规律是什么？”

在《天资差异》一书中，伊莎贝尔·布格里斯·迈尔斯指出实感偏好（S）的学生认为理论知识很枯燥，而直觉偏好（N）的学生则认为事实真相太乏味。所以培训课程若一半基于理论、一半基于事实，则注定了既乏味又枯燥。

最好的方法是培训师从一开始就了解每位学员的性格类型。这样培训课程既可以因人而异，同时也可以穿插多种变化的课程以提高每位学员的兴趣。给外向偏好（E）有发表见解的机会，同时也给内向偏好（I）理性思考的机会，以此类推。

然而，由于我们往往不是处在一个完美无缺的现实中，在计划培训课程时，请谨记下列诀窍。

- **保持平衡**　你的课程会涉及每位学员最有信心的也是其天赋的一面。然而，好的培训需要涉及新的有挑战性的领域，从而使每位学员在其个人的道路上有所成长。以“销售技能培训”为例，在肯定外向技能重要性的同时（陌生电话、促销宣传，爱社交等），也要允许开发内向技能（聆听、仔细考虑顾客的行为反映、观察自己的举动）。财务培训在提供专业技能的基本细节培训之外，还要涵盖一些无形的信息如顾客需求、减压技能等。又如领导力培训，在关注洞察力和对未来形势的敏感度之外，仍要强调日常工作的重要性，两者在领导力中居于同等重要地位。

- **既关注多数人也关注少数人** 通常，课程都是由内容、形式和联系等要素组成的，多少年来一贯如此。如果你有不同的学习方式或有不同的需求，你可能不适合这种培训方式。任何培训课程的设计都必须经过对各类学员测试以后才可以付诸实施。例如，我们都知道公司的受训者中更多的是理性偏好（T）和趋定偏好（J）。此外，基于受训者的特殊的工作角色，他们更多的是实感偏好（S）而不是直觉偏好（N），至少在中层管理人员中，外向偏好（E）比内向偏好（I）更多。

  由于这样的概率，大多数学员对逻辑和分析显得更自然，并表现得有组织、有计划。如果学员中实感偏好（S）比直觉偏好（N）多，他们会喜欢基于事实的具体细节（实实在在，实事求是）。即使听众大部分是内向偏好（I）的，而且已经习惯了对外向偏好（E）有利的体系（培训成绩的 1/3 来自参与），他们也知道需要通过口头表达自己的想法来积极参与。因此将这与他们不喜欢的直觉方法（理论和想象）、感性偏好（F）（主观的，人际关系）和顺变偏好（P）（不喜欢受制于严格的计划和时间表）进行平衡，对他们个人成长来说是必须且有利的。如果没有按照类型观察所指出的尊重个体差异的话，结果会导致抗拒和否定。
- **关注内向偏好** 也许类型观察对专业人员的发展和培训的最大启发在于：内向偏好一旦有机会深思熟虑之后，就应该马上让人们了解并分享他们的见解。很多培训忽略了这一点，或把这一体验放在晚上而不是课堂上。记笔记、静思、小组讨论或一对一讨论都是绝好的机会，既强调内向型偏好学习模式的重要性，又提醒培训的设计者关注各种类型学员的参与和贡献。

各种类型的笑话

每个人都喜欢好的笑话，但具有典型性格特征的人对各种笑话的表现是截然不同的。有些人天生爱说笑话，另一些人爱听笑话却从来记不住，还有的人非常擅长双关语或妙语连珠，但是对一个有开始、正文和结尾的笑话故事却一筹莫展。即使一个老练的笑话大王也有不同的性格类型。

八种性格偏好提示我们该如何给我们的生活增添幽默色彩：

- 外向偏好（E）不要取笑别人。
- 内向偏好（I）不要取笑自己。
- 实感偏好（S）帮助我们对生活中的荒唐之事一笑而过。
- 直觉偏好（N）让我们在枯燥的生活中发掘笑料。
- 理性偏好（T）让我们漠视烦琐的生活。
- 感性偏好（F）帮助我们笑对朋友间过于亲密的行为。
- 趋定偏好（J）允许我们漠视计划和日常事物中的种种限制。
- 顺变偏好（P）让我们笑着面对心不在焉和健忘。

这八种性格偏好都是幽默的好手。E 偏好喜欢讲笑话而不是听笑话。I 偏好喜欢听笑话以开怀大笑。N 偏好擅长双关语和打油诗，而 S 偏好则更擅长用文字来做文章。T 偏好可能会喜欢出格的幽默，如关于性或种族歧视的笑话，而 F 虽然也会发笑，通常有些内疚，他们更喜欢温馨的、幸福的、反映美好生活的笑话。J 偏好是最棒的故事家，因为他们天生会编排，而 P 偏好则非常擅长即兴打趣。P 偏好尤其是带有感觉的 P 偏好，喜欢恶作剧，他们或者作弄别人，或者被别人作弄，他们不介意有过类似经历，因为这意味着下次的对象就是你。

怀着让我们读者开怀一笑的心愿，这里收录了八个笑话，形象地诠释了八种性格偏好。

外向偏好（E）的笑话

有一个外向偏好的人在超市工作，一位顾客走过来说，他想买半个莴笋。E 偏好觉得有点可笑，就说："我得去请示一下领导。"他径直朝经理走去，没有意识到那位顾客跟在他的身后。他脱口而出："有个傻瓜说想买半个莴笋"，突然他意识到那位顾客正站在他的身后，他急中生智，继续说道："这位好心的先生答应买下另外半个。"

内向偏好（I）的笑话

下雨天，一位一年级老师在帮小朋友们穿鞋，然后送他们回家。她花了五分钟时间帮一位小朋友用力穿上了雨靴并系好了鞋带。当一切快就绪的时候，这位内向的小朋友说："这不是我的鞋"。老师叹了口气，又花了五分钟时间解开鞋带、脱下鞋，并换上另一双鞋，就在快要好的时候，那位小朋友继续说道："那是我哥哥的鞋，我妈妈说今天我必须穿我哥哥的鞋。"

实感偏好（S）的笑话

这是一个有关卡尔文·考里奇总统的真实故事，他一直是内向—实感偏好。在一个晚宴上，他旁边的客人说："我和我丈夫打赌，我能使你对我说出三个字。"考里奇很冷静地回答："你输了。"

直觉偏好（N）的笑话

两个小偷在很高的办公大楼正设法破门而入。突然他们听到有人走来，直觉偏好的小偷对实感偏好的小偷说："快跳窗，不然我们会被抓住的。"后者说："开玩笑，我们现在是在十三楼。"直觉偏好的小偷回答道："现在不是讲迷信的时候，快跳。"

理性偏好（T）的笑话

吉姆不在家时请弟弟萨姆照顾一下他的狗。他离开的第一天晚上打电话来看看他的狗是否无恙。萨姆是理性偏好的，他很直截了当地说："你那傻乎乎的狗死了。"很显然吉姆非常心烦意乱，责怪萨姆麻木不仁。"如果你还有丝毫同情心的话，你会一点一点地将情况告诉我。你会这样说'你的狗出了车祸'。当我第二天打电话来的时候，你会说'小狗的情形很糟糕'。到了第三天我已做好了最坏的打算。既然你还在听，顺便问一下，母亲还好吗？"萨姆答道："母亲出了车祸。"

感性偏好（F）的笑话

有一天一个男人不小心将自己的玻璃眼球吞进了肚里。两星期后他去看医生，称胃疼，但丝毫没有提及有关玻璃眼球的事。医生让他弯下身来作检查。当医生检查的时候，发现有一只眼睛注视着他。医生说道："听着，如果你需要我的帮助，你得学会信任我。"

趋定偏好（J）的笑话

一场洪水冲走了街上的所有东西。一位小男孩看着窗外，发现有一顶红帽子漂浮在水上，在房子的拐角处转个方向，又漂走了。小男孩觉得这个现象很奇怪，把他的母亲叫了过来。他母亲很平静地答道："那是你父亲。他说过今天要去割草，没有什么可以阻止他的。"

顺变偏好（P）的笑话

有一个初露头角的演员，是顺变偏好的，他被邀请参加只有一句台词的话剧。这句台词是："听，这是大炮声吗？" 整整两个星期这位演员充满热情地排练着，不断地重复这句台词。在公演的前一天，他已掌握了这一角色，并在演练的时候让人非常满意。导演在幕布升起的时候，派他上场，并最后叮嘱道："记住，我们整场戏就靠这句台词引发而来的。"这位演员走上舞台，几乎同一时间他听到了一声巨响。惊讶之余，这位演员脱口而出："见鬼，这是什么声音？"

好了，也许这些笑话博得了满堂大笑。但实际上，这些笑话是否有趣，是否适合本书，完全取决于你的性格偏好。切记，我们每个人对生活的感悟是不一样的。由于珍视人的差异才使我们对工作更满意，对世界更满足。

（沈莉译）

第 17 章

最后的思考，抓住四个关键点

前面的章节，我们已经就类型观察谈了很多，其实这本身是一个相当简单的概念。在这里，我们列出最基本的四个关键点，记住了它们，就为以后工作时有效地使用类型观察迈出了第一步。

1. 确认你的性格类型的四个字母，这是最为基本的。有效的方法是阅读本书第 3 部分中你的类型综述，画出那些你同意和不同意的描述。如果你发现不同意的部分多于你同意的，改变四个字母中的一个，再读一下那篇类型描述，依次类推，直到你发现其中一篇最合你意。你还可以参考其他有关性格类型的资料（也可以和我们联系，或在当地寻找有认证证书的 MBTI®咨询师）。

   下一步，可以选几位和你很熟的朋友或同事，让他们阅读你所选的类型描述，听听他们的意见。让他们讲哪些地方描述的准确，哪些地方不够准确。

   还有，关注自己的行为，无论是自己留意，还是请别人帮忙观察，目的是使自己对自己的性格类型确认无疑。

   你的这四个字母就像名字一样重要，是你向别人介绍自己时的基本内容。

2. 留意你的 J（趋定偏好）和 P（顺变偏好）。在确定了四个字母之后，下一关键步骤是认清 J 偏好和 P 偏好中各有两个重要的环节，对你平时工作中的交流和沟通意义重大。

- 如果你类型的最后一个字母是 P，无论其他三个字母是什么，你生性就是喜欢面对多种多样的选择。这也是你对工作的主要贡献——开放、灵活、勇于创新。当需要进行头脑风暴、集思广益时，一定要多让些 P 偏好参加！
- P 偏好通常是用去除法来最后定夺某一方案。他们对自己不需要什么东西的了解远远多于对自己需要什么东西的认识。所以，在任何一个决策情形里都需要 P 偏好帮助来剔除那些不要的东西。
- 如果你最后一个字母是 J，无论其他三个字母是什么，J 偏好总是抱怨，对他们喜欢的事也一样。别总把 J 偏好的抱怨理解为不赞同，也许他们是在对其他事情做出反应，比如说你打断了他们的话。
- 当你要给 J 偏好一个新的想法时，可以用“打一枪就跑”的战术：说出你的想法，然后过段时间回头和 J 偏好讨论，这样可以给 J 偏好充足的时间，把它放在工作清单里，而后等待合适的时间予以处理。

3. 可以走捷径。这里的“捷径”是指“气质”，它把相对较为复杂的性格类型理论转化为一种操作性强且简单易学的系统。比起四个字母组成的性格类型，虽然两个字母组成的气质所带出的性格信息不够全面和精确，但足够让你马上用到工作中去。

   对于四种气质：SJ（实感-趋定偏好）、SP（实感-顺变偏好）、NF（直觉—感性偏好）、NT（直觉—理性偏好），在这里我们简要总结一下各自的优势和薄弱环节：

   - **NFS** 偏好（**INFP** 类型、**INFJ** 类型、**ENFP** 类型、**ENFJ** 类型）NFS 偏好有较强的合作和影响他人的能力，他们通常是团队的组织者。薄弱环节是把太多的个人情感带入组织的问题中，并时常带着个人的好恶标准行事。
   - **NTS** 偏好（**INTP** 类型、**ENTP** 类型、**INTJ** 类型、**ENTJ** 类型）NTS 偏好的优势是系统性、战略性思维的能力，他们是天才的分析家。薄弱环节是时常把简单问题复杂化，并对能力不强的人不屑一顾。
   - **SJS** 偏好（**ISFJ** 类型、**ISTJ** 类型、**ESFJ** 类型、**ESTJ** 类型）SJS 偏好的优势是他们有极强的责任心和任劳任怨的态度。这些是一个组织中的脊梁骨。薄弱环节是过于固执、呆板，只围着条条框框转。

- **SPS** 偏好（**ISFP** 类型、**ISTP** 类型、**ESFP** 类型、**ESTP** 类型） SPS 偏好的优势是能够同时处理多项工作，有紧迫感，在危急关头挺身而出，化解一道道难题。但他们不喜欢日常事务，也缺少全局视野。

4. 反向思维。通过类型观察来认识工作中的问题实属不易，要用和自己偏好完全相反的视角去进一步观察问题则更难，但收获也会更多。比如说你是一个 I（内向偏好），对自己内省和反思的东西深信不疑，如果你能不时地主动与他人沟通交流这些想法，一定能得到他人的肯定和欣赏，同时，这也是你开始积极开发那些非偏好区域的能力和素质的重要一步。

为什么要这样呢？还是前面用过的一个比喻，如果你是右撇子，能够使用你的左手不是件容易的事，可一旦成行的话，你就会变得更灵活。通过长年的锻炼、生活的经历一定能使你达到这样的境界。但是切记，左撇子永远成不了右撇子，I 偏好永远成不了 E 偏好。

反向思维的另一个好处是，它能帮你意识到其他类型的人的想法和看法，使人更为敏感。就像一个古老的说法："在没走他人走过的路之前，不要对别人妄加评判。"了解别人的思维和行为偏好有助于你更欣赏人与人之间的差异，并避免过快做出片面的判断。

这里列出了一些帮助你反向思维的方法。

- 外向偏好（E）：你属于那种开口横扫一起的类型。试着数到十，而后也不一定非得开口说，相信别人也会把你的想法说出来，如果没人说，就让它过去。倾听，倾听，倾听！或者可以把别人所说的东西重复一遍，然后再加上你的想法。
- 内向偏好（I）：你属于那种反省、沉思、默不作声、把想法留给自己的人。试着做出一个回应，随便说些东西，用不着一定要很有意思。有意识地多用一些词汇和语句，哪怕它们是多余的。反复提醒自己，再说一遍，再说一遍！
- 实感偏好（S）：你是那种脚踏实地、全力关注当前事务的类型。试着退后一步，让你的想象力展翅飞翔，想出明天或下周 10 件让你激动的事。
- 直觉偏好（N）：你是那种整天在无边无际的遐想和激动万分的远景之中的人。试着扎回人堆里，感觉一下周围实际发生的一切。亲口尝一下，亲手摸一下，亲耳听一下，亲眼看一下，亲鼻闻一下，用不着时时事事都要追其含义，只是感觉这一刻！

- 理性偏好（T）：你是那种保持客观公正的人。决策之前，试着去了解一下其他人的观点和立场，用他们的语言来回答：“对这事我的感受是什么？”
- 感性偏好（F）：你是那种追求统一与和谐的类型。当分歧出现时，试着不要去保护任何一方，吵一吵也无妨，如果双方声音不断升高，无论如何不要感到惊吓，反复提醒自己：“这是一场思想的交流与碰撞，在这里没有针对任何个人。”
- 趋定偏好（J）：你是那种喜欢结论、结构和安排的类型。试着允许事情任其发生，一天至少一次，要让一件事随意发展，由它去！问问自己：“这些事过段时间还有意义吗？”
- 顺变偏好（P）：你是那种多头并进，喜欢面对无穷无尽选择的类型。试着至少提前完成一件重要的事情，向自己保证在未完成任务达到目标之前，不被其他任何事情干扰。

头脑里有了上述的四个关键点意识，再加上前面章节里大量、深刻的分析和真知灼见，余下的就全靠你自己了！要想成为一个优秀的类型分析专家，就像学习弹钢琴和讲法语一样，离不开练习。一开始也许你只能模仿别人，但随着经验的积累，相关能力不断加强，慢慢就成了你的第二“习惯”了。

我们不指望每个人都成为类型分析专家，这并不是本书的目的。只要你掌握了有关你自己的一些特点并理解了周边同事的行为，就不虚此“书”了。

（王善平译）

第 3 部分

16 种性格类型在工作中的表现

简介

我们在前一本书——《性格类型漫谈》中，已经对 16 种性格类型了做了全面、深入的描述。其中我们详细描绘了不同类型的人从孩童到成人，一直到老年的各种典型的行为特征。在这里，我们关注的则是 16 种性格类型在各种工作中的表现。

千万要当心的是，类型的描述经常被看作一种静态的、一成不变的东西。而实际上，我们对每种类型描述就像类型观察、类型分析所表现出来的一样——它希望大家不要用框框限制某个人的行为，而要更多地区分人们的性格类型。描述中的许多语句都不是最后的结论，而是帮助你确认自己性格类型的一种参考。请你记住：这只是一种理论，它需要真正的生活来验证。

你可以用不同的方式来确认自己的性格类型，一个最常用的方法就是，你在阅读的过程当中，用不同的颜色把你同意和不同意的语句全部标出来。你也可以把这些语句和陈述交给比较熟悉你的人，让他们给你一些有价值的反馈意见。对其中的一些内容，你和这些熟人还能进行一些非常有意义的讨论，从而帮助你更好地认清自己。你还可以读一下和你的四个字母完全相反的那个类型的描述，比如说你是一个 ENFJ 类型，可以读一下关于 ISTP 类型的描述，如此你就能知道和你完全相反的性格类型的情况，在这样的反衬下你对自己的性格类型应该会有一个更清晰的认识。

通常，我们把性格类型的描述看作一种算命，或者觉得每个陈述句都涵盖着很广的内容，以致它适用于每个人。但事实并不是这样的，这里所展现的各种描述都有非常扎实的理论基础，并且是长期观察的结果。

常见的性格类型描述多采用相对比较正面的词汇来完成，这和性格类型理论是基本相符的，因为这些理论是基于对正常人的观察和研究得出的。在以工作场景为背景的性格理论描述中则没有采用这种模式。因为在工作场所中，由于压力和职责，许多行为并不一定是非常正面的，我们也会遭遇许多同事或老板的相对负面的东西，所以我们有必要花一点时间来认识每种性格类型展现出来的一些薄弱环节。只有了解了各种类型的薄弱环节，才能更好地和他们打交道。

当然你也能发现他们的优势。只有认真、全面地了解每种性格类型的优势和薄弱环节，我们才能够与他们有效地在一起合作。

如何使用这些性格类型描述

这些性格类型的描述可以被用于不同的方面：

- 在像 MBTI®这样的性格类型测试以后，非常重要的一点就是要对测试得到的结果做进一步确认。这些性格类型描述就是帮助你对自己测出的性格类型进行确认的最有效的工具。
- 接着，你可以和你的同事（包括你的老板、下属等）分析你确认的性格类型描述。这样可以让他们对你的优点和缺点做出非常有意义的反馈，也能更进一步地了解你自己和别人对你认识之间的差距。
- 这样的练习也可以在一个团队中进行，而且可以在一些非常重要的时刻进行，如开会时或在处理危机的关键时刻。它能进一步保证成员之间的交流和沟通是开放的，能让每个成员都意识到在这样的场景中各自的优势和相应的薄弱环节。
- 另一个很有用的方面是，当你在工作中碰到一个非常难以相处的同事时，你可以让其阅读一下有关他的性格类型的描述，这能帮助你们及时进行沟通和交流，并且能更有效地分析你们碰到的困难。

ISTJ 类型

生命的组成者

ISTJ 是典型的可依靠、负责任的类型，即典型的经理型。ISTJ 背后的驱动力是责任、生产力和效果。它与工作环境本身的吻合是很自然的，而且经常是令人快乐的。

ISTJ 类型观察世界上那些看得见、摸得着的现实（S 偏好）并客观地去处理（T 偏好）。日常生活中重要的是结构、日程和次序（J 偏好）。I 的偏好则使他们看上去有点冷酷和孤独。其实外观经常是假象，ISTJ 类型在完成任务、创造成就和社会交往方面的表现相当出色。

ISTJ 类型不会装腔作势，他们努力工作、尽情玩乐。他们通常被看成有活力、能力强并信守诺言。他们遵时守时，严控成本。也许对变化的反应显得较慢，但一旦看见实际效果，他们就会很快地去落实和实施，所以他们经常是某种新想法的热衷拥护者。

所有 T 偏好女性在我们的社会中都会努力奋进，ISTJ 类型的女性尤为典型。她们有责任心和上进心，这自然令人崇敬。但这只是社会要求的表象。在内心深处，ISTJ 类型的女性非常传统，她们需要去平衡传统的女性角色——为人之母哺育子女和她们客观、有条理的（TJ 偏好）本性。典型的反应就是她们会更加努力地工作，甚至忽视自身的健康。尽管男性 ISTJ 类型较少有肥胖问题，但是肥胖和不良饮食习惯会困扰着 ISTJ 类型的女性。

ISTJ 类型的长处之一就是具备快速行动的能力，而且往往是正确的行动。他们喜欢每推出一个项目就跟进直至完成。这项激励因素得益于他们对细节的关注和坚强的决心。ISTJ 类型经常在工作场所贴上一些“口号”：“努力工作，决不浪费”、“省下一分钱，就是挣得一分钱”。很明显，ISTJ 类型的工作就是生活，生活就是工作。

对 ISTJ 类型来说，工作第一，其次是家庭和社区的责任。当所有这一切都安排有序了，他们才会安排娱乐活动。他们是典型的在一天结束时把工作带回家的类型。如果是家族企业，那么你会发现所有家庭成员都参与其中。毫无疑问，如果每个人都参与了，每个人都会受益。

ISTJ 类型常常很冷静、冷酷，甚至不善于表达。这在某些情况下是优点，尤其在紧张的情况下，ISTJ 类型显得极为镇定。这一点在他们生活里的紧急情况中很有效，如在手术室和战场上。实际上，ISTJ 类型在军事上的确很占优势，从士兵到总指挥官。尽管 ISTJ 类型在美国人中只占 6%，但在美国军队中却占到 30%。ISTJ 类型的四个维度在军事中都很占优势，联合部队、海军、空军、潜艇部队中 58%是 I 偏好、72%是 S 偏好、90%是 T 偏好、80%是 J 偏好。

如果问是谁发明了指令的流程，那很可能就是 ISTJ 类型。在商界中，从大型商店到夫妻店，他们都制定了结构化的流程，而且高效地执行，并期待别人也这样做。当职位很低时，他们接受命令，以 J 偏好的特性，起初是抱怨，然后照做，并最终取得很好的成果。当职位提高时，他们就会发出指令，期待别人遵从。如果别人不遵从，他们就会批评责备。他们遵从原则，并且感觉很自然。他们就是这样工作的。

遗憾的是他们有时会做得过火。ISTJ 类型是强制的典型，为了达到工作期限或利润目标会不顾他人的动力如何、是否满意或是否感觉舒服。为了追求效率，他们反而营造了一个充满敌意、压力、有人经常缺席的工作环境。因此其他类型的人就会离开，导致组织中的 ISTJ 类型更多了。结果就是强制性被不断加强。

ISTJ 类型不仅对别人产生类似的影响，同时也会极大地伤害自己。这源于控制和强制特性的组合，这种特性导致“如果你想要把事做对，就自己去做”的态度。这使他们长时间地独自做每一件事，或者做同样的事直至做对。实际上，相比其他类型而言，ISTJ 类型也确实是可以一直都独自工作的。

ISTJ 类型可能会因为他们对隐私的高需求和对沟通的低需求而受挫。在组织中，其他人对 ISTJ 类型的不理解会导致沟通不畅。不同意时，ISTJ 类型不会具体说明，而只会表现出不耐烦或不同意。因此 ISTJ 类型的行为中明显包含了“给我看”、“给我证明”的情况——“给我看为什么这样可以节约成本”、“证明给我看你是对的”。ISTJ 类型的不善表达常使别人泄气、惊慌从而采取防卫心态。这就难怪 ISTJ 类型给人的感觉经常像个贷款审核员。

他们的不善表达同样反应在给予表扬这一点上——很难让他们表扬别人。他们期望工作是按时、有条理、准确完成的。因此，ISTJ 类型觉得为什么去表扬那些本来就应该做好的事。所以 ISTJ 类型应做的就是坚持表扬——如果他能坚持 20 年，我们就可以送上一块金表作为奖品了。

ISTJ 类型不加虚饰的风格给工作场所带来了坦白、严肃和保守的气氛，但其他类型的人觉得在这样的环境里工作很没有趣。舒适的椅子、办公室装修和休闲活动都被 ISTJ 类型看作浪费时间和金钱。长期下去，他们对效率的追求反而使员工士气不振、动力降低。

ISTJ 类型的优点是能给人们正确的方向，ISTJ 类型可以成为杰出的员工、经理或领导。“正确的方向”通常也包括了严格的规定。ISTJ 类型对待生活就像飞行员对待起飞：不管什么事情，只要有效，就必须制定在特定情况下如何做的具体明确的指示，就像“起飞前检查清单”一样。所以，一个好经理会每天对他的员工说“早上好”、“你好”（尽管从生产率角度来看，并不需要这样做），且一旦这些被列在清单上，这些问候就被一遍遍地做，直至变成 ISTJ 类型管理风格的一部分。

尽管很多组织活动可以被写下来并囊括在 ISTJ 类型的检查清单中，但并不是每一件事情都可以这样做。最重要的是，那些不能被写下来的事情中包括了必须考虑的宏观情况（N 偏好），及人际关系处理（F 偏好）。宏观情况 ISTJ 类型总是弄不清楚，因此，太多的“策略计划”就成了时间上的浪费，ISTJ 经理总是想方设法避开这样的工作。没有什么未来——甚至是执行的计划——如果他们今天的事情还没完成或者现在正做紧急的事情。因此 ISTJ 类型会对没有预计到的事情不加防备，对当前事情的关注就意味着在事情突然发生时没有应急计划。所以，现在把事情做得好要比日后不知如何应对意外更有效。

无法做主观、带有感情色彩的决定是 ISTJ 类型所缺乏的另一方面。人际因素的所有情况对 ISTJ 类型来说都很困难，因为这些都是不可预见的，很难控制。因为太“软”，这些情况很难被研究和量化地衡量，ISTJ 类型很不喜欢这些东西。结果就会尽量避免，甚至拒绝那些触及感情的情况，尽管那些情况只是些非常平常的事情，如“感谢你的帮助”，与团队讨论工作项目，或者在工作之后与大家喝杯啤酒。ISTJ 类型很怕这些事情，因为这种时候往往充满了未知和不可控的风险。更让 ISTJ 类型害怕的事情是真正个人的情况，例如，一个内心充满不安的员工表达了对工作的低落情绪。员工颤抖的嘴唇或想要掉泪的场景会使 ISTJ 类型不知所措，因为他们怕失去控制而没办法处理好这种情况。而且，ISTJ 类型认为这种做法是不妥当的，至少是没用的。最终 ISTJ 类型的反应就只能是加紧控制（“千万别哭，哭不能解决任何问题”），或者只是简单地否认问题（“让我们忘记这些事情，回去工作吧”）。

但不可避免的是，ISTJ 类型需要与一些 F 偏好工作或管理他们。与 ISTJ 类型相比，这些人对激励因素——有趣、协调、快乐、个人成就感、社会责任感等的反应比 ISTJ 类型更强烈。如果 ISTJ 类型能意识到这些差异，他们就能意识到自己不需要控制或否定这些看上去不可接受的行为，他们能让别人自由地做符合自己特点的事情，这样做最终就会带来更高的效率。

ISTJ 类型在工作中碰到的问题在市场上同样会困扰他们。他们不理解有半数的消费者是由无形的因素所驱动的——如感染性、外观、形象，以及仅仅是感觉良好，ISTJ 类型可以创造出技术上完美的产品，却缺少市场性。在历史上，很多伟大的发明家在这方面都有困惑——亨利·福特（Henry Ford）的 T 型车，性能很好但在款式上落后，就是典型的例子。从汽车地毯到配件，ISTJ 类型经常忽视感染力，而这是 F 的偏好。幸运的是，以他们类型的特性，如果充分意识到了潜在的盲点，ISTJ 类型就有能力去克服，要么通过高度的自我意识，要么通过身边其他类型的人去弥补这点缺失。对 ISTJ 类型来说，这只是生活的一部分，他们能很有效地处理好。

未知、未来、未计划的，对 ISTJ 类型都是产生压力的因素。出于对责任的高度需求，如果事情在期限的最后一刻还未完成，他们就会不安或生气，尽管这可能只是项目中较小的一部分。即使很简单的事情都会让他们很紧张，例如，会议日程上是下午 4 点结束，如果有人在 3:57 时提出新的问题，ISTJ 类型就会不安、生气。任何能帮助 ISTJ 类型的感觉意识——触觉、嗅觉、味觉等，虽然看上去不相关，却能够让他们迅速轻松和减压。对他们来说，停下来闻闻玫瑰的香味（或者浇灌办公室的植物），尽管对他们来说很难做到，但对他们的健康是绝对有益的。

ISTJ 类型在完成任务和有条理地生活上擅长为他们组织中担任各层级的领导提供自然优势。组织中各种责任和效率的要求，如会议期限、控制预算、达到生产目标，都是 ISTJ 类型擅长的。除了设备和人员的基本管理岗位外，他们还适合做注册会计师（这需要对细节的专注和客观）、外科医生（这需要个人注意力集中，根据医书操作，与病人没有过多互动）、警察和侦探（必须坚持“仅依据客观事实”，保持客观，在法律规定中行事）等职业。

ISTJ 类型
• 工作中的贡献：有责任心地逐步建立秩序，遵循系统进行工作，及时地在预算范围内管理、完成任务。
• 发展领域：必须学习组织变化和人际因素，可以在组织生活中发挥有力、积极的作用。
• 领导力特征：高效、负责地完成任务，在团队或组织中保持对他人的尊敬，保持秩序。
• 团队合作态度：如果很好地管理，可以很好地分配和完成项目，但会后，必须有团队成员承担重要的工作。

（余志刚译）

ISFJ 类型

全身心投入把工作完成

祖国、母亲、孤儿、丰盛的午餐，对 ISFJ 类型来说，这些词汇都包含着相同的含义。伴随着坚定的承诺、强烈的责任感和耿耿忠心，ISFJ 类型在生活的各个方面，都把为他人服务置于自己之上。如果不是与这种类型的人交往，我们很难相信生活中有人会如此地投入和有责任感。令人感叹的是，ISFJ 在幕后努力工作，却甘愿把荣耀让给他人，这是他们的个人牺牲精神和值得信赖的个性的直接反应。

谨慎、保守、安静和丰富的内心世界（I 偏好），这些特点使 ISFJ 类型喜欢自己安静地工作。他们对外部世界的认识是现实和实在的（S 偏好），他们的决策总是以事实和现状为基础，他们事事都以人为本（F 偏好）。他们愿意在一种有规则、有秩序、负责任的方式下生活（J 偏好）。

ISFJ 类型如此热心地提供服务，会使周围的人觉得这一切都是自然而然应该得到的，甚至有人会怀疑 ISFJ 类型的诚意，误以为有什么圈套，或者认为 ISFJ 类型只是施以小恩，总有一天，他们会要求回报的。但事实上，ISFJ 类型的使命和愿望就是为他人服务。对 ISFJ 类型来说，最大的乐趣就是看到别人在他们的善意帮助下获得成功。

ISFJ 类型的女性多数符合社会要求，总是树立起一种忍辱负重、忠贞不渝的形象。工作中，同事们都愿意挺身保护 ISFJ 类型的女性，或者为她们被别人利用而打抱不平，但实际情况并不会有多少改观。例如，在工作中出现性别歧视、不公平的薪资待遇、产假不足等问题时，更多的是由 NF 偏好或 T 偏好的女性提出交涉，而对 ISFJ 类型的女性来说，这种交涉带给的她们只是惊讶和不安，她们甚至会认为这种鼓动性的行为是不合适的。就这样，ISFJ 类型的女性屈尊从命，虽然也同意某些抱怨，但她们仍然相信可以通过一系列的行政指令来解决问题，而不是挑战它们。

对于 ISFJ 类型的男性来说，这样的责任感和承诺也可能成为问题，尤其当他处于公司高位时，如果工作中需要提供坚强的支持，多数情况下他们会去扮演传统的硬汉角色。ISFJ 类型的男性必须尽早决定，是保持他个性中 FJ 偏好的一面，展现出更多的爱心和关怀，还是表现出更容易为大众所接受的男性的硬朗形象。如果他按社会的要求变得强硬而不再那么有人情味，ISFJ 就会因为不善外露、不会随意向人倾吐苦衷而承受更大的压力，这些压力可能会导致溃疡、发胖及其他与压力相关的疾病。

在办公室里，谁都想和 ISFJ 类型的一起工作。拥有遵守组织纪律、愉快和可靠的 ISFJ 类型的成员是一个经理的梦想。一个人只有在与 ISFJ 类型的一起工作一段时间后才能意识到他们是多么的亲切和让人愉快。像其他 F 偏好一样，ISFJ 类型的总是处理不好分歧，因此当办公室有冲突时，他们会装作看不见或埋在内心深处，并希望冲突会自然消失。

其他类型，如 EN 偏好，可能会在两个方面对 ISFJ 类型失去耐心，一方面，他们会觉得 ISFJ 类型有些慢，过于深思熟虑，做事情太讲究方法，总之，有点没劲和无趣。那些风风火火的人会嫌 ISFJ 类型过于安静和稳重。另一方面，由于 ISFJ 类型过多地以他人为中心，别人可能认为 ISFJ 类型不够自尊，但实际上是 ISFJ 类型的高度责任感使他们非常忠诚。有意思的是，有些人认为这是盲目的忠诚，并对此不以为然。但恰恰是这些人往往受益于 ISFJ 类型的宽容与大度，这些人也只是对 ISFJ 类型这样做有点儿不耐烦。

ISFJ 类型对自己和别人于规则、章程、合适的行为及一系列应该做的和必须做的事情有很高的期望。违反或不尊重这些，对 ISFJ 类型来说是大忌。如果有人被 ISFJ 类型看不起，那么可能需要很长一段时间才能得到他的宽恕。ISFJ 类型是组织中重要的支柱，同时也是维护制度的重要成员。当其他类型的人有新想法时——从新产品、新项目到公司的下一个晚会，如果没有 ISFJ 类型深思熟虑、细心及坚持到底，可能事情的效果就要大打折扣了。

一旦 ISFJ 类型把某个人看作朋友或热衷于某个项目时，他们的忍耐力是极强的。哪怕要加班、材料不到位、时间紧迫、人手不够，他们也会坚持完成任务。他们什么活都能上手，从清扫地板到主持一个晚会。像其他的 J 偏好一样，也许他们会抱怨工作，但和 E 偏好不一样的是，他们中的多数会说给自己听。作为好的 F 偏好，他们总是愿意努力投入并为大家的利益牺牲自己。对 ISFJ 来说，这是一个自我实现的过程。

ISFJ 类型的另一个优势是他们对细节及日常工作的耐心。他们特别喜欢那些成文的办事方法和程序，当别人期望他们按照规章制度做事时，他们会做得很棒。同样，当 ISFJ 类型的领导部门工作时，他们期望员工能在一定的规则下做事。ISFJ 类型会说，如果你按照这个规则办事，你就能把事情做好并且得到奖励。如果你违反了这些规则，你就会因为失败的结果而受到处罚。对 ISFJ 类型来说，事情就是这样的。

ISFJ 类型默默的支持与坚定的信心是工作中的宝贵财富。在工作或是其他任何方面能积极肯定他人是一种天赋。对应得荣誉的人授予荣誉是众望所归也是理所当然的；但自己做了大部分的工作，却让别人获得荣誉就只有 ISFJ 类型才能做到了。如果有人从 ISFJ 类型的成就中受益，ISFJ 类型会认为那就是奖励。ISFJ 类型是最基本的团队成员，进一步说，对 ISFJ 类型来说，任何活动都是团队共同努力的部分。比如，一个 ISFJ 类型的护士是救护团队中的一部分，他的目标是让每一个人都健康；一个 ISFJ 类型的教师是社区家庭团队的一部分，他的目标是教、养儿童；一个 ISFJ 类型的神职人员是精神团队的一部分，他的目标是提供精神上的指导；一个 ISFJ 类型的后勤职员是管理团队的一部分，他的目标是生产好的产品。

责任和义务对 ISFJ 类型而言，也有可能变成负担。他们会陷入对人的承诺而被人利用。尤其是当自己的利益受到威胁时，一不小心，他们就极有可能给人以随便可欺的印象。如果他们能直截了当地口头表述他们的需求，那对大家来说都是好事。虽然很难，但这是绝对必要的。

ISFJ 类型的另一个弱点就是，他们容易一叶障目，只见树木不见森林。他们会被眼前的服务及需求所吸引而忽视了其他的事情。遭遇危机时，比如一个财务问题或急需一个人，他们就会突然觉得自己倍感疲惫，思路枯竭，容易生气，因为这一天还有 7 小时要过，可他们已经用尽了所有的精力。当 ISFJ 类型过度紧张时，他们的情绪波动很大，并且很不稳定，会迅速地从狂暴发作到深深的自省。

虽然很难让 ISFJ 类型发脾气，可一旦发了脾气，他们就变得非常固执、不饶人和出奇的倔强。这种时候还经常伴随着一串长期压在心头的问题，他们也不管这些问题是否与当前的人和事有关。这种事一旦发生，他们的反应往往就是不合时宜的，而且很少有恢复的机会。如果 ISFJ 类型能在平时与他人分享这些问题，那么这些事也不至于发酵，他们就会减少许多痛苦和烦恼。

虽然有这些潜在的薄弱环节，但如果没有 ISFJ 类型，工作就不会如此高效，他们担当着模范的角色，鼓励他人走向优秀和高尚，从而使我们大家从中受益。

ISFJ 类型

- 工作中的贡献：提供默默的支持，注重秩序感以及幕后的细节工作。
- 发展领域：必须学会对新的机会和变化的情况采取开放的心态，这种灵活性常常是支持别人时需要的素质。
- 领导力特征：工作业绩取决于人与人之间的紧密关系，控制细节，更愿意独立完成工作，而不是授权他人去做。
- 团队合作态度：团队合作是重要的工作元素，再加上工作中的组织和结构共同来支撑整个企业的运作。

（王恒译）

INFJ 类型

发挥激励作用的领导者和下属

如果工作中需要一位在学术上靠得住的人，那么 INFJ 类型应该是最适合的人选。INFJ 类型是那种追求公共利益和服务导向型的人，无论是在家里还是在工作中，他们都努力营造一种良好的氛围，尤其是追求一种人性化的环境。很难用一个词去评判一个人复杂的个性，不过在谈到 INFJ 类型时，“温和”一词可以拿来对其做一个总体的概括。

INFJ 类型在对待事物时关注其内在的因素，善于思考（I 偏好）。同时，他们对生活的认知也主要是关注存在的各种可能性和内在含义，并且能站在全局的立场上（N 偏好）。这些特点通过他们在做决定时主观的、更多考虑人际关系的偏好可以表现出来（F 偏好）；同时也会在他们条理化、有计划的生活方式（J 偏好）中反映出来。INFJ 类型的直觉（N 偏好）是内向（I 偏好）的，而他们的感性趋定偏好（FJ）却常常是面向他人的。这两者的结合使 INFJ 类型作为一个富有想象力的内向的人，表现得富有同情心，很关心别人——这让他们很容易取得别人的信任。他们不但说，而且说到做到。

对 INFJ 类型的描述可以有诸如温和、有同情心、关心他人、富有想象力、注重人际关系等，这些典型的特点使这类人显得更加女性化。事实上，INFJ 类型的女性是最符合社会对女性的传统要求的，唯一例外的是，许多 INFJ 类型的女性拥有神秘气质。只有当 INFJ 类型的女性受到自己的判断和决定驱动时，她们才会选择绝不妥协，这也是她们给男性主导的工作场所造成困扰的地方。当这种情况发生时，事情会变得比较麻烦，因为此时男性需要的是事实依据和客观性（典型的 ST 偏好），而 INFJ 类型的女性此时会显得缺乏依据而又态度坚决。这时 ST 偏好的男性会受到 INFJ 类型强硬的（J 偏好）但又理想化的（NF 偏好）观点的困扰，从而难以开展工作。但通常 INFJ 类型的女性都会因为她们的聪明和智慧而受到尊敬并在工作中被看作温柔、和善、关心他人的人。

在我们的社会中，具有同样 INFJ 类型特点的男性面临的问题会多一些。INFJ 类型的男性面临的是不同的环境：他们天生的关怀心和温柔是对职场中其他人的一种困扰，尤其是其他男性。INFJ 类型的男性的同事、领导、下属通常会产生疑问，诸如：这人是男人吗？是个懦夫？权威？还是个怪人？INFJ 类型的男性很清楚这种矛盾。他清楚自己和社会的传统要求有所不同，并且会在社会的压力之下力求变得更加强硬和男子气。但这会使他的内心充满矛盾、障碍和困惑。

所有 INFJ 类型与其他类型的人比起来，都更容易遭受胃、结肠等方面病痛的困扰。这可以看作他们在天生的偏好和公众对他们的性别期望之间无法进行调和时对自己的一种惩罚。虽然女性同样会遭受这种困扰，但在我们的临床观察中，这种情况更多地出现在男性身上。

遇到这些情况时，医学上的方法通常都无济于事。要解决，首先就要对这种矛盾有清楚的认识，另外可以利用 INFJ 类型天生擅长思考的特点，采用瑜伽等训练方法，给 INFJ 类型时间进行安静的思考。INFJ 类型的男性如果每天都能很好地利用这些时间安排进行沉思放松的活动，可以收到很好的效果。公司应该支付这种活动开支，因为这种休息能提高 INFJ 类型的工作效率并且能使其他人也从中获益。

除了神职人员或私人心理医生，INFJ 类型的男性在工作中都会遇到不同程度的困扰。他们内心强烈的担忧会成为每天的沉重的负担。他们会觉得自己受了委屈（比如“我这么关心萨姆，萨姆却听不进我的忠告，不知道感激我的关心，我真倒霉”），这种想法一旦出现就不可能对他人产生有效的帮助。

INFJ 类型的工作方式使他们能在安排他人工作和承担自己的责任中找到很好的平衡点，因为他们清楚他人的需求。INFJ 类型在面临冲突时通常选择沉默寡言，而一般他们都能够先于其他人预见到冲突何时爆发。他们内向、直觉、情感的性格偏好使他们能够像雷达一样充当一种预警系统。但遗憾的是，这种能力在他们强烈的害怕冲突的心态面前变得无所作为。于是，最终他们变得软弱了。他们总是在内省中抚平冲突带来的创伤，并希望这些创伤能赶紧消失。

INFJ 类型喜欢在工作中保持整洁有序，喜欢平和、安静的气氛，希望工作中每个人的贡献都能得到肯定，每个人都有成就感，所有的工作都能和谐地取得良好的结果。这种品质在教师职业中最受重视，它可以帮助学生思考并赋予他们学习的动力。这些特点在其他职业中也受到重视，因为 INFJ 类型会主动、友好地与他人分享其领悟和灵感。

INFJ 类型的力量来自他们的聪慧、个人理想主义和他们的博爱及关怀心。四个字母代表的特质联系在一起使他们很注重理论并且会通过创建自己的学术成果来达成他们的目标。很少有人能完整地洞悉 INFJ 类型丰富的内心世界以及他们丰富的想象力、创造力和各种抽象思维和概念。INFJ 类型可以很容易做到用一整天来进行想象和憧憬。INFJ 类型将这类活动当作一种奖励，并鼓励其他人也这么做，因为他认为这就是生活的意义所在。因此，一项工作或任务落在 INFJ 类型反复思考过的概念框架中时，它就能够被很好地完成。INFJ 类型从不停止学习，总是不断进行自我成长和发展，同时他们希望别人也能如此，这就使 INFJ 类型值得信赖并且成为其他人效仿的榜样。他们敏锐的洞察力和关怀心对其他所有人都是一种激励。

F 偏好是理想主义者，INFJ 类型在这一点上是相当典型的（INFP 类型同样如此）。有趣的是，通常 INFJ 类型不喜欢充当惹是生非的主角，他们一般能容忍众议并赢得人心。通常他们不愿意出头，却是坚定有力的推动者。稍不留意，可靠的、温柔的、关心他人的 INFJ 类型就可能转变为一个信念坚强的决策者。不管怎样，有一位 INFJ 类型在你身边，一定会使你获益匪浅。

INFJ 类型对人与人之间不能很好地合作、信任和肯定持怀疑态度，这是毫不奇怪的。INFJ 类型相信在加强沟通后，战争是不会发生的。INFJ 类型是“让世界充满和平，让和平从我做起”这句话的实践者。无论在家里还是在工作中，这一信念都是 INFJ 类型付出、索取、生活以及为之努力的标准。尽管他们的内向性格在某种程度上会给他们的行动和回应带来一定的迟滞，但他们一旦选定了值得信赖的人就会义无反顾地支持他。INFJ 类型看重的伙伴的品质是热情、坚定和真诚。生活会由于有 INFJ 类型的存在而变得更加美好。

INFJ 类型也不是没有缺点。举例来说，当理想无法达成时，他们就会变得十分沮丧。当别人不打算支持 INFJ 类型的想法或不愿意参加进来时，他们内心丰富的想象力会很快地变成一种失落感。鼓舞人心的士气会在这时螺旋式下降，跌入自责和失败感的深渊。这时负疚感主宰一切，沮丧环绕四周。在这种情况下，INFJ 类型倾向于逃避现实，并陷入一种失望的情绪中，他心里会说："所有人都毫不在乎，我先前东想西想是多么愚蠢啊。"

INFJ 类型的另一个缺点是容易过度以情感为中心，近乎歇斯底里，尽管有些事可能和他们并不相关。一旦某位 INFJ 类型对某一工作予以关注，一次简单的办公室争论都可能被上升成一次严重的灾难。一旦某位 INFJ 类型承担起某一工作的责任，他就会为所有人和事承担所有的责任。比如，某位同事今天不开心，他也会认为是自己工作的失败。如果这种承担责任的愿望没有得到合理的抑制，失败感会不断加深，最终陷入自我否定和自责中。

INFJ 类型的第三个缺点是容易将简单的事情复杂化，从而产生极端的反应。简单来说就是容易小题大做。他们对待事物的态度可能会超过事物本身的需要。INFJ 对公司新的食堂政策的不同意见可能从一场简单的规章制度的争论演变为如何解决世界温饱问题的革命运动。其他人对这种事情的发生总是会感到十分困惑。另外，INFJ 类型在对待事物上，一开始总会无比坚定，经历几次挫折后，他们又会选择极端的退让，这使得别人几乎没有可能去说服一个 INFJ 类型。

如果能够克服这些缺点，INFJ 类型在工作中的作用还是非常重要的。他们最大的优点是充满想象力和创造力，是激发他人灵感的源泉。他们通常都是那些在幕后帮助他人、充当幕僚以及运筹帷幄的智者。

INFJ 类型

- 工作中的贡献：可以将工作转变为为之奋斗的理想，同时默默认真地工作，为整个组织带来激励和奉献精神。
- 发展领域：他们对未来的激情以及有关人的各种设想常被忽视，淹没在其冷静的外表之下。
- 领导力特征：提供激动人心的远景和方向，以重要的理念和价值系统为依托，将工作的焦点放在变革和发展上。
- 团队合作态度：团队是一个复杂的人性化组织，需要不断地相互沟通和互相关心。如果管理得好，就能够从事具有创造性的工作。

（王小玲译）

INTJ 类型

生活中独立的思考者

在美国人口中，INTJ 类型人数不多，但他们在企业和学术界产生的影响一定会让你大吃一惊。INTJ 类型所具有的智慧和清晰的概念使他们具备公认的领导才能。和其他类型的人相比，INTJ 类型在美国的企业文化形成上扮演了更为重要的角色。

INTJ 类型在对待事物上注重其各种可能性（N 偏好），并将这些可能性进行处理，将之概念化、系统化，最终转化为客观的决策（T 偏好）。这些决策很容易得到贯彻实施，因为他们平时的生活方式就是非常有条理、有计划的（J 偏好）。他们的内向（I 偏好）偏好使他们的内心世界成为产生各种想法的舞台，这些想法大大多于已付诸实践的愿望。这四种倾向结合在一起使 INTJ 自信、沉稳、称职、有敏锐的洞察力并不断地自我肯定。

这四种倾向是大多数人寻求自信和力量所依靠的性格特征，尤其是公司梯形结构中那些上层人物。INTJ 类型不会像外向性格的人那样不断地打扰我们，他们会通过将所有事物很好地掌控在手中来传达他的自信。与关注细节和具体事物的实感偏好的（S 偏好）人相比，他们会将事实转化为一幅宏观的蓝图，并给出其发展前景。有时候主观性更合人意，但在实际商业活动中我们更讲究客观性，也就是更务实。我们的社会更偏好趋定偏好，而且也是一种结果导向型的模式。INTJ 类型将四种特质整合在一起后不仅表面看起来吸引人，同时他们也确实是领导和决策层能够信赖和依靠的对象。

很少有什么事情能难住 INTJ 类型。因此这类人在公司中通常都能得到快速提升，他们的沉着表明他们具备了杰出的领导能力。我们确信在日本企业的领导层中，这种类型的人占主导地位。沉着使他们有能力将已有的想法在各个方面进行提升，包括设计、生产到市场推广。这一能力成为 20 世纪末日本在国际市场上地位不断提升的关键因素。一位 INTJ 类型的日本商人甚至对 MBTI®进行了改进和提高。日本现在是使用类型观察的第二大国，仅次于美国。

尽管很难用一个词去形容某个类型的人，但“独立自主”可以对 INTJ 类型做一个最好的概括。独立自主是激发他们前进的动力。如果可能，INTJ 类型希望每个人都能独立自主。这种独立意识可能与他们同时希望掌控周围环境的需求相冲突。因此，作为 INTJ 类型的同事或下属，就必须明白“独立性”是终极目标，但这种独立性的获得必须得到 INTJ 类型的认可。

这一矛盾会带来一些信息的复杂化。表面上 INTJ 类型的口头指示赋予的是灵活性和自由度，如“你可以获得充足的时间，采用你认为最好的方式来完成这项工作”，而这句话的另一层意思就是“尽快完成它并把它做好”。这种信息会使 INTJ 类型的性格中 I 偏好和 N 偏好的一面与他们 T 偏好和 J 偏好的特征产生冲突。前者通常会给人带来一些随意和开放的感觉，而后者却经常要求可靠和准时。如果 INTJ 类型把真实意思表达清楚的话，就应该是“如果每次你都能又快又好地完成任务，那么你就能获得更多的灵活性和自由发挥的空间”，这样来理解就不会产生矛盾了。

作为天生的概念专家，INTJ 类型是完美的思考者，对未来充满兴趣。他们受丰富的想象力所激励，同时骨子里又有很强的责任感。通常，他们会承担起解决复杂问题的责任，并施展他们创造性的才能担当起领导者的工作。有人曾经说过，社会中的成功人士通常都是那些独立的（I 偏好）、有预见能力的（N 偏好）、实事求是的（T 偏好）和能掌控时局（J 偏好）的人。这类人能够被委以重任，他们不会总是拿自己的需要来打扰你。

INTJ 类型的管理者也是永远的学生。INTJ 类型会不断地探索和追究“可能会怎样”，他们的直觉能够很好地容纳系统中的新技术、程序、动机和方法。他们倾向于对事物不断做出改进。即使那些东西都运转良好，他们也会去改革它。这种倾向意味着工作中的每一项事物都会被拿去做一番改进。对每一个项目，INTJ 类型都会不断地进行评估、审查，甚至修正。即使有命令要求维持现状不变，INTJ 类型也不会停止在维持现状的基础上做出细微改进的努力。

INTJ 类型的女性在工作中面临着特殊的挑战。上面所描述的那些特点，如独立、客观、控制力强等，都是与传统对女性的要求背道而驰的。INTJ 类型的女性对传统的挑战以及不断改进革新的特质会在男性主导的职场中遇到麻烦。

这种冲突会带来两种性别间的不满和拒绝：男性无法理解也不知道该怎么去处理 INTJ 类型的女性独立行事的风格；而其他女性会将之看作高傲自大、对他人漠不关心的人。现实中，INTJ 类型的女性在与那些具有传统女性特征的女人交往时通常都缺乏耐心。

令更多人无法忍受的是 INTJ 类型的女性的冷漠：工作中她总是十分谨慎并极端专业，十分注意自己的言行；很少谈及私人生活并且将它和工作严格区分开。她们谨慎、专业的工作态度以及表面上封闭而自我的私人生活使他们在同事中很难赢得同盟者。尤其是 INTJ 类型的女性，她们总是孤独地高高在上。

类型观察理论认为一个人的强势如果不断增强就会成为一种负担。这对 INTJ 类型同样适用，尽管他们可能不承认这点。INTJ 类型内心丰富的想象力如果不加抑制，可能会导致一些负面效果，如猜疑、不信任甚至发展成偏执狂。每个人，尤其是性格内向的人都可能在自己内心开展一场对话——一个声音和另一个声音的对话，讲述接下来会发生什么。而 INTJ 类型可以将这种对话发展到极端。他们丰富的想象力会使他们认为这种假想的对话真的发生过，后来的行为也实施过。这时，INTJ 类型的行为就会显得自大和傲慢，他们拒绝承认自己错了，或者拒绝承认那些事情只是发生在想象中。伴随着 TJ 偏好的自信，INTJ 类型会认为其他人不仅不值得信任而且毫无可取之处。

部分 INTJ 的这种错误行为和观点甚至会破坏人际关系并且给职员或同事留下永久的伤害。更糟糕的是，INTJ 类型对他们这一缺点的破坏力通常视而不见。他们在这种情况出现时通常是去批评他人。“我既然都做到这份上了，那么就一定是其他人而不是我在理解和判断上出现了错误。”他们通常会得出这样的结论。

INTJ 类型的另一个缺点是他们偏好对各种管理概念只给出理论上的意见。团队建设、目标设定、时间管理等都是管理上令人瞩目的概念。通常，INTJ 类型宁愿不断对有关这些概念的设想进行书写、思考甚至不断改进，也不愿意亲自去付诸实践。

同其他直觉类型的人一样，INTJ 类型在受到太多细节冲击的时候会感觉压力巨大。他们内向而直觉的性格使他们更愿意进行想象、推测，而不愿意付诸行动。同样，在面对各种要求，尤其是和人们需求相关的要求以及各种琐碎的项目细节时，INTJ 类型会变得急躁、散漫甚至沮丧。工作中，他们每天都需要拿出一些时间进行反省和思考。这可以帮助他们在内心寻找灵感，还可以使他们能够充分享受“可能会怎么样”的想象，而不用去考虑“是什么样”的现实。

尽管存在这些问题，INTJ 类型对企业文化的贡献仍然是不可小觑的。由于在工作上的优异表现，他们在许多职业中都能取得成功。INTJ 类型在他们投入精力的事物中会获得良好的结果。他们是优秀的教师，尤其是在高中和大学里，因为他们能教会学生进行独立思考。他们也能成为优秀的作家、管理者、学者和律师，尤其是作为企业合伙人，他们会有出色的表现。

INTJ 类型
• 工作中的贡献：给团队和组织带来客观清晰的洞察力和战略性思考，同时不断在变革和改进方面进行努力。 • 发展领域：必须认识到 INTJ 类型的构思的变革方案通常包含了不为人知的细节，而强调这些细节可能会使人觉得这一方案变得具体而又难以实施。 • 领导力特征：能够分析未来复杂的可能性，并在此基础上带领团队和下属战胜困难，带来果断和公正的变革。 • 团队合作态度：团队是能力强大而复杂的组织。如果管理组织得当，在团队或组织的目标实现中能起到重要的作用。

（王小玲译）

ISTP 类型

干起来吧

ISTP 类型常常被误解或低估。尽管总是能够高效地完成绝大多数任务，但那种不合常规的方式加上他们低调的处事方式，常常让同事们感到疑惑："到底是谁做的？"

用"水深静流"、"惜言如金"可以很好地描述 ISTP 类型的特性。他们很难被人们读懂，也不喜欢抛头露面。内向（I 偏好）加上对实际事务的喜欢（S 偏好）以及对"现在"的关注让 ISTP 类型看起来冷冷的。他们做出的决定总是那么客观公正，不带个人感情色彩，而且建立在分析的基础上（T 偏好）。ISTP 类型的日常生活是即兴的、灵活的（P 偏好），在一个新环境里，不管突然出现了什么人或发生了什么事，ISTP 类型都会马上给予关注，尽管他们常常不说出来。

ISTP 类型认为让别人参与自己的工作纯粹是浪费时间。参与式的管理在 ISTP 类型那里是行不通的。倒不是他们反对这种管理哲学，只是他们认为这种做法要浪费太多的时间和精力去沟通那些在他们看来简单明了的事情，这在现实中是行不通的。不是因为他们懒惰，而是因为他们认为行动比计划来得有效；与其陷入官僚的泥潭不如为实现目标做些实实在在的工作。当火灾发生时，应该马上想办法灭火，而不是在一旁发明灭火枪。对 ISTP 类型而言，问题越棘手，他们的反应越快，解决得越好。

ISTP 类型女性，像其他 T 偏好的女性一样，在角色定位和职业满足上存在相当的困难。通常 IT 偏好和 SP 偏好结合在一起，就成为一个热爱实用技术的"独行工匠"。历史上很少有杰出的"女性工匠"。在近代，ISTP 类型 被认为是工具的着迷者、无师自通的工程师、最早玩汽车的铁匠——他们制造汽车用来比赛，并不断改进，让各种部件都更完美地组合在一起。他们是那些体育迷、石油勘探家（后来成了石油大王）、早期的飞行试验者——驾驶着那些神奇的飞行器飞过从未有人试过的新航线。这些都是 ISTP 类型的精神最典型的体现。一个世纪前兴起的技术学院就是为提高这些技艺爱好者的水平而设的。显然，以上这些活动和人们心目女性的特点是毫无联系的。人们认为，这些类型的工作没有一项是适合女性的工作。

但许多ISTP类型的女性确实有能力而且愿意在这些高级技工的领域工作。过去 20 年来，女性越来越多地涉入许多传统的“男性职业”，如森林巡逻员、消防员、急诊室医生、特殊警察等。但是，这些工作角色不仅让女性怀疑自己性别的社会认知，同时也让男性反感，把她们看成“领地的入侵者”。 ISTP 类型不喜欢一成不变的日常事务，而喜爱尝试新事物，这样的特点让她们在这个讲求结构和秩序的社会中接受度不高。当 ISTP 类型的女性出现在一个传统的“男性职业”中，而且证明自己干得很好时，就可能将她自己置于被嘲笑的位置。同时，她们自己也会产生疑惑：“我喜欢这样的工作算正常吗？是不是我自己有什么问题？”

ISTP 类型的女性通常不喜欢把工作和自己的性别联系在一起，她们喜欢自己的工作是因为工作本身有趣、够刺激。但因为打破了社会常规，她们发现自己和同事之间产生了直接的竞争。令人伤感的是，只要一位 ISTP 类型的女性在工作中表现出色，马上就会成为头条新闻，无论她是城市消防员还是体育解说员。最后，ISTP 类型的女性会发现自己简直是在和男性抢“更衣室”！媒体大肆渲染，大众也会马上联系到男性和女性的竞争，而背后真正的职业兴趣和 ISTP 类型的特殊天赋却被忽视了。

在管理上，ISTP 类型既不喜欢管理理论，也不喜欢管理实践。通常，ISTP 类型的管理风格是突兀的、直接的、不合常规的。他们认为应该用“尽管去做，不用说”的方式去激励他人。问题是其他很多类型的需要都是先讨论然后再去做的（特别是对 E 偏好而言，这样需求尤其明显）。ISTP 类型也愿意攀登管理层的阶梯，但他们只把这看作一个有趣的游戏而已。一旦兴趣消减，他们的耐心也就到头了，于是他们悄悄地走开。即使他们待在那儿，也总有一天会使点坏，目的只是从中寻找点刺激的感觉。

在如今无论对人还是对物都崇尚“旧的不去新的不来”的风气下，人们越来越难以欣赏 ISTP 类型那种追求准确、完美的特质了。在 ISTP 类型看来，眼睛就是一个探测仪，耳朵是将各种声音完美组合在一起的仪器，鼻子是人们在烹饪、种花、种草时用来分辨不同气味的。人的感官就是应该完成这些工作的，而借助所谓仪器就是对 ISTP 类型发达的感官的一种贬低。

作为团队一员，ISTP 类型的完美主义倾向和他们的个人诚信，总能使他们无须监管而很好地完成工作。他们喜欢完成那些允许自我发挥的项目。他们可以赶在期限前完成工作，但未必按照别人制定的时间进度表，因为在他们看来那些复杂的图表并没有什么用处。

ISTP 类型喜欢灵活，这让他们能很轻松地应付那些对其他类型来说不那么舒服的突发事件。只要 ISTP 类型能看到工作的进展，他们甚至喜欢一些干扰以避免太单调无聊。对项目的调整和计划的更改，他们的反应总是“没问题”。这正符合了 ISTP 类型的理想模式：变化乃平常事。

ISTP 类型的另一个长项是收集各种技术信息，而且他们不一定是单单为了某个结果，不一定单单是为了填写某项进度表或因公司里其他的目的，这让他们成为优秀的研究分析员，尽管有时他们公布的研究结果会滞后。这个特点和前面提到的 ISTP 类型喜欢做而不喜欢计划并不矛盾，收集信息就是不停地“做”——不停地收集，这就是令他们兴奋之处；至于下一步分析和处理信息，他们就不那么感兴趣了！我们有一个同事收集了上千份 MBTI®的答卷，他一边扫描，一边发现一些有趣的规律，然后就到此为止，并没有进一步利用这些信息，而且他觉得没有必要这么做。而其他一些类型的人可能会有不同的做法：E 希望借此得到外界的认可，N 偏好会研究有没有其他的可能性；F 偏好希望能够利用这些信息帮助他人；J 偏好则需要对这项工作做一个总结然后再继续下一个项目。

ISTP 类型在工作中最讨厌的三件事情：规定、行政和文书工作。如果有人说“我们一向是这么做的”、“我们从未这样操作过”，或者“这件事情应该这样做”，这时，ISTP 类型一定会打破条条框框去做，因为他们需要有刺激感。尽管任何 P 偏好的人都不喜欢行政工作，但 ISTP 类型尤为讨厌，因为他们认为这么无聊的工作是没必要的。文件之所以要存档是因为你再也不会用到它了；做分类账是因为你再也不会用到这些数字了；记事本记的信息你也几乎不会再去翻看它。在他们看来，生活应该是轻松的，不必被琐事搞得紧张兮兮的，聪明地用好你的今天，明天就会自己照顾好自己。至于文书工作，ISTP 类型不明白文书工作到底是科技的、艺术的，还是其他什么可以让世界更好运转的东西，在ISTP类型看来，文书工作只不过完不成工作的借口罢了。

ISTP类型
• 工作中的贡献：擅长以冷静的思考迅速、务实地解决问题。 • 发展领域：必须认识到人和人际关系的复杂性并给予足够的重视，而且没有捷径可走。 • 领导力特征：以独立工作的方式树立榜样，关注现时的需要，常常不顾传统、流程或者人们的需要。 • 团队合作态度：团队妨碍有效率地工作，工作最好由个人独立完成。

（苏青译）

ISFP 类型

行动胜于语言

“ISFP 类型的经理”，这个词组在很大程度上是存在矛盾的。虽说 ISFP 类型是组织中重要的成员，但他们很少位居领导岗位，他们比较倾向于那些与服务相关的岗位。事实上，晋升对他们来说无所谓，于是他们大多留在了具体办实事的岗位上。这并不是说 ISFP 类型没有能力，只是他们不愿意外露而已。他们天生就有令人佩服的与各种生物（植物、动物和人类）相联系的能力。

ISFP 类型的四种偏好相辅相成。首先，ISFP 类型关注内部世界多于外部世界（I 偏好），他们追求自己内心世界的有序性；他们最主要的想法是不重新塑造别人。这世界本身是可以触摸的、直接的、实实在在的（S 偏好）。ISFP 类型在决策过程中考虑了情感方面的因素（F 偏好）。他们对自己的每一个偏好都是很开放的（P 偏好）。

结果，相对于其他类型来说，这种性格类型在与他人相处时，不愿影响也不愿评价或改变别人——也许甚至不想与他人互动，他们只是显示自己在场，仅此而已。而其他类型的人肯定不会相信 ISFP 类型没有目的，更不用说完全信任他了。他们相信 ISFP 类型肯定有一些鲜为人知的动机。令人奇怪的是，ISFP 类型确实没有。“各司其职”是 ISF 类型 P 的座右铭。

ISFP 类型一般都是随和、低调的，他们很少有欲望要影响周围的人。事实上，他们非常低调，以至于他们自己也怀疑自己的动机，也许他们也想知道自己为什么不愿意去管别人。这些问题会导致他们自我怀疑。顺变偏好的人通常会在事后评价自己的决定，他们常常会说：“如果我们再稍微等一等，情况是不是会有所不同？”当顺变偏好（P）与内向偏好（I）结合时，就像现在谈论的类型（ISFP），他们的大部分生活中都是一连串的“如果……怎么样”、“管它呢”、“也许明天会不一样”。这些想法很容易就会使ISFP类型变得自责。但这些言语是不太适宜的，因为ISFP类型与生俱来的慎重、亲和的风格不仅是很大的优势——组织的各个层次都是很需要的，而且在组织里也是很受欢迎的。

很明显，因为这种类型中有F（感性偏好）的偏好，ISFP类型中的女性自然要比男性多。ISFP类型的男性不像其他感性的男性那样是大男子主义或者粗暴的人。相反，他们非常随和轻松，而且会利用大部分时间帮助别人，而不管是什么时候。无论是帮别人放松，或者帮别人做宣传，还是为棘手的问题提供抉择，ISFP类型都会在别人需要的时候尽力提供帮助。

像其他感性偏好的人一样，ISFP类型没做好工作时会感到内疚和自责，即便有时并不是他们的责任。他们总是尽可能地同情弱者或做了错事的人，甚至是有罪的一方。

就像我们在前面提到的，一般而言，ISFP类型是没有领导力的。即便引导他们接受了领导的位置，也无法发挥他们的长处。或许短期内，他们是有能力的领导，但从长远来看，一直处于对工作最终期限的焦虑，这对于一个宁愿躲在幕后而不为人所知的ISFP类型来说将是非常痛苦的。如果这个职位要求高度的责任感和台前工作，ISFP类型将不得不花费非凡的精力去接受这项挑战。他们的天分在于服务。事实上，服务是ISFP类型动机的基石，他们会尽他们最大的能力提供最好的服务。

ISFP类型在工作中发挥出来的自然而然的强项是：支持和帮助别人；为看似僵化的项目或人际关系找到解决方案；双赢的谈判；用比较有效的沟通方式或更多的其他方式达成问题的解决；使人们与切实的且可以实现的目标联系起来。很多时候，恰恰是ISFP类型最能帮助我们看清楚要分步骤进行某个项目，而不是一窝蜂地拥上。在ISFP类型那里，任何难题都能解决，只要把它分成容易处理的几小块。

ISFP类型认为当人们受到鼓励和帮助而不是批评时，就能把工作做到最好。所以，如果他们做领导，就会默默地支持或与下属及同事一起工作。他们可能很难描述自己和下属之间的关系，他们总是以“可随时提供帮助”自居。这种无为的管理方式在那些喜欢以自己的方式和步骤工作的部门会建立很高的忠诚度。ISFP类型的支持和肯定常常是用非语言的形式表达的。如果你的老板是一位ISFP类型，你受到的表扬就很可能是一个行为或一个意料之外的礼物，而很少是口头上的。一束花、一个下午的休假或一个特别待遇常常是 ISFP 类型给予的表彰。对于那些明确的、直接的和很正式的肯定需求，ISFP 类型会置之不理。

ISFP 类型认为，一个快乐的工作团队是一个具有生产力的团队。因此，花精力营造一个令人愉快的环境，生产力就会随之而来。在团队行动中，任何一个中途打断的想法，如与同事喝咖啡或需要一点时间聆听其他人的问题，对于继续保持其有趣性和自我激励都是有帮助的。同样，如果没有花足够的时间去创建一个自发的环境，ISFP 类型不但会变得愤世嫉俗和沮丧，而且会认为这就是低生产力和旷工的理由。

与其他 P（顺变偏好）一样，ISFP 类型比较反感例行公事和照章办事。进行一个新的或不仅仅按部就班的项目远比重复那些同样的事情有趣。处理紧急事务远比在指定地点、指定时间做分配好的任务要刺激得多。实实在在地帮助一个人或动物也比坐在桌子前完成昨天没有完成的事重要。结果是，如果他们没能积极地推动事情的完成，倦怠和情绪低落就会时时盘旋在 ISFP 类型的头脑中，并且成为他们失败的原因。

因为 ISFP 类型有服务他人的意识而又缺乏注意力，所以他们会失去对高生产力的兴趣。那既不是他们的兴趣所在也不是他们所擅长的，他们不必因为没有负责任就惩罚自己。这时最重要的是帮助他们摆脱压力，这是业绩上的高要求强加在个人身上的压力。对于 ISFP 类型来说，那些压力会导致他们生病、沮丧，甚至是严重的抑郁。对他们最好的帮助就是将他们的精力集中在突发事件中，让他们帮助别人，为别人提供他们最好的奉献，满足他们的需求和让事情按自身的发生方式发展，而不要强迫他们去做他们不能控制的事情。

那些“高要求”的类型往往给予 ISFP 类型的生活或工作以错误的导向，使得 ISFP 类型做自我鞭策。例如，一个 ISFP 类型是一位娴熟的簿记员，周围的人会鼓励甚至强求他去考 CPA 学位。而 ISFP 类型对这样远大的抱负可能没有兴趣，相反地，他更愿意做现在工作范围内的事。如此一来，ISFP 类型对组织真正的贡献就会变少，而组织也会因此变得没有人情味。因为 ISFP 类型的随和、融洽，让别人以为他们总是可以“塑造”的，要么随大溜儿要么被送去“改造”。“改造”是成功的，但 ISFP 类型与众不同的那种提供支持、鼓励以及自我提高等特性被改没了，而这些特性恰是很多组织真正需要的。

ISFP 类型是不按常规做事情的那种类型。而其他类型，特别是理性-趋定偏好，如果不按常规做事简直就是一种压力。ISFP 类型总是默默无闻地履行诺言，能从繁杂的关系中分析出最好的解决办法，在交往过程中他们总是肯定他人并让他人觉得值得一做。

然而，我们现在的体制是要求人们接受正统的教育，获取更高级的学历。在这样的体制下，ISFP 类型几乎没有机会运用他们与生俱来的才能。ISFP 类型是那种拥有良好人文道德，一有机会就会身体力行的人。对于 ISFP 类型来说，行动比言语更合适。

像教师（特别是小学教师）和牧师这样涉及服务、养育、护理及临床或教育心理学的职业都是 ISFP 类型的最佳选择。但令人遗憾的是，这些职业都需要经过长期的理论培训，于是很少有 ISFP 类型能够保持相当长久的兴趣而达到成功的。在非职业化的组织里，我们可以找到熟练的 ISFP 类型技艺工人——如屠夫、面包师和蜡烛工。遗憾的是，这些能够给 ISFP 类型提供得心应手的工作舞台的手工工艺在如今高科技的社会中渐渐显得过时了。

ISFP 类型

- 工作中的贡献：帮助他人；注重细节；立即行动。
- 发展领域：必须学习如何将精力集中在系统和根本问题上——寻找和发现系统上的或根本的问题，不要仅仅解决当前出现的问题。
- 领导力特征：模范领导——通过注重细节和提供善意的、诚恳的帮助来达成。
- 团队合作态度：很好的团队，会比较快乐；默默支持和努力工作是使团队有效的因子。

（李贯军译）

INFP 类型

让生活更美好、更温馨

无论是领导还是下属，只要是为他人服务，为自己的理想尽力，INFP 类型就会是最出色、最有效率的那种人。但如果工作没有意义，枯燥乏味，他们的工作效果和效率就会大打折扣，甚至产生抵触情绪。

显然，INFP 类型最乐于做那些符合自己价值观的事情。然而，只要愿意稍微转换一下视角，把正在从事的并不那么有趣的事情看作为别人服务的工作，他们就会为这份工作尽心尽力、在所不辞。比如学习电脑，对别人来说可能很有意思，但如果单单是为学电脑而学电脑，对 INFP 类型来说就是在浪费时间；而同样是学习电脑，如果是为了帮助别人了解电脑、克服问题，对 INFP 类型来说就可能变得非常具有吸引力。

INFP 类型内省、专注（I 偏好）；偏好以一种抽象的、具有远见的和富有想象力的方式来观察周围的事物（N 偏好）。他们的决定是基于个人价值观的、主观的决定（F 偏好），不是为了控制他人，只是为了坚持自我。INFP 类型的生活非常随意、灵活（P 偏好）。以上这些特征使 INFP 类型显得有一点儿传统，但他们很热情，也很亲切。通常，和 INFP 类型相处是很舒服的事。只有一种情况会使 INFP 类型反常，一旦感觉到自己所捍卫的价值观受到威胁，他们就会变得非常强硬。

当 INFP 类型不承担团队的领导职责时，激励他们工作的因素是能在工作中找到个人的意义所在。当你工作力不从心、业绩较差时，你的 INFP 类型的同事很可能无动于衷地作壁上观。他们最典型的想法就是“各人做好自己的分内活”。但如果你有一个 INFP 类型的上司，或者你的工作与一个 INFP 类型的利益密切相关的话，他就会变得非常有控制欲。就像其他知觉（P）偏好一样，不到实际发生的那一刻，INFP 类型不会察觉到你已对他产生影响；再加上 INFP 类型的内向，他们会尽量避免与别人发生直接冲突。这可能使双方都倍感困惑：对你来说，被责备了却不知道是为什么，因为之前，他根本没有和你沟通过他的意见；而对 INFP 类型而言，甚至连他自己都会觉得自己的感觉和反应太过突然和激烈了。人们常常会奇怪，像 INFP 类型这类随和的人怎么会突然变得这么强硬顽固，简直不像他们原来的性格，但是如果你理解了 INFP 类型的四个偏好，你就会明白其实这正符合他们的性格特征。

通常，位居要职的 INFP 类型很少，能够做到 CEO 的就更罕见了。然而，一旦 INFP 成为非常高级的领导，他就总能使他的下属忠心耿耿。他善于兼顾任务的完成和团队成员的感受。作为 INFP 类型的下属，你可以自由发展并得到很多肯定，也会有人倾听你的意见。只要你努力了，而且没有触及 INFP 类型的个人价值，即使失败，你的付出也会得到肯定和鼓励。因为 INFP 给人以诚恳的感觉，大家轻易不会表达不同意见，所以团队中公开的冲突就会大大减少。

如果你冒犯了 INFP 类型的价值体系（请记住，不到事实非常明显的时候你根本不会知道这一点），要得到 INFP 的原谅非常困难，前提是如果他们还愿意原谅你的话。INFP 类型的“I”和“F”偏好使他们很难原谅那些违反他们价值观的人；而他们的“N”和“P”偏好又使他们在任何情况下都表现得满不在乎。INFP 类型嘴里说着“没关系了”、“无所谓的”，而事实上要获得他们的原谅并不像表面上这么容易。如果一个 EJ 偏好犯了错，道了歉，INFP 类型就会给他一个典型的 INFP 类型的回答“没关系了”、“无所谓的”。EJ 偏好天真地以为没事了，其实根本不是这样。

在美国，INFP 类型人数并不多。从统计学来看，INFP 类型中，女性多于男性。这是因为女性往往显示出对情感的偏好。INFP 类型热衷于为改善人们的生活而努力，如反对酒后驾车、提倡妇女解放等，包括开发 MBTI®。如果你要寻找掌握大权的 INFP 类型，那么在类似这种性质的社会运动或社会组织中最容易找到了。

对于一位 INFP 类型的男性来说，要承担领导职责就既要有远见卓识，也要有卓越的成就。一旦成为领导，他就会是一位能给予人灵感的领导；然而，日常生活琐碎无味的细节也可能会毁了这位领导。可能会有人批评他的某些行为过于温柔、随意，没有男子汉气概，于是他就做出一副非常强硬的姿态，以表现自己的男子汉气概。

任何反对意见都可能使 INFP 类型非常紧张；但如同前面我们提到过的，虽然内心有着强烈的情感，但表面上 INFP 类型对别人的反对意见往往会表现得非常容忍。不管是男性还是女性，INFP 类型都希望帮助别人发展自我、获得独立。但他们常常陷入矛盾之中，不知道是应该直接引导对方（这对 INFP 类型来说非常重要），还是应该间接地劝导对方（这样的话，对方就会觉得他也参与影响了最后的结果）。如果两者的尺度把握不够恰当，别人就很有可能对 INFP 类型产生误会，要么以为他控制欲过强，要么以为他拐弯抹角。和 INFP 类型的四个字母都不同的 ESTJ 类型，最有可能对 INFP 类型产生类似的误会，从而冒犯 INFP 类型。一次，一个 INFP 类型的经理告诉我们："只要我下定决心要做一件事，接下来要做的就是在完成这件事的同时让我的员工认为是他们完成了这件事。"

工作环境的变化可能会使 INFP 类型变得反常。假如工作环境非常消极，INFP 类型可能变得坐立不安、心神不宁，表现出一些 F 偏好的人容易出现的逃避倾向。这时，INFP 类型会显得反应迟钝或过于敏感，这些情况和平时的 INFP 类型大相径庭。在更极端的情况下，INFP 类型可能表现得很狂躁而不稳定，有时是一个抑郁者，有时又成为一个愤怒的批评家，常常翻出和现在的情况毫不相关的陈年老账。

这些行为对 INFP 类型来说并不是正常的典型行为，出现这种行为对 INFP 类型来说意味着他们处于焦虑状态。如果不及早进行干预，情况就会更加恶化，最终可能导致盲肠炎等。这对 INFP 类型来说是比较普遍的情况。倾听 INFP 类型的烦恼，鼓励他们说出自己的问题，有利于高效地帮助 INFP 类型降低焦虑程度。虽然这对内向的偏好者来说会比较困难，但最终他们总能意识到这种做法对他们的帮助。

INFP 类型天生机敏、能干、理想主义，这使得他们通常在晋升之路上走得非常顺利。位居高职在某种意义上可以帮助他们实现帮助他人的愿望，但另一方面，也可能与他们的完美主义倾向产生矛盾。这种情况可能导致 INFP 类型过度自我，表现出为团队目标的达成不懈努力。对于完美主义的 INFP 类型来说，工作总是做得不尽完美，时间总是不够，这就导致他们严重的自我批评。他们对自己如此苛求，以至于拒绝接受来自上级、同事和下属的帮助。

如果有机会帮助他人或满足自己的理想，这时的 INFP 类型最能体现出热情。然而随着职责增加、职位提高，INFP 类型将不可避免地渐渐远离自己曾经赖以成功的基础。因此，虽然升职能够使 INFP 类型得到自我满足，但同时也将使他们远离那些他们擅长的特质。遇到这种情况，我们要奉劝 INFP 类型三思而后行。在这方面有一个生动的例子：一位 INFP 类型儿科医师曾放弃了自己私人的事业，从事政府支持儿科的基金项目管理工作，因为他认为这样做可以使更多儿童得到帮助。然而最终，他放弃了新工作，因为新工作更多地涉及他不擅长的政策和行政管理方面的技巧，而不是如他想象那般能够更多地直接帮助儿童。于是，这位儿科医生陷入了官僚主义的泥淖，变得对自己怀疑、苛求，再也无法快乐起来了。如果 INFP 类型想拓宽服务领域，恐怕他们就不得不吞下苦果，最终不得不考虑退出，因为他们将永远无法得到完美的结果，别人的工作也永远无法达到他们的期望。

INFP 类型

- 工作中的贡献：作为组织和团队的道德标杆，捍卫个人、团队和组织认同的价值观。
- 发展领域：必须学会面对矛盾、解决矛盾。
- 领导力特征：通过人际关系捍卫个人价值观，使那些认同此价值观的人愿意服从，而且没有被管束的感觉。
- 团队合作态度：尽管团队合作较难，但通过团队合作集中资源和创意对 INFP 类型来说仍是有价值的，能够激发 INFP 类型的动力。

（周江译）

INTP 类型

创造新的生活观念

INTP 类型是自由的创意者，是思绪飞扬的学者，他们很容易转移注意力，却有着无穷的创造力。对抽象概念的喜好以及深入理解，使他们可以从事具有创造性和挑战性的任何工作。

INTP 类型的能量源泉是内向的、反省的（I 偏好）。他们对世界的印象是概念性的、抽象的和随意的，有着无穷的可能性（N 偏好），这也是决策的基础。他们的决策是客观的、严格考虑因果联系的（T 偏好）。所有这一切形成了一种灵活、随性、适应性很强的生活方式（P 偏好）。

NP 偏好的特点会使这一类人愿意追求冒险，但这有可能与他们喜欢独处的偏好冲突。对于 INTP 类型来说，外面的世界很精彩，但有时会干扰 INTP 类型内心世界的反省。他们喜欢冲动，容易有想法，而且这些想法非常有创造性。有时候这些想法也可能让 INTP 类型迷失，因为他们总有新的想法冒出来。

INTP 类型会碰到性别问题，而且具体情况会有不同。对 INTP 类型女性来说，她们会经常处于一种两难境地：社会对女性的传统界定和她们的自然偏好总是背道而驰。例如，INTP 类型可能是独立的，反权威、爱争论，有时候也可能会有些社交障碍（这和她们 I 偏好的强度有关），而且她们往往对社会传统和习俗不以为然。她们并非反对社会传统，只是出于本身的偏好，可能会表现出对传统习俗的忽视。当这些与她们 INT 偏好的智慧、不以为意等特征相结合时，我们可以想象 INTP 类型的女性可能陷入的困境。由于 INTP 类型的女性的不善于表达会使这种困境变得更加复杂。在需要智力投入的情况里，INTP 类型的女性可能会获胜，但是以疏远他人为代价的。

一般来说，INTP 类型在决定让某人投入某个项目之前，事前会进行充分的准备工作。这是因为，第一，他们不希望表现得不得力；第二，这些准备工作——研究、阅读、把事情规划好是 INTP 类型喜欢做的；第三，INTP 类型需要一个良好的切入点。

在一个不欣赏甚至怀疑 I 偏好的环境里，女性的处境可能会更难。人们会崇敬一个敏锐、冷静的人，但如果是女性的话，人们就会觉得她有点冷漠无情，像个老学究，没有女性的温柔。

INTP 类型的男性的处境相对容易些，因为冷静是社会对男性的要求。即便如此，他们也会遇到一些问题。例如，他们随和善变的个性可能会与大多数企业里的 TJ 偏好的经理产生矛盾。INTP 类型常被提醒要脚踏实地，“不要做白日梦了，赶快回去工作吧”，或者“希望你能够更遵守规则”。

另一个问题是，INTP 类型缺乏社会意识。通常 INTP 类型不擅长社交。这一点在男性中表现得更突出，女性则相对比较容易调整。INTP 类型对公司的聚会或者其他社交活动可能没有什么热情，这会让同事觉得他们不合群。其实，他们并不是不想参与其中，如果他们觉得这种聚会还是可以忍受的，他们甚至也会乐在其中，但如果活动持续时间太长，或者聚会中没有什么让他们觉得有意义的对话和交流，他们就会觉得是浪费时间。所以，INTP 类型宁可继续工作，在自己的世界里寻找“有意义的对话”。无论男女，INTP 类型最后都可能会产生愧疚感，因为他们没有履行自己的社会责任。但如果一定要他们履行这种责任，他们可能就会想“我又陷入困境了”。

在工作中，INTP 类型是思想的源泉，他们独自工作时效率最高，而且常表现出有创造性、精力充沛、充满乐趣。他们喜欢新的项目和头脑风暴，但是如果需要太多细节或者规定执行期限，他们就会觉得很沮丧。遇到期限时，他们会不断要求延期。对 INTP 类型来说，生命和工作是一次智慧的挑战，在做事之前要思考再三。他们喜欢用文字表述得清楚精确，不能忍受模棱两可的观点，或者那些前后矛盾的理论陈述，譬如既赞成又反对。

总体来说，和 INTP 类型一起工作比较容易，他们喜欢在工作中寻找乐趣，独立思考，喜欢自立性强的工作。他们把生活看作学习。因此，任何能够开发智力的活动都极具价值，从动手拆装到起草项目建议书，都是一个个学习和成长的机会。这是激励 INTP 类型的主要驱动力。

INTP 类型特别喜欢独立思考，不论是对自己还是对他人。他们认为，真正成熟的标志就是可以从头到尾彻底思考一件事。严密的逻辑和一致性是受到

INTP 类型推崇的艺术。古往今来的伟大理论，无论是相对论还是人格理论、进化论，甚至包括各种规则和规律，对 INTP 类型都具有吸引力。即便你的想法不够实际，甚至是错误的，但是如果你在过程中运用了较好的逻辑思维，INTP 类型也会觉得值得一听。但是，如果你和 INTP 类型是很亲近的朋友，那么你的智力会不断受到挑战，因为他们觉得作为朋友就应该不断在智力上互相提升。

INTP 类型的第二个优势在于他们思维的表达很清晰。INTP 类型 是天生的作家、编辑，他们用语言描绘生活。他们具有超凡的表达能力，可以清楚地表述心中所想，也可以帮助别人实现这点。INTP 类型的大脑就好像一个熔炉，他们可以吸收对话并重新进行完美的表达。一般地，他们可以很好地重复别人的话语。如果有人试图用“让我们过一段时间再谈”这样的话来打发他们，INTP 类型就一定会在一段时间之后再来找他们谈的。

另外，他们对于正在从事的活动总是投入热情。有时 I 的偏好特点会使他们不能完全表达出心里对一件事情的想法。但是，INTP 类型能把他人的想法重新诠释成激动人心的表述。如果有时间的话，INTP 类型可以重新整理思路，用完美的艺术方式进行表达。对于 INTP 类型来说，这是很自然的，但是对于其他类型的人来说，这是一种“内在的视角”。

INTP 类型最大的缺点来自他们优点的极端化，无法将丰富的内心想法转换成可执行的行动。他们经常把一项工作从头到尾在脑子里走一遍，却没有采取任何实际的行动。如果他们需要做一项工作——起草计划书或者发明一个涡轮，INTP 类型会进行大量的阅读、调研。但是下一步，如何把这一切真正形成一个计划书或报告，就可能遥遥无期了。因为他们在脑子里已经完美地把一切都结束了，可能他们已经没有兴趣真正在现实里再实现一次了，他们宁可开始下一个项目。显然，对那些期待看到有形成果的人来说，这会让他非常失望。而事实上，对这一点，INTP 类型自己也会感到郁闷，因为他们知道工作并没有完成，但是没有什么动力能让他们去完成了。

第二个缺点就是他们在社交中的尴尬。INTP 类型可能会对少数人表现出非常真诚的兴趣，也可能会对所有人都没什么兴趣。他们自己也能意识到这种情况。INTP 类型对智慧探求的需要可能使他们对某些人非常感兴趣，但是这种兴趣会随着他思考重点的转移而被打破。一提到这点，INTP 类型就会否认自己的这种善变，而且会表示要积极弥补，但实际上不会有什么大的变化。这只是他们本性的一部分：需要投身于智力活动中。

他们的第三个缺点在于他们的非现实性。N 偏好和 NP 偏好的通病在于他们可能非常脱离现实。这会导致任务延期，而且他们在处理具体现实情况时也显得不够顺利。他们可能表现得反常，或者非常冷漠。如果有一股强大的压力一定要把他们丰富的想法转换成现实结果，他们就可能表现得更加反常或冷漠。

如果没有 INTP 类型的话，人类的智慧就不会像现在这么丰富。无论是高校教师、科学家、编辑，还是程序员，他们构建了人类思想的基础和框架。正是在这个框架之上，组织流程、规则以及大量具体工作才得以实现。

INTP 类型

- 工作中的贡献：运用自己的智慧和独立思考的能力解决问题，并且利用自己灵活的方式实现组织的变革和改善。
- 发展领域：必须了解交流的重要性——伟大的想法需要别人的认同和实现。
- 领导力特征：创造并领导大家朝共同的方向努力，理解每个人都可能有自己独特的节奏和能力。
- 团队合作态度：团队一定要允许每个人都可以用自己独特的方式提出想法，但是对他们来说，最好的方案是独自做出的。

（李昕译）

ESTP 类型

活在当下

ESTP 类型是那种爱冒风险、富有开创精神、总能制造些事端的类型。他们往往多才多艺。ESTP 类型勇于行动，雷厉风行，也乐于让别人了解这一点。与生俱来的不安分使他们成为具有高行动力的“实践家”。他们喜欢像表演杂技一样同时完成许多动作，他们喜欢让每个人都跟上他们的节奏，使生活精彩纷呈。

ESTP 类型喜欢注意外部的人、事以及发生的一切（E 偏好）。他们偏好以第一手的、脚踏实地的方式感知周围世界（S 偏好），并以此为依据做出不带个人好恶的、符合逻辑的决定（T 偏好）。以上这些特征就构成即兴的、灵活的、对周围事物不断做出回应的生活方式（P 偏好）。“外向”和“实事求是”两者组合在一起就使 ESTP 类型倾向于喜欢身临现场，紧紧抓住眼前的一切，因为只有“现在”是唯一可靠的，可以相信的。人来到这世界就一次，每个人都有责任好好利用“这一次”。比如，ESTP 类型会非常投入地讲一个精彩的故事，绘声绘色，让每个人都捧腹大笑，而不管他是否夸大了某些细节。

这种不太一致的天性让 ESTP 类型的女性备受困扰。她们可能遭受来自传统意识、社会期望（女性应有涵养、对人际敏感）和她们自身天性（客观、尽量不涉及个人情感）的双面夹击。结果是，ESTP 类型的女性可能变得相当逆反，在性别意识强烈的工作群体中，更显出她们的性别模糊度。S 和 T 的偏好组合成了“喜欢第一手的、客观的”这一特点，而这特点本身就和社会定义的女性化特征南辕北辙。如果 ESTP 类型的女性明显表露出她的性格特点，她就可能被工作场所的其他女性孤立，因为其他女性嫉妒她们冷静、理性的能力或根本无法理解她们。对男性来说，ESTP 类型的女性直接、坦率、实用主义的态度也令他们费解。不管 ESTP 类型的女性多么讨人喜欢，她们的直率、聪明、能干还是会令那些老派男性惊诧。

和其他思考类型的人相似，ESTP 类型的将家庭和工作、个人的和公众的分得很清楚。如果 ESTP 类型的女性接受这些分隔，她就可以既保持女性的特点，又不影响她在工作上的贡献。但她仍然需要付出努力让人们相信，工作能力和女性的温柔是可以并存的。当然 ESTP 类型的女性只有从一开始就对自己的天性充满自信，才能真正使他人信服。

ESTP 类型的男性的状况会好一些，但也只是好"一些"。因为他们不安分、享受现在、及时行乐的生活方式，和讲求秩序井然、贯彻到底、期限明确的工作环境是格格不入的，所以，虽然 ESTP 类型的男性的接受度稍高，但他们还是会因为与通常的组织氛围和风格有差异而承受压力，这种压力可能会引发 ESTP 类型的对权威的蔑视和反抗。

ESTP 类型的这种不一致的天性，使他们容易对循序渐进的工作产生厌烦，而他们的耐心足够帮助他们掌握一些技能，足够帮助他们在退休前转换足够多的工作，也许他们会选择某种独立工作的方式。因为不管是多人合作还是独立工作，都可以给他们带来立竿见影的效果和成就。

ESTP 类型的的工作风格可以说是大杂烩式的，多数取决于他手头上正在做的工作。如果给他们合适的动力和期限，他们会深入进去，使工作富有成果，又充满活力。一旦节奏慢下来，他们就松懈了，开始闲逛、找人聊天。ESTP 类型不大会受到程序和日程的束缚。你身边的 ESTP 类型可能会突然发起一场辩论，或者迸发出激情引导他的团队和整个组织经历一场新的探索。但事实上，尽管他们拥有这种与生俱来的领导魅力，人们也最好别指望 ESTP 类型会指引方向，因为他们宁愿全心全意地扮演团队成员的角色， 而不愿意另立山头，扮演领导者的角色。

ESTP 类型是一个一针见血的大师。不要试图用华丽的辞藻打动他们，他们不但可以一眼看穿，而且你的个人信誉也会在他那里大打折扣。ESTP 类型喜欢"做"——哪怕是试验某个不那么完美的方案。实感偏好（S）的信条就是"做比说强"。与其绕着一个问题辩论不休，不如去动手实践。而顺变偏好（P）又让他们懂得一旦事情进展不顺，中途可以调整方向，不要去理会那些条条框框。一旦事情做成了，那些说三道四的人、碍手碍脚的规定就全都失去意义了，所以随它们去！对 ESTP 类型来说，明天总是新的一天！今天过去的就是过去时了，不相干了。ESTP 类型这种“无所谓”的态度，无论是做领导还是做员工都有可能遭受微词。

ESTP 类型对工作的第一个贡献是他们对现时现刻的欣赏和投入。我们从 ESTP 类型那里学到的最重要的一点就是“现在是你唯一可以把握的时刻”。为过去发生的事情内疚或害怕未来还没发生的事都是徒劳，因为 ESTP 类型认为为过去内疚或为未来担忧只会影响现在的效率。人们不应该为那些远得看不见的目标困扰，而应该专注现在，一直向前。如果对现在不满意，那么应该立刻设法改变它。

ESTP 类型的第二个贡献是他们能够突破那些会阻碍生产力的陈规，为突发状况找到多种解决方案。对 ESTP 类型来说，生活就是多重选择。如果你乐于尝试，好事就会撞上你。每件事都可以谈判，每个困境都有解决之道。你要做的就是不断尝试。尝试不但让你有事可干，还会产生更多机会和选择。

ESTP 类型的第三个贡献是他们的实干主义作风。专注于一个个项目是企业的生存之道。ESTP 类型追求细节和准确，如果与其他不那么注意细节的人组成团队的话，他们的这一特点就更能发挥作用。此外，他们合群的特点也使他们常常成为很好的团队工作者，他们总是乐于发挥他们的特长，照看好细节工作。

ESTP 类型“活在当下”的生活哲学，让他们对可靠性和方向采取放任、随意的态度。当别人需要他们时，他们往往不见人影，或者早已人在心不在了。这时，ESTP 类型最常用的借口是“当时我确实是想帮忙的，但你知道，就在最后一分钟，恰巧出了点状况……”这种“最后一分钟的变卦”，不但让那些偏好条理和秩序的人倍感困扰，也会对工作绩效产生灾难性的影响。

ESTP 类型的另一个弱点是容易迷失在细节和数据中。由于对实施和数据的喜好，他们会为了数据本身而不停地收集，让周围的人淹没在没有意义和目的的数据中。当主管或同事询问他们结果时，他们会说：“我还在做呢……”或者“你着什么急呢？”所以，有时他们会由于过度陷入细节中而无法完成工作。

ESTP 类型的第三个弱点是他们对日常事务的不耐烦。一旦他们厌烦某件事，就会将这种表情挂在脸上，别人一看便知。他们的这种不耐烦会让 F 偏好觉得出问题的是自己，而不是 ESTP 类型；而那些 T 偏好则多数会把问题归咎于 ESTP 类型不成熟、不安分的天性。很显然，聪明的 ESTP 类型应该注意延长注意力，而其他类型的人应该帮助他们了解日常工作的必要性，让他们知道日常工作也可以变成每天的挑战。

ESTP 类型
• 工作中的贡献：按流程办事，随机应变，允许意外的事情发生，达到预期的目标。 • 发展领域：应该学习对日常事物保持足够的耐心，应当意识到对结构、规则和以后的机遇的看法是因人而异的。 • 领导力特征：对变化持开放态度，不拘泥于规则、传统和官僚的架构。 • 团队合作态度：团队充满乐趣，但如果总是在开会而不去行动，团队的功能就会消失。

（苏青译）

ESFP 类型

快乐工作

ESFP 类型是充满好奇并也时常令人称奇的一种性格类型。兴奋、变通、热爱生活的特征使 ESFP 类型在任何环境中都那么热情洋溢。遗憾的是，当他们意志消沉时，同样也对其他人产生消极影响。如同大多数在挑战中将工作变成一种快乐的 S（实感偏好），ESFP 类型就是快乐的化身。乐趣是 ESFP 类型的动力源泉。

ESFP 类型喜欢有趣的人和事。他们热爱社交、与人互动（E 偏好），喜欢感觉具体、现实发生的事情（S 偏好）。这些感觉建立在运用个人价值观做决定的主观基础之上（F 偏好）。由此他们偏好灵活、自然、悠闲的生活方式（P 偏好）。ESFP 类型这些特质决定了他们是敏锐的观察者，虽然不一定指出来。疏忽他们这些特质会导致对 ESFP 类型的误解，以为他们是肤浅的，有点卖弄风情。这种误解的发生不但对团队造成伤害，也会埋没 ESFP 类型的贡献。

不同性别的 ESFP 类型表现稍有不同。对 ESFP 类型的男性来说，偏重“情感”的决定方式会使他们显得过于“软心肠”，不像个大男人。不过交谈中偶尔流露的粗犷言辞可以冲淡人们的这种印象。像所有其他的 S 偏好一样，人们也常常怀疑 ESFP 类型的执行能力。无论如何，他们必须证明自己有能力完成所有任务。通常 ESFP 类型的男性在团队中表现得积极向上，广受同事们喜爱。

ESFP 类型的女性的 EP 偏好（灵活和随心所欲）和 SF 偏好（实在和善意）偏好相结合时，就时常表现出一些令别人一时无法理解的特质，从而产生许多负面的成见：怪怪的、傻傻的、空空的。实际上，许多 ESFP 类型的女性相当聪慧，只是她们的超级写实主义倾向使别人觉得没有什么可用于内在的交流。“最近看了什么书？”“软皮封面，极无趣，任何人都看得见。”很多人通常会从这样的问答中急于做出判断，而忽视 ESFP 类型的女性在不同场合表现出的热情和能量。

ESFP 类型的工作风格是热情洋溢的、满是愉快的交流。他们总能有效完成工作，也许有时候他们不会像其他人那样能及时出现在现场，也不一定很准时，有时还可能多头并进，但最终他们总能完成任务。此外，尽管 ESFP 类型总是负责办公室里各种社交聚会，无论是生日午餐、告别晚会还是其他什么庆祝活动，但他们也有疏忽细节的时候，比如忘了预备餐巾纸或忘了预热咖啡。

通常，ESFP 类型会表现得极度活跃，也许你会认为他们燃烧了所有的脂肪，身材一定极棒。实际上，无论 ESFP 类型是男性还是女性，就像 ENFP 类型一样，终生都在与肥胖做斗争。当快乐、悲伤或个人生活发生变故时，他们都会在饮食上失去节制。

ESFP 类型的一个优势是使工作环境中的多个项目齐头并进。他们善解人意，能激励同事共同达成目标。他们能愉快、灵活地接受环境的改变。所有突发事件，不论大小，都被 ESFP 类型视为受欢迎的调味剂，而非侵扰。一个多变而忙碌的日子，也许没能完成某一项任务，但会激励 ESFP 类型第二天清晨早早地投入工作。一次突发事件、一个计划中的变化都能使 ESTP 类型的一天飞逝而过，而且特别有效率。和 ESFP 类型共同工作充满乐趣。

ESFP 类型的另一个优势是能认同每个人的差异及其工作步骤。ESFP 类型是敏锐的观察者，能够感觉到发生在别人身上的事情，并且能对别人的实际需求快速做出反应。

在官僚机构或庞大的组织系统里，他们也能够游刃有余。举一个实际的例子，我们都清楚周五下午的晚些时候几乎是没有可能拿到旅行用备用金的。可 ESFP 类型却可以成功地完成这一任务。他们会充分调配公司各个部门的关系，而付出的只是几句感谢的话。

ESFP 类型最后一个优势表现在面对最后期限带来的压力的态度。没有哪个类型能像 ESFP 类型这样从容，通过正确的行为舒缓压力来等待最后的判决。我们很少看见 ESFP 类型对已经发生的事感到遗憾。一般，他们会略带内疚并继续前进。

像其他类型一样，ESFP 类型也有他们的缺点，其中之一就是过多地参与事情。随着现实程序的进行，过度承诺引发的疲劳、绝望、不信任等包围着他们。

ESFP 类型的另一个缺点是对程序的蔑视和对组织及秩序的不尊重。他们可能从不坚守工作岗位。尽管他们会有合理的理由来解释缺席，但对长远的发展来说，这种表现可能会带来不利。

顺变偏好的人，尤其是 ESFP 类型，很难把日程表当作生活中的一部分。他们喜欢关注当下，而忽略日程表。ESFP 类型往好处说会招惹麻烦，往坏处说则会碍手碍脚。

他们的另一个缺点可能是无法领会其行为的长远后果。ESFP 类型往往活在当下，看不出其行为、决定或举措会对大局有何影响。结果，心血来潮的风流事，或者随随便便的一句话，就能造成他们万万想不到的严重后果。他们绝非刻意地招人厌，但总令当事人无比困扰。

ESFP 类型的第三个缺点是在一个经营传统生意的、对利润和生产力都特别关注的工作环境中太爱开玩笑。开玩笑在很多公司都是有很多禁忌的。当然在家庭生活或公司的野餐中你可以随心所欲。一些同事和上司很难应付这种工作玩笑，他们可能会因此而忽略 ESFP 类型的建议。对 ESFP 类型来说，最终结果往往与当初良好的意愿相左。

排除了这些障碍，ESFP 类型就能在服务方面表现出天赋。他们可以是杰出的讲师、教育从业者（尤其是基础教育）、宗教领导者、商人、运动员或教练。基于这些努力，合作者都会赏识 ESFP 类型的成就并乐意跟从 ESFP 类型一起快乐工作。

ESFP 类型

- 工作中的贡献：为大家提供强大的精神力量，使大家情绪高昂，共同向目标迈进。
- 发展领域：学会面对挫折，学会面对压力很大甚至有些争斗的工作。生活并不总是充满乐趣。
- 领导力特征：具有亲和、随意的风格，激励人们努力工作。
- 团队合作态度：团队合作是最好的方法。世界是一个团队，只有合作、只有共同努力才能使世界更美好。

（黄健译）

ENFP 类型

以人为本

通常，人们认为活泼、热情、自发性这些为 ENFP 类型所共有的特点不是企业高层管理人员所应具备的典型性格特征。但事实上，不少 ENFP 类型在高级管理职位上都能做得非常成功，并且能展示另外一种清新的管理和决策风格。

ENFP 类型追求那种有无穷机会的（N 偏好）社交生活（E 偏好）。在这种充满人际交往（F 偏好）的生活类型里，他们能够在完成日常事务的同时尽可能保持选择的自由（P 偏好）。正如与其最相似的 ENTP 类型一样，他们可以在几乎同一时刻轻易地转变情绪状态，并且比其他类型的人感受更强烈。当然，他们更倾向于把热情和动力带入工作中，并用这种热情和动力感染别人尤其是他们的下属。工作中，他们往往会把任务变成极有趣的游戏，然后凭借自己的说服力和创造力不断地激励别人，从而使事情获得最大成功。

问题是，ENFP 类型如此地擅长奇思妙想而且可以轻易地在同一时间完成几项不同的任务，以至于他们常常会忽视事前的准备。结果往往是，人们常听 ENFP 类型懊恼地说："这真令人激动，但我多么希望自己当时能准备得更充分一点儿。""如果稍作计划，事情本来可以更好的。"

虽然 ENFP 类型的女性更多，但升职的机会往往被男性 ENFP 类型获得。这种现象反映出我们所处的世界里，决定升职机会归属的领导大多数是 STJ 男性。由此，可能产生一系列特殊问题。比如，由于 ENFP 类型往往比较体贴而有同情心，他们自然而然表现出来的热情就可能被误认为轻浮甚至更糟。如果身处高位的是 ENFP 类型的男性，他们的女下属可能就会受宠若惊，也可能会被误解为暧昧的暗示、大男人主义或性骚扰而愤慨。

具有讽刺意味的是，为了回避这种尴尬，ENFP 类型的男性有时会冒充 ISTJ 类型以树立一种强硬的、富有男子气概的个人形象。可是他们在尝试这样做的时候，就已经双重失败了：做自己并不擅长的事情还要掩盖自己的天赋技能。

ENFP 类型的女性也有自己的苦恼。如果展示 ENFP 类型的自然倾向，她们很快就会被贴上“肤浅”或“无知”的标签，而这也许根本就不是事实。在一个办公室里，人们也许能接受男性的热情和自发的行为，但不能接受一个女性如此行事。于是，她们会尝试表现得粗暴和有戒备心，但这种补偿性行为往往并不奏效。

工作中，ENFP 类型令人印象深刻的贡献之一是他们优异的授权能力。与喜欢控制的 TJ 偏好不同，ENFP 类型更容易鼓励自由和独立。通过说服，他们能够轻易实现管理者的基本目标——通过他人完成工作，同时使人们感觉到自己是重要的、有价值的。当然，在工作的某些方面他们也需要有控制感。这些方面因人而异，但通常而言，他们会因为他人的成就而兴奋和高兴。在需要给予信任的时候，ENFP 类型会毫不犹豫地给予。至少应该说，这一点是令人鼓舞的。鼓励而不是控制，这一点是 ENFP 类型管理风格的关键。

ENFP 类型另一项珍贵的优势是他们的创造力。对他们而言，能够同时投入几个项目中并且能够用不止一种方法来完成项目，总是令人兴奋的。与其他 EP 一样，他们总是挑战那些公认的、众所周知的标准，并提出新方法来处理令人乏味的常规俗套和进展缓慢的项目。ENFP 类型觉得提出新方案要比完成日常工作更使人激动。

此外，不容忽视的是 ENFP 类型的人际交往能力。通常，他们总能及时对别人的需求做出响应并帮到点子上。他们总能采取必要的方法和行动使他人在紧张不安中得到纾解并回到正常轨道上来。同样，ENFP 类型对那些能和人热情相处的人感到异常亲切和可信，这种互相的信任和忠诚充满着整个相互的关系。

对于 ENFP 类型而言，压力总是来自那些生活或工作中无法转化为游玩或娱乐的事情。当工作或任务拖拖拉拉，变得越来越像在例行公事时，ENFP 也会变得越来越沉思、忧郁甚至固执，其行为也会与他们天生的热情活泼相去甚远。填写个人所得税单、单独工作时间过长，或者被迫在具体的期限内完成任务，这些都会使 ENFP 类型倍感压力。在这种情况下，人际冲突以及其他与人相关的问题都会被扭曲，ENFP 类型的行为也会发生很大的转变。这些转变很可能会迅速在人群中扩散、弥漫。

如果类似的情况不可避免，那么最好问问 ENFP 类型是否觉得该工作有问题。重要的是，应该帮助 ENFP 类型认识到，不拘泥于时间表而根据自己的情况来开展工作也是可行的。如果该任务可以以一种合作的形式来完成，效果将更好。一般来说，通过他人的参与，哪怕是以一种竞争的形式参与，都能够降低 ENFP 类型的压力感。此外，创造一个能够触发 ENFP 类型灵感的重大计划，也有助于缓解包围他们的重重压力。锻炼身体、脑力活动和其他任何调节性的体验，对于 ENFP 而言都是有帮助的。

一个快乐的工作环境对 ENFP 类型来说是非常重要的，否则他们会浪费大量的时间去处理那些不用处理的问题。自然与人相处的能力也很容易使他们陷入没有建设性的牢骚的泥潭。另一种可能是，他们会采取回避的态度来应对充满压力的工作场所，回避问题特定的人或特定的事，甚至可能干脆不去工作。总之，不管是用何种方式，ENFP 类型的特质是容易对他人的问题非常关注，有时甚至是为之着迷。

尽管让 ENFP 类型独立地工作能让他们提高工作效率，但是那些有赖于 ENFP 的人也可能变得灰心丧气，因为 ENFP 类型在管理时间和工作流方面的能力较差，更确切地说，他们根本就不愿意在这些方面花费时间和精力。这一点也许会给他们身边的人制造很大的问题。另一个时常发生的苦恼则是思绪不清：着手某项工作、改变既定方向、方向错误、失去兴趣等常常交织在一起。同样，对同事和下属来讲这是令人失望的。如果 ENFP 类型恰好是组织的最高领导者，他层出不穷的新点子可能就是组织中沮丧的根源，尤其是对 J 偏好的人而言。

ENFP 类型渴望那些新的、不同的事物带来的刺激，为此他们可能积极救火而忽视了那些日常的工作和任务。有时这种热情的转移会导致情绪的大幅转变，甚至可能导致对 ENFP 类型（以及 ENTP 类型）而言相当普通的三种身体疾病：头疼、背痛、颈痛，伴随着极端的疲劳。日复一日，ENFP 类型最终会变得不可依靠、反复无常和易于气馁。有一句话用在 ENFP 类型身上似乎颇为恰当：好心办错事。

ENFP 类型多数会选择那些对别人的需求做出响应的服务性工作，而这样的工作必须是充满自由的、独立的（无须层层报批的）。譬如说，独立销售员、公关人员、儿科医生、精神病医生，以及几乎所有需要创新精神的工作。

ENFP 类型

- 工作中的贡献：通过灵感、热情和坚定的对人际关系的关注激励和鼓舞他人。
- 发展领域：必须学会坚持到底以完成项目和兑现承诺，必须认识到自己情绪的大幅转变会使一起工作的人们感到沮丧和困惑。
- 领导力特征：激励、鼓舞、说服他人完成任务，在人际关系和专业技能方面同时发展。
- 团队合作态度：团队充满乐趣，让人充满活力，尤其是当冲突、官僚等级以及紧张的期限可以避免时。

（柯敏坚译）

ENTP 类型

精力充沛的冒险家

积极、乐观、聪明、精力充沛的 ENTP 类型是那种“一旦没有好的开头就宁愿放弃”的类型。他们乐观、幽默，喜欢动脑筋，不甘寂寞，也不愿做那些他们认为枯燥的事情。

对 ENTP 类型来说，外面的世界太精彩了，没有固定模式（E 偏好），充满了无穷无尽的机会（I 偏好）。他们热衷于追求新的、从没经历过的事物（T 偏好），而对生活中的琐事不屑一顾（P 偏好）。

ENTP 类型的女性经常被视作反叛的典型。她们积极、进取、挑战一切，这样的性格特征常常使同事们反感。她们喜欢一语双关，这会让人误解或引起矛盾。通常，一个传统的企业不太容易接纳这种行为表现。因此，ENTP 类型的女性想要在事业上有所成就，就必须改变她们与生俱来的本性，学会适应社会。当然，有时候 ENTP 类型的女性的这种直率也会受到人们的欣赏。在工作中，一旦得到肯定，ENTP 类型的女性就能比预期做得更好。

ENTP 类型的男性的热情和洞察力常常为人称道。他们勇于冒险的性格被视为男性的特征。他们的远见卓识被认为是不可多得的财富。唯一不足是他们的冲动和对事实的不屑一顾，常常使他们不能融入组织严密的大企业。尽管如此，相对来说他们还是比 ENTP 类型的女性容易被大众所接受。

有趣的是，无论女性还是男性，在企业中，ENTP 类型总有良好的仕途。这主要得归功于他们的远见卓识。这个优势掩盖了他们性格上的缺陷。

ENTP 类型的把工作乃至世界看作永远不会结束的游戏场。他们不在乎输赢，只在乎一个接一个的挑战。

ENTP 类型非常有竞争力且随心所欲。他们就像建筑师，乐于绘制一张规划草图，而所有的实施却是他人的事。他们的本性是好奇的，总喜欢问："为什么这样？为什么不那样？"他们对那些陈谷子烂芝麻的事儿刨根问底，常常有意无意间揭别人的伤疤，有时候也被人们认为不识时务。

ENTP 类型很喜欢帮别人解决争端。即便最终不能解决问题，这整个过程对他们来说也已经够享受的了。

ENTP 类型颇具幻想力，他们脑子里总有源源不断的新点子。他们总是想和别人分享他们的想法，并千方百计说服人们相信他们的想法。越是外向的 ENTP 类型，生活越是充满远景和各种各样的机会。

ENTP 类型有种神奇的本领，他们能预测任何事物的发展方向。即使一闪而过的灵感，他们也能牢牢抓住。可是不一会儿，他们就会有第二个、第三个乃至五六个新想法。他们就像蜻蜓点水，什么都想尝试。但他们常常只想不做，只有开头没有结尾。

ENTP 类型的另一个优点是，对生活充满幻想。他们生活在理想的梦境中。对他们来说，将来就是现在，因为他们把平常的现实虚幻化了，任何事都可能发生。如果你对将来的可能性发生怀疑，那 ENTP 类型就会毫不犹豫地站出来和你理论。在整个过程中，又会产生一个个新主意，于是人类很可能又向前前进了一步。ENTP 类型对现实与平凡的不满足，已成为他们成长的核心动力。由于 ENTP 类型层出不穷的新想法，人类能够打破常规，不断变化、成长、发展。

ENTP 类型总是抓住任何可能的机会享受生活。他们中的大多数有很广泛的兴趣爱好。他们可以同时加入几个社会团体，可以同时做几项活动而不感到劳累。同时，他们充沛的精力和旺盛的创造力也为他们自己提高了能力。

永无止境的好胜心是 ENTP 类型的另一个优点。他们把每一天都看作挑战并努力提高自己的能力。积极进取、永不满足的特性使他们有机会摘取别人无法想象的硕果。当然在现实生活中，不是所有人都像 ENTP 类型那样有上进心，一旦同事和下属们对 ENTP 产生反感时，就会适得其反。

ENTP 类型一个显著的弱点是缺乏执行力。ENTP 类型的老板常常使下属找不着方向，摸不着头脑。即便手头还有很多项目没有完成，他们也会随时被新项目打断。ENTP 类型最致命的弱点是尽管有成百上千个想法，却无力完成。当然，他们可以借口这是在思考，可终会因为没有成果而被唾弃。

ENTP 类型常常反复无常，过于走极端，较为情绪化。在情绪差的时候，任何攻击性的语言都会从他们嘴里说出来。

ENTP 类型另一个严重的缺点是他们不能联系实际。当细节和最终期限到来时，他们会逃之夭夭。这时候，他们总会有一些新想法来掩盖事实。运气好的话，他们可以完成一半的任务。否则，整个任务都无法完成。他们只关注整体，却从来没有意识到细节给整个事情带来的影响。

综上所述，就像其他性格类型一样，ENTP 类型的优点多于缺点。但我们不能忽视缺点，否则它们就会变成绊脚石，影响事物的进程。通过不断地自我觉醒与发展，ENTP 类型的优点就会得到淋漓尽致的发挥。

ENTP 类型

- 工作中的贡献：工作是一个不断运动的系统，不断挑战现在、不断创造未来，这样可以不断学习，使工作变得有意义。
- 发展领域：要更多地关注、跟踪与执行。
- 领导力特征：鼓励大家挑战和创新，从而提高员工的参与度和贡献。
- 团队合作态度：团队是一个重要的学习平台，这样的平台可以启发灵感、检验方案、讨论分歧以共创成就。

（张涛译）

ESTJ 类型

生活中天生的管理者

和许多其他类型的人相比，ESTJ 类型是公认的全能人才。由于富有责任感、工作效率高、关注结果，这种类型的人有着非凡的能力做好他们的事情。在众多专业领域中，如法律界、医药行业、教育界和工程技术等领域，你都能发现 ESTJ 类型的领导者的存在。

ESTJ 类型外向，擅长社交，总是很直率，非常乐观（E 偏好）；重于实践，看待问题很实际（S 偏好）；总是客观、公正地分析判断各类问题，并做决定（T 偏好）；同时游刃有余地影响周围的成员（J 偏好），使他人也不断地得到发展。

以上这些偏好特征的组合造就了 ESTJ 类型能够坦然地正视环境，并积极地处理各类问题，形成一系列的程序、流程和规则，使其不但能解决当前问题，还能应对未来的相似问题。ESTJ 类型之所以能够主宰这个世界，正是因为他们能够关注外部世界、充分理解现实，并且运用客观分析判断能力建立起生活的模式、计划和秩序。如果你想找人完成一项工作、建立一套规则、实施一个系统或评估一项正在进行的项目，那么就去找 ESTJ 类型吧，他们是最合适的人选。

如果说 ESTJ 类型会遇到麻烦，那主要是由他们的 EJ（外向和趋定）偏好带来的，他们发表意见太直白了！他们很诧异别人会有不同的观点，于是争论就产生了，甚至有点激烈、冒火星。在 ESTJ 类型看来，这么一目了然的事情怎么会有争议呢，简直不可思议。事实上，ESTJ 类型总是认为大多数聪明的人都会赞成他们的想法，并按照该想法继续发展下去。

按照常规，ESTJ 类型基本上会在任何组织里被提升到管理高层。倘若情况不是这样，那通常是因为他们的 EJ 偏好导致其他人的背道而驰，或者他们好争辩的天性使他们的对手反而得势了。如果他们能够时刻反省这点，并且在展示个人专业水平时能够对那些与自己意见不同的人更耐心些，那么他们将肯定能够坐上领导者的位置。他们的学术水平通常都很高，这也是他们赢得信任的资本，但他们希望能够极为正规地得到他人的敬重。当乔·史密斯或珍妮·史密斯获得了博士学位时，如果之前你称呼他或她为史密斯先生或史密斯女士，那此时你应该马上改称他们为史密斯博士。ESTJ 类型希望得到他人的尊敬，同样，在恰当时候，他们也会投桃报李。

ESTJ 类型的女性还会遇到特有的问题。我们一直说，在现实的生活中，尤其是在工作环境中，客观而有主见的女性并不是那么容易被接受的，因此理性偏好（T）的女性往往逆流而上。特别是作为外向理性偏好的女性，她们不仅在做决定时很客观，做出的决定本身也是非常具有领先和勇往直前意识的，这样无形中会让一些人感到压抑。

复杂的是，ESTJ 类型的四个偏好其实形成了两个相互矛盾的角色。一方面，她们的外向理性偏好造就了雷厉风行的管理风格；另一方面，实感趋定偏好又使她们表现得循规蹈矩，甚至被视为传统的女性。一提起“传统”的女性，人们眼前就会浮现出那些在家里看护孩子、照料家务、在厨房忙碌，为家庭和睦相处勤勤恳恳操劳的形象。而事实上，当她们活跃在组织机构里的时候，又常常是以管理者的身份出现的。结果导致了愿意做什么（在工作中是领导者）和应该做什么（在家里照料孩子）两者之间的一场激烈斗争。为了平衡两者，一些女性常常在衣着上和行为上表现得非常女性化，穿着带有很多粉色蕾丝花边的衣服，说话轻声细语，看上去似乎很柔弱。然而，不管怎样修饰，多种复合的信息仍会传递出 ESTJ 类型的女性们内心的冲突。比如，她用一种温和的语气直接提出一个苛刻的要求，或者用一种看上去冷冰冰的表情随意地施舍一点表扬等。如果这些情况是男性所为，则完全可以被接受，然而对于女性（尤其是那些穿着很淑女的女性），她们不但会遭到白眼，还会引起人们的怀疑，给人一种不可靠的感觉，以致带给她们充满矛盾的心情。

那么 ESTJ 类型的女性是否应该克服这种矛盾心理以在工作中获得与男性竞争者同样的认可度？其实只要她们愿意去做，她们是完全可以在任何感兴趣的专业领域里取得成功的。

在美国，ESTJ 类型的人是最多的。据统计，ESTJ 类型的男性比较适应大部分的公司规范。这些人往往是白种人，男性，有得体的穿着，值得信赖，忠诚，恭敬，具有大部分童子军的特质。对于他们而言，这些规范是最起码应该遵循的，因为“生活本来就是这样”，他们往往会不自觉地把这种观点也强加于别人。

由于 ESTJ 类型是具有高统治欲的控制型，并具有高度的责任感，他们处理突发事件的能力往往有些欠缺。他们无法容忍那些他们所认为的组织性差、行动迟缓、衣冠不整或者举止不雅的现象。这些都会招致他们连珠炮似的批评。当事情失控时，ESTJ 类型容易发脾气、大声说话、固执、专横跋扈，使周围的人感到压力。（通常，ESTJ 类型是糟糕气氛的罪魁祸首，而不是受害者。）但他们并无恶意，他们只是觉得自己应担负起这个世界发展的使命，让人们按照这个世界本身的规则行事。

正因为如此，ESTJ 类型不太容易听取下级或者那些他们认为没有资格发表观点的人的意见。对孩子和其他非上司的人也是如此。ESTJ 类型很讲究也很精通使用权威管理。

由于 ESTJ 类型有很强的管理意识，在日常生活中会表现出一些似乎与其风格相悖的行为举止。一贯是领导形象的 ESTJ 类型会在家庭中或社交聚会中表现得很胆怯。一旦 ESTJ 类型认定家庭是配偶的势力范围（社交聚会是主人的势力范围），则配偶（或者主人）就是支配者。根据管理要求，对配偶（或者主人）所发出的指示，ESTJ 类型就会遵从。然而，几小时后，当他们回到工作桌旁，他们又恢复了原先掌权者的形象。由此我们就能理解这些看似互相矛盾的举动其实是 ESTJ 类型的典型特征。

ESTJ 类型与生俱来的强势风格，使他们很难自我放松。他们甚至把看书这种休闲的事情理解成一种与人竞争的运动。当他们到了晚年时，一系列因压力导致的身体健康问题会接踵而来。他们自己还无法摆脱忙碌的工作，让他们退休都是比较困难的，或许还需要用强制的办法让他们停止工作。

随着他们在人生旅程中不断取得进步，在组织中不断得到晋升，ESTJ 类型也会不断反省自己，去学习了解与自己不同的一面，从而更成熟、更老练。比如，人文科学，诸如心理学、社会学、文学、艺术和音乐等，所有这些会提供给他们更多的见识和灵感，帮助 ESTJ 类型尊重他人的观点，认识到生活不仅仅只是在不断地倒计时并强制性地完成各种任务。

ESTJ 类型
• 工作中的贡献：掌控一切，看清任务的实际性和便利性并技巧性地迅速完成。 • 发展领域：必须广纳良言，而且还要接受那些可供选择的观点。 • 领导力特征：负责，忠诚，努力推进任务的完成，言行一致。 • 团队合作态度：当团队被有效管理，分工和目标明确时，团队会很好地帮助完成任务。

（贾璐译）

ESFJ 类型

值得信赖的朋友

亲切和蔼是 ESFJ 类型的性格写照，也是 ESFJ 类型管理风格的总结。无论是调解员工之间的分歧，还是组织公司的圣诞晚会，ESFJ 类型总是安排得恰到好处，并带给你亲切、周到的感觉。这样的特质对 ESFJ 类型来说，既是财富，也可能是负担。说它是财富，因为 ESFJ 能够激励和鼓舞他人去完成任务，并且创造出严谨但舒适和谐、轻松愉快的氛围；说它是负担，因为 ESFJ 类型容易被他人所利用。

ESFJ 类型交际面广（E 偏好）；特别关注工作和自身的细节（S 偏好）；支持和赞赏他人（F 偏好）；希望工作环境是有计划的、有秩序的（J 偏好）。ESFJ 类型的经理总能记住员工的名字和生日，并且在工作中关注细节。ESFJ 类型的老板会以长辈的方式引导你，即便他没有对你说，你也能清楚地知道他欣赏什么，你在哪些方面做得比较好，哪些方面有待改进。

这是一种圣诞老人式的管理风格，在 ESFJ 类型的脑海里有个评分表，哪些孩子比较乖，哪些孩子比较调皮，ESFJ 类型为他们打分，并反复确认。工作好的给予奖励，有失误的给个提示的眼神，让他自己去反省。

性别在 ESFJ 类型中可能是个问题，表现出来却是非同寻常。在中上管理层中很少见到 ESFJ 类型的女性。因为在管理高层中维护正统有序的世界被认为是“男人的事”，在这种强势的传统思维模式下，非常传统的 ESFJ 类型的女性可能婉拒晋升的机会，把晋升的良机谦让给男性，这在其他女性（非 ESFJ 类型的女性）看来难以理解，但这是完全遵循 ESFJ 女性传统的价值观的。

而 ESFJ 类型的男性又是另一番光景。传统观念告诉他们要勇于竞争、步步高升，因此你可以在任何层面的工作团队中看到 ESFJ 类型的男性的身影。

随着职位的升迁，好胜造就了他们较其他类型的男性更显阳刚之气；相反，在女性面前，ESFJ 类型的男性彬彬有礼、中规中矩，不会有丝毫不逊的言行。他们应付自如，也备受欢迎。

一分钟前，粗犷的 ESFJ 类型的男性和小伙子们喝酒聊天，一分钟后，谦让的 ESFJ 类型的男性对女性彬彬有礼。这一切落在他人眼里，会让人觉得 ESFJ 类型的男性是个两面派、伪君子。这完全是一种误解，这种误解让 ESFJ 类型的男性感到备受伤害——他们是那么的正直、诚实。重要的是 ESFJ 类型的男性应该去了解为什么别人会有这种误解，而周遭的人也应该明白：传统的 SJ 偏好和以人为本的 EF 偏好，ESFJ 类型把这看似不可调和的两个极端和谐地整合起来。ESFJ 类型的男性认为，以人为本的处世之道是领导的基本要素。

ESFJ 类型的优势是多方面的，准时高效、干脆利落、富有责任感、关注他人，他们是公司的明星人物。管事理人，他们很好地平衡两个方面。带着这些优点，ESFJ 类型亲切地激励别人，适时适地地鞭策员工，果断坚定、适当让步。强烈的责任感和道德观念已深深地融入他们的管理风格中，他们遵循自己独特的风格，希望别人也是如此。他们对公司全身心投入，有时看上去似乎成了公司的奴隶，但 ESFJ 类型对这种说辞毫不介意，甚至奇怪别人为什么不是这样。

上述特质让 ESFJ 类型赢得钦佩，但也面临困惑。别人可能不断地试用 ESFJ 类型这些优秀的本性，当这种试用变成利用时，ESFJ 类型也只是默默承受。这加剧了他们的烦恼：他们不但在工作中被人利用，而且也把这些本来应该在工作中化解的情绪带给了亲友。再者，ESFJ 类型凡事力求恰如其分，当这种要求过了度，会导致他们有时不够灵活，难以吸纳别人的建议。在这种情况下，ESFJ 会设法让同事们觉得羞愧——“我已经为你付出了那么多……”而这一切在工作中是不适宜的。

更严重的是 ESFJ 类型有意回避纷争。他们自认没有失误，不愿意去面对纷争。当意见相左时，ESFJ 类型的典型做法就是回避。无法回避时，请大家坐下来一起喝喝咖啡（或茶，或酒）：“好了，好了，我们是朋友，一切都好办，没什么大不了的。”较大的嗓门、激烈的争论、不同的意见，都可能被 ESFJ 类型视为势不两立的表现，在破坏人际关系和生产。在这种情况下，ESFJ 类型不再睿智、束手无策。像公司发展这样无伤大雅的讨论，也可能导致 ESFJ 类型的情绪失控，并拂袖而去，深感无奈。这变成一次他极不愉快的经历。

ESFJ 类型应该意识到争论和分歧是不可避免的。如果他们不只是为了气氛的和谐而迁就别人，他们会更受尊重。分歧、不和谐可能使团队更具创造力和活力，最重要的是争论并不是由他们引发的，争论也能提供好的解决方案。

当意见相左时，富有责任感、关注他人的 ESFJ 类型会感到巨大的压力。如果老板提醒 ESFJ 类型不要过于担心某一件事，反而会导致他们更多的担忧。ESFJ 类型需要在与别人讨论中解决问题。当面对压力时，尽管他们否认，实际上，他们特别需要他人的支持、鼓励和陪伴。努力工作、繁忙的行程都比坐着悲观想象好得多。对 ESFJ 类型来说，最好的减压手段和方法是把压力转化为能够创造成绩的、积极的社会活动。

在以下职业中，ESFJ 类型表现出色：服务于社会的职业，如公共健康、社会福利、销售（特别是房地产）、学校行政管理、教职人员。这些领域使他们充分展示他们的天赋：广泛的交际面、良好的人际关系、较强的组织能力、对别人需求的密切关注。另外，比较其他类型，ESFJ 类型更可能效仿他们孩提时代的偶像取得成功，即使在一些他们并不最合适的领域，如财务、法律、工程。

ESFJ 类型

- 工作中的贡献：构建鼓励个人成长和完成任务的和谐的工作环境。
- 发展领域：必须学着去接受差异并充分地表达这些差异。要意识到，分歧并不总是破坏性的。
- 领导力特征：积极、亲切地鼓励大家，坚持不懈地向目标前进。
- 团队合作态度：团队是有用而且有效的，但是我们应该尽量避免争论和意见分歧。

（王善平译）

ENFJ 类型

循循善诱的说服者

如果你遇到一位非常挑剔的买家，你想完成这件看来十分艰难的交易，你得找 ENFJ 类型，让他好好地帮你一把。ENFJ 类型是天生的销售专家，他们表达流畅，且极具说服力。一旦 ENFJ 类型确认你需要某件商品，你一定会被他说服。他们一边用极具说服力的语言沟通，一边和你建立良好的关系，两者结合得天衣无缝，最终完成交易。

ENFJ 类型的每个偏好以及这些偏好的组成使他们天生具有很强的说服力。ENFJ 类型精力外露，社交圈大（E 偏好）；同时他们认为世界充满无穷的含义和无尽的机会（N 偏好）；并在这样的认识基础上，做出带有主观色彩和富有人情味的判断和决定（F 偏好）；ENFJ 希望的生活工作环境是有组织、有计划和有秩序的（J 偏好）。

当 ENFJ 类型在观察时，他们会非常注意相关人员的各种状态。首先，他们的 N 偏好会关注相关人员的行动与反应——谁感到压力，谁需要鼓励一下，谁应该受到批评，谁急于找人倾诉。然后他们用 J 偏好提出一些合理的建议。也许依情形不同介入程度有异，但至少在脑子里 ENFJ 类型会有一个方向性意见。在绝大多数情况下，ENFJ 类型的建议是极有价值的，他们也越来越受人爱戴和钦佩，成为值得信赖的对象。但一旦他们的意见与建议没有被采纳，ENFJ 类型会极为伤心，认为对方如此不领情而有些怒气。

ENFJ 类型的女性在工作中的表现往往可圈可点，她们对轻重缓急有极好的感觉，总能把大家所期望的“必须”与“应该”的东西做得非常到位。倒并不是她们希望或喜欢那么做，只是作为 EF 偏好，她们热切地希望这样做能使大家开心。ENFJ 类型的女性经常被视为榜样，捧为偶像。这是她们乐于看到的。如果 ENFJ 类型的女性有什么缺点的话，那就是在某些问题上表现得过于理想主义，从而与他人产生了距离。ENFJ 类型的男性也有这样的表现，只是这种行为发生在女性身上就有点令人诧异了。

实际上，ENFJ 类型的男性会在工作中遇到更为严重的问题。他们在工作中表现出的许多 F 偏好不断地面临挑战，这些行为特点包括软心肠、关爱心。于是 ENFJ 类型的男性便在两个角色中来回摇摆，一个角色是模仿阳刚硬朗的传统男性角色，通常他们也模仿得很棒；另一个角色便是自我的自然表现，但这样有被贴上“婆婆妈妈样”的标签的危险。当表现出铁石心肠时，他们会伴随着罪恶感和自我的迷失。如果他们趋于自然偏好，他们的男子气概会受到质疑，以至于他们刻意做出某些行为来证明自己是真正的男子汉。整合先天偏好与后天社会环境对男性要求的有效办法是让 ENFJ 类型的男性去从事心理学、神学以及其他和人相关的职业。这些职业领域大多数以男性为主导，却需要带有女性的特质：循循善诱、充满关爱、完善自我、献身精神、宽广的胸怀——这些高尚的特质是传统意义上女性的特质。

ENFJ 类型的工作风格是积极进取、信心十足，同时具有较强的人际合作意识。他们的 N 偏好让他们总是热情洋溢，即便面对非常乏味、周而复始的日常工作，ENFJ 类型也像球场上的啦啦队长，总是在激发大家的热忱、勉励大家坚持、带给大家幽默以及使工作圆满完成的其他需要。他们所做的一切凭借积极的态度、对他人真诚的信任来完成。但是，稍不留意，他们可能被别人视为流于形式，只是在做表面文章。当误解发生时，ENFJ 类型会深深受伤，尽管他们认为自己是在为成功而竭尽全力，但还是得不到大家的认同。ENFJ 类型会说，工作应由团队共同完成，无论任何工作，我们大家一起努力，并且合作愉快。这种愉快不应该只是工作中的需求。工作时，为大家不断加油喝彩，下班后，和大家一起喝酒谈心，肯定大家的成绩与所做的努力，这就是 ENFJ 类型。他们乐于倾听别人的苦衷，如果别人三缄其口，他们会有所不悦，认为得不到别人的信任。“如果无法对朋友倾诉衷肠，那我们有朋友是为了什么？！”

F 偏好希望工作环境是开心和谐的，ENFJ 更希望这一切是在他们的带领下完成的。虽然 ENFJ 类型的初衷美好，却可能和其他人产生冲突，尤其是和同样具有控制欲望的 EJ 偏好。

虽然受到人方面因素的干扰，但作为 J 偏好，ENFJ 类型有较强的天生偏好，希望工作能如期完成，生产有条不紊的进行。ENFJ 类型在公司容易获得晋升，但真正激励他们的动因，并不仅仅是公司存在服务于人的宏愿。当 ENFJ 类型获得晋升后，他们突然发现公司的现实和他们个人的追求并不完全吻合，譬如在利润、生产、成本控制等方面。他们职位越高，越容易陷入个人的追求和公司期望两者的冲突中。即便位居要职，也无法让冲突如愿地消失。如果 ENFJ 类型能够在洞悉自己真正需求的同时，亦能兼顾公司的现实使命，就能有效地减少个人甚至整个组织的烦恼。

ENFJ 类型能鼓舞人心，是天生的教育家。教育引导、与人协作都需要善解人意、鼓舞人心、当机立断，ENFJ 类型具有这些特质，所以做起来是如此的得心应手：E 偏好让他们关注别人；N 偏好使他们极具鼓舞性、激励力，甚至在情况欠佳时；F 偏好令他们对周边的人和事具有敏锐的感知力；J 偏好则使整个过程不偏不倚，人人保持使命感。当你有困难时，ENFJ 类型会立即雪中送炭。他们总能相对容易地完成任务，而且整个过程令人愉悦。

良好的社交能力是 ENFJ 类型的另一优势，人、事以及周围的一切在他们掌控中朝着既定的目标前进。无论是否受过专业培训，ENFJ 类型都是优秀的心理学家，他们是如此善于倾听。即使面对影响生产力的压力，他们也坦然面对、有效纾解。ENFJ 类型是好的聆听者，是倾诉的对象，他们自己也乐在其中。

ENFJ 类型还有一个优势，当他们把公司的价值观呈现在员工和公众面前时，总有办法令人相信人人都能从中得益，这是 ENFJ 类型所擅长的。ENFJ 类型是政治尤物，他们自觉肩挑影响人们生活、改造价值观的重担。他们的价值观是“以人为本”：让世界更安全，让工作环境更温馨，让企业更上一层楼。所以，无论 ENFJ 类型的公司制造什么产品，人都是最重要的，人是公司的核心。ENFJ 类型就是公司的道德基石。

ENFJ 类型有所欠缺的是，当他们的意见没有得到积极响应，他们可能会自责。“我的鼓励没有奏效，人们不再对我开诚布公，这一定是我在某些方面做得不够好。”如果 ENFJ 类型看到有人向其他人倾诉，便会想：“为什么他想倾诉的对象不是我？也许他不再喜欢我了。”ENFJ 类型记得此人曾和他一起分享，现在分享不再，一定是自己的失误，这可能导致 ENFJ 类型失去对他人的信任。

ENFJ 类型另一弱势是，当个人价值观遭到质问甚至攻击时，他们会呈现出令人反感的一面。当 ENFJ 的动机受到质疑或挑战时，他们视这种质疑为对他们个人品行的怀疑，由此每况愈下。ENFJ 类型认为自己的价值观是由超越自身的力量所建立的，反对这些价值观就是在挑战他们对宏观世界的认识。例如，ENFJ 类型在工作中倡导团队合作，如果有人反对说“我们并不需要彼此喜欢才能在一起形成团队”，ENFJ 类型会认为此人在针对他，他绝不让步，反而更加执著地提倡团队合作，从而显得有些顽固，具有攻击性。“你这样做不单单是反对我个人，你在挑战公司的企业文化。”过激的行为让人觉得 ENFJ 过于狂热、偏激、情绪化。

ENFJ 类型的第三个弱势是，有时候没有明显的理由，他们会被一种负罪感、空虚感、挫折感所笼罩。ENFJ 类型通常深受同事和员工们的爱戴和尊重，但有时他们觉得自己配不上这种殊荣。此时，ENFJ 类型可能会思绪杂乱，情绪不稳定。一会儿认为人不可靠，也不可信；一会儿又觉得自己必须不断努力，来赢得大家的信任和爱戴。

如果 ENFJ 类型能时常检讨自己的这些弱势，就能在任何工作中、在任何层面上更具有感染力和鼓舞性。只要工作中需要有人循循善诱，倡导人际合作，提倡伦理道德，就有 ENFJ 类型的用武之地。

ENFJ 类型
• 工作中的贡献：激励和鼓舞团队的所有成员齐心协力向目标前进。 • 发展领域：必须意识到不是所有的情况都是人间危险，需要挽救，人与人之间的分歧和争论并不一定是对人本身的攻击。 • 领导力特征：通过自身的人格魅励和维护紧密的工作关系来激励大家完成任务。 • 团队合作态度：团队是很棒的，人是最有价值的，只有当我们团结在一起的时候，工作才是有意思的。

（王善平译）

ENTJ 类型

天生的领导者

ENTJ 类型被称作天生的领导者，这绝不是偶然的。他们身上融合了领袖的基本素质：热情洋溢、远见卓识、客观公平、认真负责。具备这些秉性的ENTJ类型就是想不掌权都难。因为他们机智灵活，能够服众，在多数情况下，其他人也乐得听从调遣，然后就渐渐地依赖于他们。具备领导天赋的ENTJ类型也绝不会让下属失望。

ENTJ类型性格外向，待人接物热情大方，在社交场合非常活跃（E偏好）。在感知外界事物时，他们特别善于洞察和发现机会、事物之间的联系及意义（I偏好）。他们十分客观地分析获得的感知，然后形成见解、战略或驱动组织实现其目标的复杂系统（T 偏好）。因为他们具备高度的责任感，所以绝不会纸上谈兵，绝不会让这些见解、战略或系统徒然留在绘图板上（J 偏好）。ENTJ类型会将计划付诸行动，因此，ENTJ 类型所到之处，人人积极向上，干劲十足。

虽然大家普遍承认上述素质确实是优秀领导者的特征，但大多数人都认为它们只适用于男性。精明强干的ENTJ类型的女性的一生则总是坎坷不平。许多用来描述领导者的褒义词，如“掌权”、“威严”、“客观”和“喜欢社交”，用到女性身上就会被理解为“爱出风头”和“专横跋扈”。还有其他很多的词，用在男性身上是颂扬，用在女性身上就变成了嘲弄。无论是男还是女，具备外向偏好（E）、直觉偏好（N）、理性偏好（T）和趋定偏好（J）特征的人有相同的外在表现：有战略观念，有独到见解，有大局观。但和男性不同，ENTJ类型的女性总处于一个左右为难的境地：要是她充分显示自己的工作热情，会吓倒在场的其他人；要是她抑制自己充当领导者的冲动，又会因为不甘心充当一个默默的支持者而变得没有耐心、暴躁易怒。要解决这种两难局面，ENTJ 类型的女性应当在困难的处境中保持客观性。与此同时，她们要认识到，虽然很多事情好像带有私人感情色彩，其实并非如此。她们还应当在女性气质和天生的领导才能两者之间找一个平衡点。她们应该明白这两者相辅相成，自己可以同时在工作中展示这两种特点。她们应该认识到，自己遇到的困难没什么特别的，每个 ENTJ 类型，无论男女，都会遇到这类问题。虽然这些建议并非万应良药，但不失为好的起点。

ENTJ 类型是精力充沛、性格率真的战略家。他们能够迅速、敏锐地捕捉到机会，并且会立即采取行动。他们愿意毫无保留地把自己的观点和别人分享。在他们看来，每个反对者都想有机会进行有意义的对话，使问题可以迎刃而解，组织得以蓬勃发展。由于 ENTJ 类型是种政治动物，具备政治家的素质，因此在这种沟通过程中，不同的观点被公平地摊在桌面上，通过友好磋商达成共识。对 ENTJ 类型来说，这是个激动人心的过程。他们把日常生活看成一个棋盘，为了组织的利益，人和事都不断地在这个棋盘上移动和忙碌。

这种客观而超然的态度使 ENTJ 类型在积极参与许多事情的同时，永远不会忘我地投入到任何一件事当中。他们参与讨论或争论时充满激情，不会因为听到不中听的话而闷闷不乐。人们常常指责 ENTJ 类型讲话时总是怒气冲冲的。这种特别的口吻从表面上看体现了他们表达观点时热情和直率。实质上，ENTJ 类型并未发怒，也非漠不关心。听到这样的指责，他们会感到惊讶和恼火。他们能够忧他人之忧，但是绝不会让别人的痛楚影响自己。ENTJ 类型可以设身处地聆听别人的悲惨遭遇，但是不久就转而谈及毫无干系的事情，给别人留下冷漠、不关心他人的印象。实际原因不是 ENTJ 类型冷酷无情，而是因为他们认为既然问题已经讲了出来，“解决掉了”，那么就应讨论下一个问题。

ENTJ 类型的优势之一在于他们热衷于处理复杂的事务。虽然他们有时也会把简单的问题复杂化，但是他们激励和鼓舞他人的非凡能力的确并不多见。ENTJ 类型认为衡量成功的标准不是一个人的人气，而是他的成就。结果，他们形成了这样的观念：要做出有利于组织的决定就一定会树立敌人。所以他们不希望自己的决策发生失误，而从不顾忌别人的感受。

ENTJ 类型的另一个优势是他们可以把对未来的洞察力和冒险精神有机地结合起来。因为这种人在骨子里是团队动物，他们是组织内部的革新者，而非单枪匹马的创业者。他们的确敢于冒险，但他们会事先想清楚至少要达到什么目的。单枪匹马的创业者多是喜欢豪赌的人——要么赢得辉煌无限，要么输得一败涂地。与之相比，ENTJ 类型显得保守一些，他们的成败不会那么极端，相对保守的大公司文化也多数能接受这样的冒险方式。

对于 ENTJ 类型来说，人的一生都在学习，所以人一直都是学生。任何能够提高人的思维能力的事，即使开一次办公室自由讨论会这样普通的事，也不可掉以轻心，而应积极地投入。事情结束后，ENTJ 类型还要回顾学到的东西，进行归纳总结，将它融入整个体系中去。

ENTJ 类型以独立工作为荣，他们喜欢独立性强、思维活跃的员工，鄙视“好好先生”。他们认为，应该大胆向困难挑战，即使失败了也是有意义的。可问题在于，并非每个人都喜欢独立工作和自由思考，有些人就是喜欢按照他人的吩咐行事，否则就会无所适从。这些人的心理令 ENTJ 类型沮丧万分。对于那些无法面对挑战的人，ENTJ 类型会失去耐心，变得狂躁可怕。如果这种心态持续下去，甚至会殃及那些能够迎接挑战的人。同事们将无法忍受这样的压力，他们诚惶诚恐，不知道自己做的哪件事能够赢得 ENTJ 类型的首肯。

ENTJ 类型最大的弱势在于他们的傲慢、急躁和迟钝。因为他们客观性强，喜欢抽象思维，因而大都具备较高的智力和知识水平，通常能够在学术方面获得相当高的造诣。但是他们看不起学习和思辨能力不及自己的人。由于性格外向，他们总是坦率地告知别人自己对他们的看法。他们傲慢的态度会挫伤下属的自尊心，以致影响员工的士气和工作效率。

同样，因为他们思维敏捷，能轻而易举地看出采取什么行动可以促进组织的发展，所以如果别人不具备同样敏锐的洞察力，他们就表现得比较尖刻。如果有人提议把行动推迟，再仔细考虑考虑，他们就会大发雷霆。因为具备特殊的秉性，他们可以找到一个好的行动方案。因为他们清楚自己的决策十有八九是正确的，所以他们认为等待他人明白过来简直是浪费时间。

许多人在交换意见时不喜欢直入主题，总要旁敲侧击一番。对 ENTJ 类型来说，这也是浪费时间。他们的信条是“知无不言，言无不尽”。显而易见，这种直率加上他们的傲慢和急躁，极易伤害别人的自尊心，甚至会犯众怒。而且，由于他们事事都将自己置于裁判的位置，没有给自己留下什么回旋的余地；等自己犯了错误，虽然他们会像批评别人那样坦率地承认错误，但是，看到这位领袖也不过是个凡人，同事和下属甚至会幸灾乐祸。

简而言之，ENTJ 类型是天生的建筑师。的确，有相当多的 ENTJ 类型从事建筑师工作。尽管如此，他们擅长的领域不仅仅是设计房子，他们可以设计机构、项目甚至人生。他们可以成为优秀的教师、首席执行官和策略家。因为他们喜欢刨根问底，也能成为杰出的科学家、律师和记者。

ENTJ 类型

- 工作中的贡献：尽管言语犀利，作风硬朗，但 ENTJ 让周围每一个人意识和体验到宏伟的远景，并激励他们快速实现这样的蓝图。
- 发展领域：应当注意让他人有充分的时间发展自己，切记，每个人都有自己的发展节奏和主动性。
- 领导力特征：以任务为导向，要求严格，能激励员工朝一个方向前进。
- 团队合作态度：只要任务能完成，而且合作的过程不会使向前推进的速度放慢，团队合作应该是可行的，它增加了大家参与的机会。

（高军译）

洞悉性格类型，领导自我和他人
——运用 MBTI®构筑领导力人格基石

饱满成熟的性格是展现领导力的重要基础，而性格发展与完善的很多关键元素和路径，正是 MBTI®性格类型理论所关注的核心。

将 MBTI®用于领导力的发展和提升，自 MBTI®问世以来就一直是众多理论家和管理者研究和实践最多的领域，因而全球各地成功案例丰沛，应用成效卓著。而“领导力人格基石”公众号，正是国内把 MBTI®应用于领导力建设的平台，致力于帮助企业领导者运用 MBTI®性格类型理论，系统深入地认识自己的性格特征，了解自我，理解他人，有效推动领导力的提升。

解码性格、因势利导
——运用 MBTI®助力孩子性格成长

亲子关系和孩子教育、学习领域里的很多问题，都可能与性格相关，都可以从 MBTI®性格类型角度进行深度解析并找到答案。

MBTI®在这些方面的应用，国外已经有几十年的历史，国内也已渐入高潮，《孩子个性与天赋》(Type in Kids) 公众号平台便是代表，它专门致力于帮助中国的家长运用 MBTI®性格类型理论，系统、深入地了解自己孩子的性格特征，并以鼓励家长用适合于该性格类型的方式，有效地引导孩子在各方面的发展。